山东易华录海洋文化丛书

U0614163

山东海洋文化古籍选编

主　编　李伟刚　　郭学东　　谭汗青

副主编　王嘉炜　　孙迎松　　孙超君

　　　　刘福利　　张晓蕾　　许少倩

　　　　仲　雨　　史立娟　　潘雅卉

策　划　王海博　　朱　梅

中国海洋大学出版社
青岛

图书在版编目（CIP）数据

山东海洋文化古籍选编／李伟刚，郭学东，谭汗青
主编．－－青岛：中国海洋大学出版社，2021.12
ISBN 978-7-5670-3082-4

Ⅰ．①山…　Ⅱ．①李…②郭…③谭…　Ⅲ．①海洋－
文化史－古籍－选编－山东　Ⅳ．①P7-092

中国版本图书馆 CIP 数据核字（2022）第 010266 号

书　　　名	山东海洋文化古籍选编		
	SHANDONG HAIYANG WENHUA GUJI XUANBIAN		
出版发行	中国海洋大学出版社		
社　　　址	青岛市香港东路 23 号	邮政编码	266071
出 版 人	杨立敏		
网　　　址	http://pub.ouc.edu.cn		
电子邮箱	2627654282@qq.com		
订购电话	0532-82032573（传真）		
责任编辑	赵孟欣	电　　话	0532-85901092
印　　制	青岛国彩印刷股份有限公司		
版　　次	2022 年 3 月第 1 版		
印　　次	2022 年 3 月第 1 次印刷		
成品尺寸	170 mm × 230 mm		
印　　张	17.25		
字　　数	282 千		
印　　数	1～1 000		
定　　价	69.00 元		

发现印装质量问题，请致电 0532—58700166，由印刷厂负责调换。

海洋文化铸就山东精神品格

　　伟刚教授酷好文史,学养深厚,才思敏捷,著述颇丰。今又有《山东海洋文化古籍选编》行将付梓,嘱我作序,这多半是考虑到我亦为山东滨海人氏,对山东传统文化特别是海洋文化怀有热爱和敬意。我心目中的山之东,那就是海了,所以一直以为"山东"本身就意味着海。三面环海的山东,从历史中走来,海洋文化研究长期领跑全国。《史记·齐太公世家》云:"及周成王少时,管、蔡作乱,淮夷畔周,召康公命太公曰:'东至海,西至河,南至穆陵,北至无棣,五侯九伯,实得征之。'"经略海洋是齐的成长基因。齐国从姜太公建国伊始,便"修政,因其俗,简其礼,通商工之业,便鱼盐之利","人民多归齐",齐遂为大国。秦始皇一统天下,山东半岛琅琊、之罘等地,为帝王巡海、祭祀与巡幸的圣地。及至汉代,汉武帝亦多次到山东半岛巡幸,"舳舻千里",蔚为大观。

　　唐宋以降,山东海洋经贸继续发展。宋神宗元丰年间,知密州范锷给朝廷奏议板桥镇设市舶司称:"欲于本州(密州)置市舶司,于板桥镇置抽解务,笼贾人专利之权,归之公土。其利有六:使商贾入粟塞下,以佐边费,于本州请香药杂物与免路税,必有奔走应募者,一也;凡抽买犀角象牙乳香及诸宝货每岁上供者,既无道途劳费之役,又无舟行侵盗倾覆之弊,二也;抽解香药杂物每遇大礼内可意助京师,外可以助京东河北数路赏给之费,三也;有余则以时变易,不数月,坐有倍称之息,四也;商旅乐于负贩,往来不绝,则京东河北数路郡县税额增倍,五也;海道既通,则诸蕃宝货源源而来,上供必数倍于明、广,六也。"山东海洋经贸之昌盛,于此可见一斑。可以说,海洋经贸的发达,深刻塑造了山东文化面向大海开放包容的精神品格。

山东海洋文化的形成,或与东夷文化密不可分。山东半岛乃东夷文化之核心地区,而东夷文化实质上就是海洋文化。据《竹书纪年》,夏禹八世孙帝芒"命九夷,东狩于海,获大鱼"。所谓"九夷"者,据《后汉书·东夷列传》,曰畎夷、于夷、方夷、黄夷、白夷、赤夷、玄夷、风夷、阳夷。《尔雅·释地》有载,实为"东夷"之别称。所以《说文》以"东方之人"释之,位于海岱之间。而"东",从日在木中,凡东之属皆从东。于是太阳升起,船只出海。与海攸关,是东夷人的宿命。20世纪70年代,在庙岛群岛发现了6 000年前的古人类遗址,遗址里出土了一个头像,令人惊讶的是,头像看上去完全是西方人的模样。同时出土的一具女性尸骸,其身高达165厘米,比同时期的黄种人女性足足高出了近30厘米。后来经过头骨复原,出现了一个完整的颅骨,通过古人类DNA鉴定,发现一个样本的DNA序列不是亚洲人类型。随后发现用胶泥烧成的人面陶塑是一个老者形象,鼻骨高耸,双目深陷,两鬓有卷发。观其高鼻深目狭面,下颌的曲度较大,为典型的欧洲人形象。史料记载,山东半岛的胶东地区小麦的出现早于中原地区。大约1万年前,小麦只是遍布中东大地的一种野草。由于偶然的因素,这种野草与两种不同的牧草杂交,形成今天的小麦。然而,小麦只有依靠人的播种才能繁衍。它的扩散,实际上就是掌握和种植它的人群的扩散。学术界公认,中国新疆地区曾经存在过一批雅利安人,他们是在5 000～7 000年前从西亚、中亚一带迁移而来的。他们掌握着小麦的种植技术,极有可能是一支擅长种植小麦的百人部落,以商旅的方式,将小麦带至半岛。其实在洪荒年代,今天的庙岛群岛就是沟通胶东和辽东半岛的一座大陆桥,而渤海的水位并没有现在这样高,这就为早期人类横渡渤海海峡提供了可能。

我们看到,随着海上活动范围的扩大,东夷文化开始向海外传播。《诗经·商颂·长发》之"相土烈烈,海外有截",即为东夷文化东扩之实录。东夷文化的东扩是伴随着商贸以及人员往来而实现的。中世纪以降,山东海洋文化更向日本及新罗等国传播,半岛各港,既是国内海运商贸的重要枢纽,又是与渤海、新罗、日本之间的海上交通的主要基地。唐德宗贞元年间宰相贾耽在其《古今郡国县道四夷述》中记载有登州海行入高丽、渤海道,是为自登州启航,过庙岛群岛、辽东半岛向朝鲜半岛直至日本列岛之间的岛屿和近海海面航行。新罗商船亦常航海至登州沿海各港并移民山东半岛。晚唐日本圆仁《入唐求法巡礼行记》中对此每有记载,此不复赘。这里特别想说的是,山东文化,乃以齐鲁文化、东夷文化为主体的独特文化形态,而海洋文化无疑是其精神品格。概览整个华夏文明,其之所以源远流长且从未中断,一个重要的特质就是其开放性与包容性,中华民族因开放与包容一次次实现了大融合、大发展,历史上直面大海的时期繁荣昌盛,闭关锁国时期萧条沉沦。

职事之故,非常赞赏伟刚教授等的《山东海洋文化古籍选编》,选编可称明清时期山东海洋文化之荟萃,凡收录明嘉靖毛纪《海庙集》编校、清乾隆纪润《崂山纪略》编校、清乾隆《山东海疆图记》编校、清末名彦王崧翰《胶东赋》编校,附清康熙《莱州府志》"东海神庙"资料汇编、清道光《掖乘》"东海神庙"资料汇编、清光绪《掖县全志》"东海神庙"资料汇编,涉及明清时期政治、经济、商贸、军事、民俗、民生、人文、地理、方物等,庶几明清山东之百科全书,为山东海洋文化研究和传承提供了一本不可多得的宝贵文献。

是为序。

任重

2019 年 10 月 9 日

(任重,历史学博士,浙江农林大学马克思主义学院教授、硕士生导师,浙江省生态文化协会副秘书长,浙江省生态文化研究中心学术部负责人)

序 二

古人道德文章，向为后人所尚。一域之历史著述，以遗存无多，尤为人所重。然囿于文言，识不通广，读之佶屈聱牙，常使人望而却步。至于契勘奥义，发幽阐微，则尤比之于探渊索珠，殊为不易。若此，欲昭彰原意，开张清听，则非沉静君子所不能。

李伟刚先生，沉静君子也！家本莱州，文化蕴养丰厚之地。灵地之恩养，必出茂秀之木。先生履历颇不繁，治学、教书于北京、青岛等地。今供职于不其山下之琴岛学院，与古之康成书院绕山而处。外语为其主业，然，守本行而兼治于名山事业，每有所至，驻足其间，必搜求当地古书典籍，追索一域人文历史，久而成习。人或以文史家称，多不识其外语之长。

余与李先生识，始于拜读其《鉴史问廉》《鉴史问儒》诸书。书中对不其古贤先圣之行状学说追踪寻脉，揭箧发覆之功，并非常人所能；阐幽抉微之力，赖于日久所蓄。至于钩沉史实，征引浩繁，尤见其学之专而博。近年，余纂修《白沙河志》，书中关涉人物、历史诸条目，无不就教于先生。至于优游山水，常见歌喉啸拥洞；文友饮宴，常闻其二黄佐酒；疏朗旷放，身处闹市而潜心学问，则又见伟刚先生性情之一端。

昔时，吾乡崞阳胡先生有云："看书当看圣贤性情。此是要诀。能如此，久之，自己性情亦能因之发见，便是持守涵养，下手工夫地头。"伟刚先生于古圣先贤道德文章之领悟与阐释，诚如是也。

读伟刚等《山东海洋文化古籍选编》书稿，感而发之，权作纸尾：

　　不其脉气屹嵯峨，书院诗声寄薜萝。

发覆潜光弘遗泽,开新生面正淆讹。

占先未问青云意,和寡还弹白雪歌。

篆叶无踪堪足慰,琴音已绕旧庭柯。

流亭 刘世洁

(刘世洁,青岛胡峄阳文化园主任,"胡峄阳传说"研究者,中国民俗学会会员,青岛市首批农民艺术家。其主要著作有《胡峄阳文集》《白沙河志》等)

目　录

明嘉靖毛纪
《海庙集》点校

明嘉靖二十年（1541）　毛　纪　撰

清康熙六十年（1721）　毛　霦　钞

编纂说明

　　明嘉靖年间,掖县训导高浚亲赴东海神庙,"凡剞刻在石而可句者,悉登录之",再由礼科给事中任万里进行编纂,最后由大学士毛纪定稿,编成《海庙集》四卷。明嘉靖《海庙集》已散佚,现传世本为清康熙年间毛霦钞本。《海庙集》收录了明嘉靖以前碑刻140余通,包括宋代、元代、明代的重修碑记和累年的祭文,以及文人骚客的留题诗文,成为今天研究东海神庙最为可靠的资料之一。明代至清代,东海神庙的情况,以侯登岸的《掖乘》收录资料最多。

　　为尽可能多地搜集整理与东海神庙相关的资料,除了毛纪编《海庙集》外,本书还整理了清康熙《莱州府志》、清道光《掖乘》和清光绪《掖县全志》中与东海神庙有关的内容,并予以编校,以补嘉靖后东海神庙诸事之缺憾。

作者简介

毛纪(1463—1545),字维之,号鳌峰逸叟。掖县(今山东省莱州市)人,明代重臣,官至吏部尚书兼谨身殿大学士。他于成化年间乡试第一,登进士。弘治初年,授检讨之职,历任编撰、经筵讲官、东宫侍读。武宗即位后,改为左谕德,继升侍讲学士。正德五年(1510)为学士,后历任户部右侍郎、吏部左侍郎、礼部尚书。武宗大举迎接西藏活佛,他上疏切谏,未被采纳。正德十二年(1517),兼任东阁大学士,入预机务,当年再加太子太保。武宗南征宁王朱宸濠时,和杨廷和据守京师。事定后加少保、户部尚书和武英殿大学士。世宗即位后,加封伯爵,毛纪两次上疏推辞,请求免除。嘉靖初年"大礼议"事件中,毛纪任内阁首辅。大臣数百人向皇帝哭谏,都被逮捕拘押。毛纪上疏力谏,世宗大怒,斥责他"结朋党,背君报私"。毛纪力请辞官归乡,世宗当即批准了他的请求。毛纪死后赠太保,谥号"文简"。

毛霦(1650—1725),字荆石,号秋圃,明代首辅毛纪三哥毛绥的六世孙。年幼时聪慧过人,及年长时知识广博。他努力整理各种典籍,其学识贯通融会。曾著有《平叛记》二卷。该书以编年体的形式记述了从崇祯四年十一月二十八日(1632年1月19日)吴桥兵变,到崇祯六年四月十三日(1633年5月20日)麻坨之捷为止的平定孔叛全经过。年过七旬,毛霦仍"日勤著述"。毛霦少读《莱州府志》,了解到毛纪曾纂有《海庙集》四卷,便长期搜寻其下落。后偶然得知,其好友王兰洲尝获得此书两卷。凑巧的是,某日王兰洲路过一家市肆,又购得两卷,"归而合之,遂成完璧"。康熙六十年(1721)秋九月,毛霦钞成《海庙集》,并立誓"与兰洲,且将永葆是书于无斁也"。

《海庙集》序

夫海庙有集，志祀事也。王制，凡军国大事，如祭享、礼乐、兵政、货食之类，例得书纪，所以重民务而彰往昭来者也。

东莱郡城之西北十八里许，海庙在焉，所以依神而事祀也。创建不知何时，而祀事之严，历世共之。至于国朝，益宏规制，裁定典礼，春秋修祀，岁以为常。至于嗣位、征伐之大，愆雨恒旸、民疫鬼疠之毒，必专告焉，以迓神休。煌煌祝帛，峨峨穹碑，代有纪述。东峙西伏，石断文折，往未有集，集自今始也。

乃山东按察宪副吴君道南，奉命巡察海道，时修祀事。慨庙制之倾圮，念斯文之涣浥，爰加修葺，庙貌聿新，爰访耆彦，辑录就正，甫三月而集成焉。

首诏旨、祝文，尊圣制而重王命也。次铭、记，纪修葺之故，将事之人也。次祭文，纪官守之祭，臣道不敢先也。次诗赋，纪歌颂以昭神休也。次附器物、公移，俾来者之有考也。

巨举细陈，补断续缺，千百年祀事之典，历历如指诸掌焉，斯不亦足以彰往而昭来哉？呜呼，宪副之志，亦勤矣！孔子不云乎："未能事人，焉能事鬼？"宪副肃肃宪纪，锄奸佑良，政乂兵振，东方以宁，非其所以先之者欤？！虽然地道无成，臣道主方，仰惟我后明明在上，于昭不已，瀸于民心，遂于四方百神常享，百辟是将，宪副之所以承式而昭宣者，盖有由矣！

予嘉宪副之志，而重其请，故道其修集之故，与其所以事神之道如此，乃若海之神也，其盛矣乎！纳众流而贯百川，吞吐日月，浴濯乾坤，润万物而不宰，鼓群动而不息，入无出有，至纤至悉，浩浩荡荡。予固囿之而不识矣，何以能名哉！故曰："神之格思，不可度思，矧可射思！"

嘉靖辛丑秋八月戊寅

奉敕巡抚山东等处地方都察院右佥都御史

吉水谷平山人李中　书

重修《海庙集》序

嘉靖二十年春二月,巡察海道吴宪副莅任。再期,尝于公余,晋谒东海神庙。慨庙宇圮溇弗葺,无以妥神明祀。乃檄郡守出帑羡,鸠工修治,事事惟严。于是圮者以翼,溇者以新。

既成,遂次第其文,锓诸梓,来言于予曰:"惟兹海庙,祀典隆重。凡吏兹土,职以利民,原厥泽佑,实乃神休。崇奉修葺,是在吾人。兹工已就绪,而集亦成矣,愿有序也。"予曰:"凡集也者,所以集其事与文,而纪之之谓也。今观于兹集也,其事备、其义渊矣。"

夫祀,国之大事也。明有礼乐,幽有鬼神。渎于祭祀,时谓弗歆。故虞舜举遍望之典,此山川百神之祭所由始也。《周礼》四望、祭法、坎坛,皆此义也。但先王世远,礼制弗经,乃有隆以繁文徽号,虽侈观听于一时,然其渎礼甚矣!

我皇祖登极之初,首正海岳神明之礼,除去王号,唯从本称。宸翰辉煌,昭著祀典。所以见神灵,受命于上帝,幽远莫测,尊之之至也,敬之实也。一涤近代之谬,永为万世之章程矣。

列圣率由,累遣祭告,礼仪洋洋,协于衷极。凡展祀者,供事必恪;莅土者,庙庑时饬。皆所以体圣祖秩祀之精意,而钦承弗斁者也。所以降祉于神,宣庇于国,捍患御灾,福我黎民,何莫不由此召之也?兹《集》所载,乃其义之至要者乎!

若夫考其艺文,则自隋唐及元,悉录而罔遗者,所以识其实也。订其英华,则有如苏子瞻、高适诸公之作,藻思雄文,可纪而咏也。我朝名卿翰士,往往形于歌咏、述作,缀而观之,并能阐颂神功,发扬帝制。至于宅念之正,则有忧民济世之思;托意之渊,则有讥刺仙方之语。其诸对景述情,咸灿如也。然则观于兹集也,是不可以窥礼制之精矣乎!是不可以观人文之盛矣乎!殆非偶然而无所关系者,故曰其事备,其义渊也。夫修祠宇,则有以昭事神之敬;备记载,则可以为考文之征。是诚达为政之要,而善用其心者哉!若乃涵天浴日,波涛万状,鱼龙隐见,烟云散聚,灏气溟腾,幻化莫测者,则固海之大观胜览也!集之内,固备述之矣，无容赘也。

予叨按部于青齐之墟，将刻期而赴斋，谒于庙，以遂平日愿慕，欲一至焉之怀，适值宪副之有是请也。序故不文，亦欲因是以纪岁月、行踪焉。遂录付训导高浚以贶之。

嘉靖二十年辛丑秋九月望
赐进士、巡按山东监察御史
顺德桂峰何允魁 书

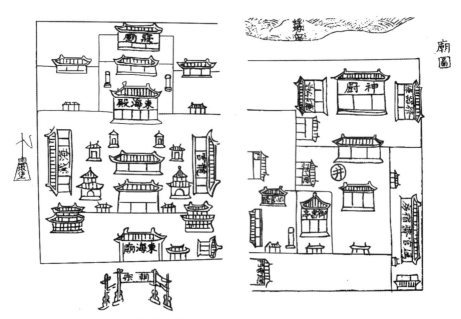

东海神庙图［明嘉靖二十年（1541）绘制］

庙祀考

东莱郡城之西北十八里许,海神庙在焉。规制宏阔,不知创于何时,然祀典攸存,其所从来远矣。

盖四海于此乎汇同,则固有神以主之。其在东方者,谓之渤海。通灵虹,王百谷,尤为最巨焉。考诸皇帝祭山川,厥典聿重。舜东巡守,望秩于山川,已有祀海之礼矣。其在三代:禹玄圭以告成功;汤大告于山川神祇;周制,建四望坛,亦必于海焉祀之。不然,何曰"三王之祭川也,皆先河而后海"?鲁僖公卜郊,不从,乃免牲,犹三望。所谓三望者,海固在乎其中。齐侯礼群神,海加以牲帛,但昔皆秩望,未有往祭者。

迨始皇即位之三年,东游海上;汉武惑方士之言,临海以望蓬莱。意者二君始亲祀焉。若以海为百川之大,令官以严时祀,则宣帝之诏也。恢复之后,即祭海神四渎,则光武之命也。晋成帝遣使以祈祷,隋祭东海于会稽,斯时未闻其有庙。唐武德、贞观之制,四海年别一祭,牲用大牢,祀官以当界都督、刺史充之。宪宗元和中,庙祀南海,韩愈为记。又封东海为"广德王",独无庙祀耶?宋臣尝曰:"本朝沿唐制,莱州立祠。"即此推之,则庙建于唐,不亦为可信哉?自是而后,皆因旧以增饬之。

而俗传宋太祖微时,至海上,每获奇应。及即位,乾德六年,有司请祭东海,使莱州以办品物。开宝五年,诏以县令兼祀事,仍籍其庙宇祭器之数,于受代日交之。六年,大修海庙,规制焕然一新。仁宗康定二年,又封海神为"润圣广德王"。徽宗遣使祭东海于莱郡。孝宗时,太常少卿林栗请照国初仪,立春以祀之。宋未尝不以海庙为重。

胡元入主华夏,至元辛卯,加封"广德灵会王"。至顺壬申及至正四年,大加增修,而奉使致祭者,或赏金幡,或赏银盒,每为不绝。

我太祖高皇帝御极之初,谓岳、镇、海、渎俱受命于上帝,幽微莫测,固非封号之所能加,乃去王爵,止称"东海之神"。盖革胡元之滥,以从其实,诚迈历代而莫之京矣！更遣使降香，岁以春秋致祭。累朝相继，望秩益隆。

然庙立既久，不无倾颓。始修于洪武乙卯，再修于宣德乙巳并甲寅，至成化乙巳，大加修拓如今制，皆有司事也。嘉靖辛丑，海道复重修之。故庙宇聿新，而榱桷之制肃如也。是可以仰见圣代祀事之重，且慎如此，真足以垂诸永久而不替云。

      光禄大夫柱国少保兼太子太保吏部尚书谨身殿大学士　砺庵毛纪　校正

      前进士礼科给事中　东莱任万里　编纂

      莱州府儒学训导　江都高浚　采辑

《海庙集》凡例

大明诏旨并御制祝文列诸首,尊宸翰也。其他祭告诸作,则以世代先后为序随类附书。

海庙游观题咏,止有宋元及国朝石刻,其隋唐观海诗赋亦采而辑之,以备考览。

历代及国朝诸公之诗文、碑刻甚多,岁久磨灭,或因而翻刻他作者有之,惜不能尽录也。

凡遣祀及修庙,皆有记文。其无记文,而但立石题识者,亦附其末。

记文后,与事官属皆书之。其执役人法难具载,所可略也。惟修庙出资助工者,则备录之,以示激劝。

目录不循常格,止撮其总目者,从简也,亦以文体不一,故耳。

先年官置器物名数及修庙刻集文移,附诸卷末,俾观者知其所自。

《海庙集》目录

《海庙集》卷之一

大明诏旨

奉天承运皇帝,诏曰:

自有元失驭,群雄鼎沸,土宇分裂,声教不同。朕奋起布衣,以安民为念,训将练兵,平定华夷。大统以正,永惟为治之道,必本于礼。考诸祀典,知五岳、五镇、四海、四渎之封,起自唐世,崇名美号,历代有加。在朕思之,则有不然。

夫岳、镇、海、渎,皆高山广水,自天地开辟,以至于今。英灵之气,萃而为神,必皆受命于上帝,幽微莫测,岂国家封号之所可加? 渎礼不经,莫此为甚。至如忠臣烈士,虽可加以封号,亦惟当时为宜。夫礼,所以明神人,正名分,不可以僭差。

今命依古定制,凡岳、镇、海、渎,并去其前代所封名号,止以山水本名称其神;郡县城隍神号,一体改正;历代忠臣烈士,亦依当时初封以为实号,后世溢美之称,皆与革去;其孔子善明先王之要道,为天下师,以济后世,非有功于一方一时者可比,所有封爵,宜仍其旧。庶几神人之际,名正言顺,于礼为当,用称朕以礼祀神之意,所有定到各神号,开列于后:

五岳,称"东岳泰山之神""南岳衡山之神""中岳嵩山之神""西岳华山之神""北岳恒山之神"。

五镇,称"东镇沂山之神""南镇会稽山之神""中镇霍山之神""西镇吴山之神""北镇医无闾山之神"。

四海,称"东海之神""南海之神""西海之神""北海之神"。

四渎,称"东渎大淮之神""南渎大江之神""西渎大河之神""北渎大济之神"。

各处府州县城隍,称"某府城隍之神""某州城隍之神""某县城隍之神"。

历代忠臣烈士,并依当时初封名爵称之。

天下神祀,无功于民,不应祀典者,即系淫祀,有司毋得致祭。

于戏!明则有礼乐,幽则有鬼神。其礼既同,其分当正。故兹诏示,咸使闻知。

洪武三年六月　日

敕祀东海之记

洪武二年春正月四日,群臣来朝,皇帝若曰:朕自起义临濠,率众渡江,宅于金陵。每获城池,必祭其境内山川。于今十有五年,罔敢或怠。迩者命将出师,中原底平,岳、渎、海、镇,悉在封域。朕托天地、祖宗之灵,武功之成,虽借人力,然山川之神,默实相予。况自古帝王之有天下,莫不礼秩尊崇,朕曷敢违?于是亲选敦朴廉洁之臣,赐以衣冠,俾斋沐端悚以俟。遂以是月十五日,授祝币而遣焉。臣原德承诏将事惟谨。二月十二日祭于祠下。威灵歆格,祀事孔明,砻石镌文,用垂悠久。惟神泓深广博,利益无穷,典礼既崇,纲维斯在。尚期风波宁谧,福泽生民,是我圣天子所望于神明者,而亦神明祚我邦家之灵验也。

是年二月　日,臣周原德谨记。

武略将军、管军镇抚莱州府守御官　李亨

亚中大夫、莱州知府　胡天祐

朝列大夫、同知莱州府事　刘原俊

承直郎、莱州府通判　李毅

将仕佐郎、莱州府知事　虞玄寿

将仕佐郎、掖县县丞　卢伯玉

将仕佐郎、掖县主簿　董安

掖县典史　邢守仪

等立石

御制祝文

【洪武三年(1370)】

维洪武三年,岁次庚戌,七月丁亥朔。越三日己丑,侍仪司引进使臣张英,今蒙中书省点差,钦赍祝文,致祭于东海之神。

皇帝制曰：生同天地，浩瀚之势既雄，深浅之处莫测。古昔人君，名之曰"海神"而祀之。于敬则诚，于礼则宜。自唐以及近代，皆加以封号。予因元君失驭，四方鼎沸，起自布衣，承上天后土之祐、百神之助，削平暴乱，以主中国。职当奉天地、享鬼神，以依时式古法以治民。今寰宇既清，特修祀仪。因神有历代之封号，予起寒微，详之再三，畏不敢效。盖观神之所以生，与穹壤同立于世，其来不知岁月几何？凡施为造化，人莫可知。其职必受命于上天后土，为人君者，何敢预焉？予惧不敢加号，特以"东海"名其名，依时祭祀，神其鉴知。尚享。

【洪武十年（1377）】

维洪武十年，岁次丁巳，八月丁未朔，初二日戊申，皇帝谨遣六安侯王志，道士俞公权、秦德纯，致祭于东海之神。曰：

荷上天后土之眷命，蒙神之效灵，以致平群雄、息祸乱，君主黔黎于华夏，统控蛮夷。于今十年，中国康宁。然于神之祀，若以上古之君言之，则君为民而祷，载有春祈秋报之礼。于斯之祀，有望于神而祭者，有狩于所在而燎瘗者。今予自建国以来，十年于兹，国为新造，民为初安，是不得临所在而祀神也。特遣开国功臣王志，道士俞公权、秦德纯，以如予行，奉牺牲、祝帛于祠下，以报效灵。自今以后，岁以仲秋诣祠致祭，惟神鉴之。尚享。

【洪武十二年（1379）】

维洪武十二年，岁次己未，八月甲子朔，越九日壬申，皇帝谨遣道士蔡修敬、刘汝寿，致祭于东海之神。曰：

惟神灵钟坎德，万水所宗，功利深广，溥济斯民。时惟仲秋，礼当报祀，特命使者奉牺牲、祝帛，诣祠致祭，伏惟鉴知。尚享。

【永乐五年（1407）】

维永乐五年，岁次丁亥，五月甲寅朔，越十五日戊辰，皇帝遣道士陈永富、监生王澄，致祭于东海之神，曰：

比者，安南逆贼黎季犛及子黎苍，逞凶肆暴，屡攘边疆，侵夺思明府禄州等处，地方予加宽贷，不肯兴师问罪，但遣使谕使还地。黎贼巧词支吾，所还地多非其旧。还地之后，复据西平州，又侵宁远州。逼胁命吏，占管人民，劫掠资财，杀虏男女。边境之民受其残酷，安南之人并被其害。诛求百端，老幼不宁，占城之地，累年遭其劫掠。予数遣人告谕，冀其改过，而贼稔恶日甚，罔有悛心。予为天下主，视民涂炭,安忍弗救!乃命将出师,声罪致讨,志在吊民。岂敢用兵,实出不得已。赖皇天后土眷佑,岳镇海渎效灵,将士奋忠贾勇,悉扫荡其孽党,抚安其善良。尚念将士暴露于外,离其父母妻子,山川险阻,道里迢遥。今天气炎热,恐岚瘴郁蒸,起居失调,易于感疾。予夙夜念此,寝食弗宁。万冀神灵,鉴予诚悃。闻于上帝,赐以洪庥,潜消瘴疠,早降清凉,使将士安宁,百疾不作。特遣人致香币、牲醴,诣神所祭告。尚享。

【洪熙元年(1425)】

维洪熙元年,岁次乙巳,二月辛丑朔,十五日乙卯,皇帝遣工部侍郎许廓致祭于东海之神。曰:

惟神职司东表,容受百川,涵育群生,厥功甚茂。嗣位云始,聿严告祀,尚其歆格,永祚邦家。尚享。

【宣德元年(1426)】

维宣德元年,岁次丙午,二月乙丑朔,十一日乙亥,皇帝遣工部尚书兼詹事府詹事黄福,致祭于东海之神。曰:

东海之大,神实司之,百川攸归,民物咸若。兹予嗣统之初,谨用祭告,神其歆鉴,佑我家邦。尚享。

【宣德十年(1435)】

维宣德十年,岁次乙卯,五月壬申朔,二十九日庚子,皇帝谨遣山东莱州府知府夏升祭告于东海之神。曰:

予新嗣祖宗大位,统理下民,夙夜惓惓,养民为务。尚祈神灵,阴隆助相。俾雨旸时顺,灾沴不生。百谷用成,民用康济。国家清泰,永赖神庥。谨以香币,达予至诚。惟神鉴格。尚享。

预祭官

中大夫、山东布政使司右参政 王玺

中顺大夫、山东按察司副使 张用中

莱州府同知 王恪　通判 黄囊　推官 于宣

莱州卫指挥使 张斌 罗源　同知 雷祥 夏升　佥事 姚全

府学教授 冯韬　训导 马良 李云

掖县知县 张志宏　县学训导 李泰 何章

【正统元年（1436）】

维正统元年，岁次丙辰，正月丁卯朔，十五日辛巳，皇帝遣吏科给事中车逊致祭于东海之神。曰：

惟兹巨海，百川所宗，利济之功，民物永赖。予嗣承大统，特严祀礼，神其鉴格，佑我家邦。尚享。

【正统二年（1437）】

维正统二年，岁次丁巳，五月庚寅朔，十五日甲辰，皇帝谨遣莱州府通判蔡诚祭告于东海之神，曰：

朕祗御下民，永怀保恤，百谷长育。兹维厥时，颛冀明灵，特隆敷佑，无灾无沴，时雨时旸，作岁丰穰，以谷黎庶。尚享。

【正统九年（1444）】

维正统九年，岁次甲子，四月庚辰朔，二十四日癸卯，皇帝谨遣户科右给事中李素祭告于东海之神。曰：

予奉天育民，愧凉于德，致兹久旱，灾及群生。夙夜省躬，中心悁切。神司东海，忧悯谅同。雨农以时，宜任其责。特兹致祷，尚冀感通。弘布甘霖，用臻丰稔。匪予之惠，时乃神庥。尚享。

陪祭官

山东布政使司左参议 黎琏

莱州府知府 李思诚　同知 吴祐　左惟庸

通判 黄囊　林思勉　叶蓁　毛麟　推官 张信

莱州卫指挥使 张斌　罗安　程瑄

同知 刘刚　雷贵　夏升　李璟

佥事 陶溶　张敏　姚雄　武泊

府学教授 陈宣　训导 梁春　吴振

掖县知县 于晟　县学教谕 刘敏

【景泰元年（1450）】

维景泰元年，岁次庚午，闰正月丙午朔，十五日庚申，皇帝遣礼部左侍郎仪铭，致祭于东海之神。曰：

惟兹巨海,百川所宗。利济之功,民物永赖。予嗣承大统,特严礼祀。神其鉴格,佑我家邦。尚享。

陪祭官

山东等处提刑按察司副使 张清

莱州府知府 崔恭　同知 左惟庸

通判 杨节　推官 罗辅

莱州卫指挥佥事 张敏 陶倦 夏升

府学教授 杨茂

掖县知县 于晟　县学教谕 李濡

【景泰四年(1453)】

维景泰四年,岁次癸酉,五月丁巳朔,二十四日庚辰,皇帝谨遣刑部尚书薛希琏致祭于东海之神。曰:

神奠镇兹土,以庇利为职。比闻连岁伏阴,雨雪过多,农事艰举,人民乏食,困毙不胜,朕心悯恻。此固朕之不德所致,然念朕与神,受育民之责于天,其任惟钧,而神则又独司阴阳阖辟之机、物理变化之运,忍令此沴为民病乎?咎固当归于朕,神亦焉得而辞?故敢以告,尚冀神休,大布阳和之惠,溥成发育之功,专俟感通,以慰舆望。谨告。

陪祭官

山东等处提刑按察司佥事 张文

山东都指挥使司署都指挥佥事 张杰

莱州府知府 王澍　同知 魏荣

通判 黄理　推官 罗辅

莱州卫指挥使 罗弘　同知 刘刚

佥事 陶倦 姚雄

府学教授 杨茂

掖县知县 刘谦　县学教谕 李濡

【景泰四年(1453)】

维景泰四年,岁次癸酉,七月丙辰朔,二十三日丁丑,皇帝谨遣工科给事中孙昱以香币、牲醴,祭告于东海之神。曰:

国以兵民为本，兵民以食为天。仁政所先，孰加于此？方秋百谷将实，重以漕运方殷。雨泽罕敷，河流多决，兵民所望，傅当副之。夫朕为国子民，而神为民捍患，实皆天职。然有司存朕所能为，岂敢畏难于朝夕？神之易举，讵可辞劳于指麾？沛膏雨以作丰年，助顺流而为通道，愿有祷也。冀无负焉。谨告。

【景泰五年（1454）】

维景泰五年，岁次甲戌，五月辛亥朔，初八日戊午，皇帝谨遣太常寺少卿李宗周赍捧香币，以牲醴致祭于东海之神。曰：

兹土农务方殷，田畴缺雨，发生罔赖。朕心恻然，神主兹方，冀不异此。雨旸寒燠，时否在神？尚运神功，弘布膏泽。民物享阜安之福，神益彰庇利之仁。专俟感孚，以慰恳祷。谨告。

景泰五年夏，不雨。皇上忧切于衷，特遣太常寺少卿李宗周，祭告东海之神。既而，霖雨继作，岁以大熟。是年十月既望，臣玘等谨以告文勒诸坚珉，昭示永久。窃惟人君之德，莫大乎爱民。惟爱民也深，故忧民也切。稽之往古，若商汤以六事责躬，周宣之遇灾修行是已。洪惟我朝列圣相承，惓惓以爱民为心。皇上嗣承大统，于兹五载，爱民之念，恒切于怀。少遇旱涝，忧形于色，祭告祷禳，散财发粟，无所不至，唯恐有以伤民之生。是以比年以来，水旱间作而不为灾，是虽神灵默助之休，实皆皇上一念爱民之诚，有以达于幽明，故尔斯世斯民一何幸欤！谨拜手稽首，书于下方，俾为臣民者知所本云。

臣玘谨识

【景泰六年（1455）】

维景泰六年，岁次乙亥，闰六月乙巳朔，初三日丁未，皇帝谨遣刑部尚书薛希琏祗奉香币、牲醴之仪，专祷祀于东海之神。曰：

恭承大命，重付眇躬。民社所依，灾祥攸系。志恒内省，政每外乖。或寒燠愆期，或雨旸逾度。田畴失利，谷麦不登。忧切民心，妨及国计。究惟所自，良有在兹。然因咎致灾，固朕躬罔避而转殃为福，实神职当专。夫有咎无功，过将惟一；而转殃为福，功孰与钧？特致恳祈，幸副悬望。谨告。

陪祭官

山东等处承宣布政使司左参议 梅森

山东等处提刑按察司佥事 李宗

山东都指挥使司署都指挥佥事 程瑄

莱州府知府 孟玘　同知 魏荣

通判 郝安　赵瓒

推官 叶昂

【天顺元年(1457)】

维天顺元年,岁次丁丑,三月甲子朔,十七日庚辰,皇帝遣彭城伯张谨致祭于东海之神。曰:

百川之水,惟海是宗。利济民物,厥功茂焉。兹予复正大位,祗严祀礼,神其歆格,永佑家邦。尚享。

陪祭官

山东都指挥使司署都指挥佥事 张杰

山东等处承宣布政使司经历司经历 石鼎

山东等处提刑按察司照磨所照磨 李学

莱州府知府 熊瓒　同知 赵伟

通判 郝安　推官 叶昂

【成化元年(1465)】

维成化元年,岁次乙酉,三月戊申朔,十七日甲子,皇帝遣尚宝司司丞李木致祭于东海之神。曰:

惟大海东际于天,利济民物,永世赖焉。兹予嗣承大统,谨用祭告。神其歆鉴,佑我国家。尚享。

陪祭官

山东等处承宣布政使司右参议 贾恪

山东等处提刑按察司佥事 周濠

莱州府知府 熊瓒　同知 苏辇

通判 徐盛　朱耀

推官 王宪

府学教授 盛璟

掖县知县 郭昂

县学教谕 陈烑勉

【成化四年（1468）】

维成化四年，岁次戊子，五月庚申朔，十七日丙子，皇帝遣巡抚山东都察院左副都御史原杰祭告于东海之神。曰：

比岁以来，多方灾沴。雨旸不时，我民用瘁。民之瘁矣，予曷为怀？神矜于民，忍降以灾？德泽崇深，孰与神侔？祈赞化机，溥天之休。责躬修行，予敢弗笃？庶几与神，同作民福。谨告。

陪祭官

山东等处提刑按察司副使　刘敬

莱州府知府　张谏　　同知　李通

通判　徐盛　张绪宗

推官　王宪

莱州卫指挥佥事　蔡升　陶惓　王通

掖县知县　郭昂

【成化六年（1470）】

维成化六年，岁次庚寅，五月戊寅朔，十八日乙未，皇帝谨遣掌太常寺事礼部尚书李希安祭告于东海之神。曰：

迩者山东地方，爰自去秋迄于今夏，天时久旱，泉源干涸。夏麦无成，秋田未种。闸河浅涩，船运艰难。众心遑遑，深切朕念。惟神奠镇一方，人所恃赖。睹兹旱暵，宁不恻然？兹特遣官赍香币，以告于神。冀体上帝好生之德，默运化机，弘施雨泽，使田野沾足，河道通行，用纾朕忧，大慰民望。庶几神之休闻亦永永无穷，神其鉴之。尚享。

陪祭官

山东等处提刑按察司副使　刘敬

山东等处承宣布政使司右参议　吕铎

莱州府知府　钱源　　同知　李通

通判　徐盛　顾宣

莱州卫指挥使　刘宣　　同知　刘勣

佥事　陶惓　蔡升

掖县知县　周让

府学教授　孙丞

训导　李文

县学训导　杨杰　刘福

【成化八年（1472）】

维成化八年，岁次壬辰，四月丁卯朔，二十六日壬辰，皇帝谨遣都察院右副都御史翁世资致祭于东海之神。曰：

兹者淮扬一带以至山东济宁，河道干枯，舟楫阻滞。人民饥窘，深切朕怀。惟神默运机缄，斡旋造化。大施霈泽，利济一方。俾船运通行，民食足给。庶几神有代天弘化之功，民遂乐生兴事之愿。专兹遣祷，立俟感通。尚享。

【成化九年（1473）】

维成化九年，岁次癸巳，五月辛卯朔，十三日癸卯，皇帝谨遣礼部左侍郎刘吉致祭于东海之神。曰：

朕奉天命，统理下民。御灾捍患，实神是赖。今岁山东久旱，灾异并臻。人民缺食，艰难流连，死亡者众。守臣以告，朕心恻然。惟神庙食此土，作镇一方。见此困穷，宁不矜悯？用是特遣廷臣，远诣祠下。洁斋备仪，为民请命。伏望明神，大彰灵应。潜斡化机，时赐膏泽。用成岁丰，变灾异以为祯祥，易贫困而为富乐。庶称朕事神育民之意。中心恳切，惟神鉴知。谨告。

【成化十三年（1477）】

维成化十三年，岁次丁酉，五月丁卯朔，十三日己卯，皇帝遣山东布政使司左布政使陈俨祭告于东海之神。曰：

国家敬奉神明，聿严祠祀。所期默运化机，庇佑民庶。乃近岁以来，或天时不顺，地道欠宁；或雷电失常，雨阳爽候；或妖孽间作，疫疠交行。远近人民，频遭饥馑。流离困苦，痛何可言！惕然于衷，罔知攸措。惟神奠镇一方，民所恃赖。睹兹灾沴，能不究心？是用特具香币，遣官祭告，尚冀体上帝好生之德，鉴予忧悯元元之意。斡旋造化，弘阐威灵。捍患御灾，变祸为福。庶几民生获遂，享报无穷。惟神鉴之。谨告。

陪祭官

莱州府知府　王琮　　同知　张振

通判　刘让　刘绪宗

推官　康逊

【成化二十年（1484）】

维成化二十年，岁次甲辰，三月戊子朔，越十八日乙巳，皇帝遣山东等处承宣布政使司左布政使戴珙致祭于东海之神。曰：

东海之大，神实司之。万水攸归，弥茫莫测。自昔以来，屡彰灵应。何去岁秋冬，雨雪全无。今兹岁首，坤道未宁。民庶嗷嗷，生计何仰？朕为人主，夙夜惊惶。惟神矜悯，诞加默佑。俾雨旸以时，滋荣万物。坤道靖安，黎民乐业。而国家报祀，曷有穷己？尚享。

陪祭官

莱州府知府 戴瑶　同知 梁宇

通判 刘绪宗

莱州卫指挥使 罗琇

佥事 王銮 陶旺

掖县知县 蒋昕

【成化二十三年（1487）】

维成化二十三年，岁次丁未，六月己巳朔，初九日丁丑，皇帝谨遣礼部右侍郎黄景致祭于东海之神。曰：

今岁自春及夏，天时亢旱。雨泽不降，田苗枯槁。黎庶忧惶，予甚兢惕。侧身修省，虔致祷祈。惟神矜民，宁不旋斡？大霈甘泽，以滋禾稼，以济民艰。庶民有丰稔之休，则神亦享无穷之报。谨告。

陪祭官

山东等处承宣布政使司左参议

山东等处提刑按察司提督学政佥事 潘禛

莱州府知府 戴瑶　同知 梁宇

通判 金昭　推官 袁芳

莱州卫指挥同知 雷清

佥事 陶旺

掖县知县 许昕

府学教授 黄纲

县学教谕 崔澄

【弘治元年(1488)】

维弘治元年,岁次戊申,四月甲午朔,越三日丙申,皇帝遣大理寺右少卿李介致祭于东海之神。曰:

惟兹大海,东际于天。利济民物,永世赖焉。兹予嗣承大统,谨用祭告。神其歆鉴,佑我国家。尚享。

陪祭官

山东等处承宣布政使司右参议 金钟

山东等处提刑按察司佥事 许盛

莱州府知府 谈纲　同知 梁宇

通判 金昭 刘俊

推官 袁芳

莱州卫指挥同知 雷清

佥事 陶旺

府学教授 黄纲

掖县知县 许昕

县学教谕 崔澄

【弘治四年(1491)】

维弘治四年,岁次辛亥,四月丙午朔,越二十六日辛未,皇帝谨遣通政使司左通政元守直致祭于东海之神。曰:

伏自去岁,一冬无雪。今春天时亢旱,雨泽愆期,田苗枯槁。黎庶忧惶,予甚兢惕。用是侧身修省,虔致祷祈。惟神矜悯下民,斡旋大造。早霈甘泽,润滋禾稼。弘济民艰,庶民有丰稔之休,则神亦享无穷之报。尚享。

陪祭官

山东等处承宣布政使司左参政 熊绣

山东等处提刑按察司佥事 陈景隆

山东都指挥使司都指挥佥事 王麟

莱州府知府 杜源　同知 尚义

推官 袁芳

莱州卫指挥使 罗琇 刘宪

同知　雷清　李鉴

佥事　陶旺　张茂　陈纲　武兴

掖县知县　李守经

【弘治六年（1493）】

维弘治六年，岁次癸丑，四月乙未朔，越二十三日丁巳，皇帝谨遣巡抚山东都察院左佥都御史王霁致祭于东海之神。曰：

伏自去冬无雪，今春少雨，田苗未能播种，黎庶实切忧惶。予甚兢惕，用是侧身修省，虔致祷祈。惟神矜悯下民，斡旋大造，早需甘泽，以滋禾稼，以济民艰。庶民有丰稔之休，则神亦享无穷之报。谨告。

陪祭官

山东等处承宣布政使司分守海右道左参议　杜整

山东等处提刑按察司分巡海右道佥事　刘翔

莱州府知府　杜源　同知　尚义

通判　姚凤　侯直

推官　袁芳

掖县知县　李守经

【弘治七年（1494）】

维弘治七年，岁次甲寅，十一月丙戌朔，十日乙未，皇帝谨遣内官监太监李兴、太子太保平江伯陈锐、都御史刘大夏、分遣莱州府知府刘玺以香帛、牲醴，祭告于东海之神。曰：

比者黄河，不循故道。决于张秋，东注于海。既坏民田，又妨运道。特遣内外文武大臣，循行溃决之处，督工修筑。神其默相，用成厥功。使农不失业，国计不亏，不胜惓惓。愿望之至。谨告。

【弘治十年（1497）】

维弘治十年，岁次丁巳，四月壬申朔，越二十六日丁酉，皇帝遣巡抚山东都察院右佥都御史熊翀致祭于东海之神。曰：

自去冬及今春以来，亢旱为虐。雨泽少降，麦苗枯槁，田野荒芜，黎庶忧惶。予甚兢惕，侧身修省，虔致祷祈。惟神矜民，斡旋造化，大需甘泽，以济民艰。庶年谷有丰稔之祥,则神亦享无穷之报。谨告。

陪祭官

山东等处承宣布政使司分守海右道右参议 周弦

山东等处提刑按察司巡察海道带管分巡海右道副使 郝志义

山东等处总督备倭锦衣卫署都指挥佥事 陈玺

莱州府知府 朱绅　　同知 张地

通判 姚凤　任经

推官 彭缙

莱州卫指挥使 王銮　罗琇　刘宪

掖县知县 李守经

府学教授 濮琰

训导 朱继宗　陈积

县学教谕 张奎

训导 孔雄　沙性

【弘治十七年(1504)】

维弘治十七年,岁次甲子,六月庚申朔,十八日丁丑,皇帝谨遣都察院右副都御史徐源祭告于东海之神。曰:

乃者亢阳为虐,雨泽愆期。炎埃翳空,土脉燥竭。田失播种,民罹阻饥。思厥咎征,深切祗惧。特兹斋沐,遣告明神。伏冀斡旋化工,早施甘澍,发生万汇,普济群黎。不胜恳切,祈祷之至。谨告。

陪祭官

山东等处承宣布政使司右参议 方矩

山东等处提刑按察司佥事 王中

山东等处总督备倭都指挥使 王宁

莱州府知府 李棨　　同知 张地　王禾

通判 任经　宋纬

推官 金梁

【正德元年(1506)】

维正德元年,岁次丙寅,四月庚戌朔,越七日丙辰,皇帝遣光禄寺少卿杨潭致祭于东海之神。曰：

> 惟兹大海，东际于天，利济民物，永世赖焉。兹予嗣承大统，谨用祭告，神其歆鉴，佑我国家。尚享。

陪祭官

山东等处承宣布政使司分守海右道参政　倪阜

山东等处提刑按察司巡察海道副使　黄珂

山东等处提刑按察司分巡海右道佥事　袁经

莱州府知府　李㮚　同知　王禾

通判　任经　宋纬　聂珂

推官　金梁

莱州卫指挥　王銮　罗琇　张虓　雷勋

掖县知县　曹岐

【正德五年（1510）】

维正德五年，岁次庚午，六月乙酉朔，十八日壬寅，皇帝谨遣户部右侍郎乔宇敢昭告于东海之神。曰：

> 比者暵厉逾前，雨泽少降，水泉枯涸，运道良艰。意者政有乖违，上干和气。予也警惕，内自修省。爰饬有司，各修乃事。粤惟齐鲁之地，泉源是钟。名山大川，神所居守。敬将楮帛，特遣廷臣，仰冀明灵，斡旋大化，沛施甘泽，浚发河流。庶使国饷疏通，田禾畅茂，民生有赖，邦本无疆。谨告。

【正德六年（1511）】

维正德六年，岁次辛未，十二月丁丑朔。二日戊寅，皇帝谨遣山东等处承宣布政使司左参议吴江，祭告于东海之神。曰：

> 去岁以来，宁夏作孽。命官致讨，逆党就擒。内变肃清，中外底定。匪承洪佑，曷克臻兹？因循至今，未申告谢。属者四方多事，水旱相仍；饿殍载途，人民困苦；盗贼啸聚，剿捕未平。循省咎由，实深兢惕。伏望神慈昭鉴，幽赞化机，灾沴潜消，休祥叶应，佑我家国，永庇生民。谨告。

【嘉靖元年（1522）】

维嘉靖元年，岁次壬午，四月丁丑朔，越三日己卯，皇帝遣尚宝司卿刘锐致祭于东海之神。曰：

惟兹大海,东际于天,利济民物,永世赖焉。兹予嗣承大统,谨用祭告。神其歆鉴,佑我国家。尚享。

【嘉靖十七年(1538)】

维嘉靖十七年,岁次戊戌,七月壬申朔,越九日庚辰,皇帝遣莱州府知府柳本明以香帛之仪祭谢于东海之神。曰:

比岁尝命官祷嗣于神,昨丙申孟冬之吉,仰荷天赐元储,亦神所赞佑者。兹用致谢,神其鉴歆,而永惟默佑焉。尚享。

陪祭官

莱州府同知 陈栋　通判 李标

推官 何继武

掖县知县 王梦弼

《海庙集》卷之二

光禄大夫柱国少保兼太子太保吏部尚书谨身殿大学士　砺庵毛纪　校正
前进士礼科给事中　东莱任万里　编纂
莱州府儒学训导　江都高浚　采辑

碑　铭

【宋开宝六年（973）】

大宋新修东海广德王庙碑铭并序

中散大夫、行左补阙、柱国臣贾黄中奉敕撰

惟尧之圣，就如日，望如云，而下民罹洪水之患。惟禹之德，声为律，身为度，而尽力有浚川之劳，垂利无穷，流惠斯大。然而究其本末，论乎委输，苟疏凿不使于朝宗，渟蓄非由于善下。则尧欲济难，虚罄知人之明；禹无成功，徒施焦思之苦。夫成二圣之丕绩，冠乎古今；解万方之倒悬，免其垫溺。满而不溢，大无不包，则其唯东海广德王乎！

若乃验五行之用，习坎推先；纪四渎之序，东方称首。太昊是都于析木，大帝实馆于扶桑。限蛮夷以分疆，兴云雨而成岁。其广也，尽天之覆，助玄化以无私；其深也，载地如舟，使含生而共济。统元气以资始，擅洪名而不居。涤荡日月之精，推斥阴阳之候。物惟错以称富，润作咸而兴利。龙门导其九曲，吸为安流；鳌峰耸其八柱，锁为巨镇。祸淫如响，驱山岂足以加威？福善必诚，航苇皆期于利涉。是故毳冕之制，异其章以著明；醴水之洁，法其左以定位。信夫太极兼之以生，万物资之以成，九州因之以平，百谷赖之以倾。至若不以污浊分别，见其仁也；不以寒暑增损，全乎义也；卑以为体，含乎礼也；深而无际，包乎智也；潮必以时，著乎信也。如是则象止可以目睹，神莫得而智知。三王之际，已严祀典；万世而下，率修旧章。德若非馨，冈有昭答；祭或如在，必闻感通。惟品汇之盛衰，系时风之隆

27

替。允属昌运，遐光令猷。应天广运圣文神武明道至德仁孝皇帝，覆载群生，照临下土。飞龙正在天之位，丹凤效来仪之资。负斧扆以朝诸侯，登紫坛而款太一。执玉帛者万国，防风无后至之诛；舞干羽于两阶，有苗悛不恭之罪。九流式叙，七德用成。化洽雍熙，美溢图史。然后较步骤之优劣，论礼秩之等夷，声教所通，人神具举。

东莱之地，海祠在焉，岁月滋深，规模非壮。岂称集灵之所，徒招偪下之讥。盖累朝以来，中夏多故，垣墉虽建，诚异于可圩；牲牢虽设，或乖于掩豆。噫！太平之难遇既如彼，衮黩之成弊又如此。惟大圣以有作眷，皇明而烛幽，经久之图，自我为始。于是大匠颁式，百工献能，暗叶占星，岂烦兼并？不资民力，盖示于丰财；无夺农时，诚彰于悦使。长廊千柱以环布，虚殿中央而崛起。窗牖回合其寒暑，金碧含吐其精荧。衮冕尊南面之仪，羽卫图永远之制。节内外以严关键，宽步武而辟轩庭。固久极物表之瑰奇，尽人间之壮丽。且黄金为阙，止是虚谈；紫贝开宫，何尝目睹？于是祝史举册而致命，彻侯当祭而为献。肃肃庙貌，雍雍礼容。牢醴载陈而有加，光灵拜赐以来格。斯盖答贶于穹昊，属意于黎元，使俗被和平，物消疵疠，于以隆治，道于无穷。若夫信徐市之言，将游方丈；惑文成之妄，欲访安期。意在虚无，事皆怪诞。校其得失，何止天壤哉？宜乎九译来庭，不睹扬波之兆；三时多利，屡臻大有之年。膺宝历以永昌，率群神而授职。般诗考义，遐播无疆之休；望秩陈仪，长垂不刊之典。昔汾、洮二水，《左传》尚纪其始封；泾、渭两川，马《史》犹书其命祀。况兹广德王之盛烈，焉可阙如？爰诏下臣，俾文其事。虽逢时备位，固绝乘桴之嗟；而为学甚芜，愈增持翰之愧，乃勉为铭曰：

在昔洪水，下民其咨。唯天命尧，当数之奇。唯尧命禹，救时之危。赖二圣之有德，导万流之东驰。纳而无所，功将安施？以圣翼圣，无为而为。幽鉴不昧，聪明可知。既载既奠，以京以坻。运有否泰，时有盛衰。崇其秩望，俟乎雍熙。我后之明，照临寰瀛；我后之德，覆载蛮貊。乃丰礼秩，乃盈严祀，乃荐牲币，乃洁樽彝。宫室羽卫，王者之规；衮冕剑佩，南面之仪。眷彼平野，蔓草如束，既图既铲，树以嘉木；眷彼旧址，坏垣相属，既经既营，峙以华屋。玄贶斯答，皇明斯烛，神之来兮，君受万福；庙貌惟赫，享献惟肃，神之来兮，臣荷百禄。疵疠消于八纮，和气浃于群生。披文勒石，超三代之英。

开宝六年岁次癸酉六月癸未朔十二日甲午建

此碑文断仆剥落，不知越几十数载。所存者惟龟趺并覆碑。亭楼前后相继修葺,庙宇靡不得人。但未有肯慨其仆压草莽而兴修补之念,盖缘原碑体制宏巨,欲补立如式未易之故耳。成化二十二年,予奉明文,大修本庙。工将既,命董工官检校陆嵩集、府学儒官教授黄纲等参互考订,补其缺文,计二十七字。读之文理接续,脉络贯通,俾一代丰碑之全文,泯而复见。乃督匠夫千名有奇,采石于黄山之阳,舁拽至庙。依原式模刻前文,补立是碑,用存前代之遗迹云。

计补过二十七字:"岂烦"之下补"兼并"二字,"羽卫图"下补"永远"二字,"疵疠"之下补"于以隆治道于无穷"八字,"多利"之下补"屡臻大有之年"六字,"况兹"之下补"广德王之"四字,"愈增持"下补"翰之愧乃勉"五字。

成化二十二年八月　日汝阳戴瑶识

记

【元至元三年(1266)】

东海广德灵会王降香代祀之记

奉御臣宋寿、侍仪司通事舍人臣阿里海牙,奉圣旨,赍御香、银盒、金幡,代行祀事。于至元三年五月二十五日,至东莱,斋戒。越二日癸卯,恭诣广德灵会王祠下。备牺牲、粢盛、庶品,敬恪有加。礼成,三献。

惟神之格,斯是宜永享于血食,享于克诚。是宜用庇我皇家,于亿载无穷也。致祭既毕,刻之金石,以垂不朽。

时至元丙寅仲夏末有七日立
承务郎、般阳府路莱州达鲁花赤兼管诸军奥鲁劝农事、
校尉般阳府路同知莱州事　任庆祖

【元至元四年(1267)】

代祀东海之记

翰林院修撰奉议大夫同知制诰兼修国史院编修官　孟泌撰并书题额

《经》曰:"望秩于山川",《传》曰:"山川有能润于百里者,天子秩而祭之",以其有功于民也。

海于天地间,为物最巨,其润岂特百里而已哉?盖天地四方,海水相通,地居其中无几。在东方者,谓之渤海,尤其大焉。实惟无底之谷,八纮九野之水,注之

而不加增。《禹贡》有曰："江汉朝宗于海"，言为众水所归，犹诸侯之朝宗于王也。祀典所载，自有其常。圣天子临御日久，海宇谧清，四方风动，黎民丕变。然犹宵旰惊惕，不遑宁处，若曰地道或有所弗宁，水患或有所未去，何以致其然欤？天爱民之诚，不能自已，故特遣清望官代祀，亦惟以民而求锡福于神也。且我国家，圣圣相承，岳镇海渎之祀，岁未或有缺。有司或不能副上意，遣官之际，率同故常，神之不享与不祭无异，此圣天子所以注意加择焉。太中大夫、同知太常礼仪院事臣定定，首应其选，实来代祀。翰林修撰臣孟泌佐之。

二月丁丑，发京师，甲午有事祠下，既恭且恪。灌献礼行，笙竽瑟琴之音极于和，尊彝盎斝之列极其肃。粢盛极其丰，鼎烹极其盛。海之百灵，莫不来享。神具醉饱，然后鼓钟以送之，迄用有成矣。咸愿刻石，以传不朽，系之以诗。诗曰：

惟兹渤海横东方，际天蟠地惟汪洋。熙朝道隆德化昌，水波不兴风不扬。
巨鳅缩耳鲸鲵亡，老蜃屏气蛟龙藏。运漕惟将一苇航，瞬息万里通京杭。
红腐不食盈仓箱，岛屿无国不来王。陋彼有周唯越裳，圣人端拱斋严廊。
使臣骏奔走群望，至诚感神信无妄。海若顺令百灵降，土宇清谧民乐康。
愿歌天保为报章，戬谷受禄惟有庆，南山之寿知无疆。

至元四年二月　日立石

承务郎、般阳府路莱州达鲁花赤兼管本州诸军奥鲁劝农事教化

奉议大夫、般阳府路莱州知州兼管本州诸军奥鲁劝农事　耿居仁

忠显校尉、般阳府路同知莱州事　任庆祖

从仕郎、般阳府路莱州判官　胡瑾

【元至元九年（1272）】

至元九年壬申二月十有二日，奉御王倚辅臣钦奉圣旨、皇太子燕王令旨，命以香币之仪，望祭于莱州江渎广源王之坛，同来者，本路总判石璘、教授范之才，共与其事焉。谨题。

陪祭官

莱州达鲁花赤　忽失答儿

知州　李添禄

同知　马兴

判官　马玮泊

【元至元二十六年（1289）】

至元二十六年，岁次己丑，二月辛亥朔，二十四日甲戌，宪天述道仁文义武大光孝皇帝遣玄门掌教大宗师、辅元履道玄逸真人张志仙，集贤院侍讲学士、中顺大夫赤剌温，赍御香、宝盒、锦幡等，致祭于东海渊圣广德王。

届祠之夕，风雨大作，有司欲择翌日，不允其请。令备陈设，四鼓之后，云收雨霁，天宇澄清，万籁寂然，海潮静默。于是行礼，炉烟袅篆，烛焰腾辉。祀仪告成，神人咸悦。若匪道德纯备，精诚感格者，其能然乎？烜等忝守郡藩，睹兹盛事，敬刊于石，昭示将来。

时从行者：大长春宫杜提举、郭侍者，益都路都道录成志希，承直郎、同知莱州事张文祖，诚纯谦光大师，莱州管内道正王志全，希真大师，莱州管内道判孙志秀，了真大师，彭志进，莱州儒学教授师秉钧，莱州都目时泰亨，掖县典史唐谨及州县僚佐等。是月　日，奉议大夫、莱州知州兼管本州诸军奥鲁劝农事史烜谨记。

【元至元二十八年（1291）】

上天眷命皇帝圣旨：

朕惟名山大川，国之秩祀。今岳渎四海，皆在封域之内，民物阜康。时惟神休，而封号未加，无以昭答灵贶，可加封东海为"广德灵会王"，以称朕敬奉神明之意，主者施行。

至元二十八年二月　日

【元皇庆元年（1312）】

皇庆改元春，皇帝特遣翰林大学士脱忽思奉御称觞，博尔赤双台等驰驿，赍御香、银盒、金幡、楮币，致祭于东海广德灵会王。

莱之守臣承命踟蹰，谨斋沐宿海上。四月初六日辛未，鸡未鸣，天使诣祠下。北面悬幡，拜跪瞻仰，默宣上意。既已，摄有司行三献礼，牲脷酒香，樽罍净洁。吏竭其诚，神歆其享。是夕，甘雨大作，四境沾足。久旱之苗，浡然而兴。太平之兆，于此可见。

佥曰：圣天子钦崇天道，致祭百神，尽其诚敬，有以感之。凡在照临，莫不以手加额，祝圣寿之无疆，保洪基之益固，报圣德光被之万一。

从大学士来者，翰林、蒙古必阇赤董瑛仲玉，亲睹盛事。咸愿刻石，以传永久。

皇庆改元五月　日莱州儒学教授徐登谨记

从仕郎、般阳府路莱州达鲁花赤兼管本州诸军奥鲁劝农事　安童

奉议大夫、般阳府路莱州知州兼管本州诸军奥鲁劝农事　阎知刚

承务郎般阳府路同知莱州事　陈得政

从仕郎般阳府路莱州判官　魏亨翼

忠翊校尉掖县尹　孔忠

【元泰定二年（1325）】

泰定二年二月二十六日，集贤院臣不花帖木儿等奏奉圣旨，命臣必阇赤挽怯，承事郎、秘书郎那历罕，驰驿函香东海广德灵会王祠下，三月二十七日致祭，臣挽怯等记。

奉训大夫、般阳府路副达鲁花赤　回回

承直郎、般阳府路推官　孔汝霖

承务郎、般阳府路莱州达鲁花赤兼管本州诸军奥鲁劝农事　卜颜帖木儿

奉政大夫、般阳府路莱州知州兼管本州诸军奥鲁劝农事　徐子彬

中显校尉、般阳府路同知莱州事　马速

敦武校尉、般阳府路知州判官　王泰亨

【元致和元年（1328）】

代祀记

东海之神，自唐天宝间封广德王，庙而祀之，历代相仍。逮我朝，加封"广德灵会王"，尊之也。天子岁遣致祭，其奉神之诚，可谓至矣。

致和改元，春二月之吉，上御睿思殿，特令近侍、速古儿赤臣久柱，集贤都事臣刘瓒，持香币、金幡，乘传至其庙代祀，且祭神主，敬矧钦代圣上明祀者乎。谨斋沐，率守臣暨其僚属，以三月二十四日，备牲醴、粢盛、庶品。式陈彝享，礼成，三献。夫神惟人是依，况国家祀礼有常哉！幽显虽殊，而感通之理则一。于以见时和岁丰，民安物阜，则神之灵贶可知已。若然，则尊膺王爵，永享血食也宜矣。其褒崇之典，具载前代石刻，兹不复赘云。

与祭者：同知莱州事定山，幕职朱吉，将仕郎、掖县主簿孙章，本县儒学教谕朱明让也并及之。是岁次戊辰三月二十五日。承直郎、集贤院都事臣刘瓒拜首稽首谨记并书，忠显校尉、般阳府路同知莱州府事臣定山立石。

【元至顺四年(1333)**】**

重修东海广德灵会王记

夫东莱之地,海祠在焉。崇奉祀典,其来久矣。考之于经,望秩山川,东方惟先。逮唐天宝十载,尊封王爵,历代相仍,率循旧章。惟我皇元,奄有天下,混一区宇。化洽雍熙,恩推海岳。载在祀典者,靡不悉举。列圣相承,遣使致祭。

至元辛卯,诏加东海广德王为"广德灵会王",尤宠祀典。皇庆二年癸丑,天子遣使增修,殿宇、廊庑、庖舍悉备整肃,事神之礼,可谓至矣。迄今历二十寒暑,上雨傍风,侵剥莫甚。

至顺辛未冬,般阳府路副达鲁花赤买驴奉檄来监朱王仓储,道经祠下。敬谒礼毕,循观庙宇,蹙然曰:"夫人仰于神,神福于人者,理故然矣。矧兹东海之神,尤非凡祠之比。四溟之为长,万水之朝宗。润利国家,玄化无穷。斯乃集灵之所,况我圣朝敕修之庙,颓敝如斯。守土之吏,盍乃修饰之。"遂嘱掖县主簿咬住曰:"稔闻尔之为政也,廉公自持,使民悦服。俾任其事。"遂应之。移文于莱州及本县官僚,同心协赞,以岁积御赐白金货易宝券,计之仅得所费市工佣役。主簿咬住但以公暇,必赴祠下,日董其事。于是瓦甓之缺落者,丹艧之剥者,殿堂廊庑,莫不修饬之。置祭器以供粢盛,筑垣墉以捍褒渎。内外完整,灿然一新。经始于至顺壬申二月初,毕工于次月既望。是年,雨旸时若,黍稷丰盛,于以见继自今。庙貌既肃,神灵绥悦。海无扬波之兆,物无疵疠之忧。曰雨曰旸,时和岁稔,祐我皇元。亿万斯年,永享太平,与天无极也。不其伟欤?

兴是役也,般阳副监路买驴首倡于上,掖县主簿咬住应合于下。不资于民,不负于公,适当其可为而为之。是故人心悦而致为和气,神道协而昭兹灵贶也如是。然则二公之敬神爱民之诚、为政之善,也可知矣。予忝教职,适睹其事,不容缄默,庸述此以识其岁月云。

时至顺四年岁次癸酉莱州儒学教授赵　谨记

【元元统三年(1335)**】**

元统三年四月十有五日,嘉议大夫、太府卿囊加歹,赐同进士出身、翰林国史院检阅官、将仕郎程益,奉旨驰驿函香东海广德灵会王祠下,斋沐致祭。惟神之灵,及历代之封祀,已刻于石,故不悉书,姑记使者之名。太府卿囊加歹亦尝降至顺四年春之香云。

臣囊加歹等谨识

忠翊校尉、般阳府路莱州达鲁花赤兼管本州诸军奥鲁管内劝农事　忽答

忠显校尉、般阳府路同知莱州事　蔡正青

忠翊校尉、般阳府路莱州判官　董谔

【元至正四年（1344）】

奉敕重修东海广德灵会王庙记

国家始平江左，而租赋之入十倍于前，然每不能悉输以实京廪。自海道既通，而向之所患，未尝有圭撮之遗，不既美乎？夫以万斛之舟，发吴江之口，兔脱乌逝，风动云合，未浃旬而达直沽者，有矣！非天子德动冥灵，有物凭借者，安能尔耶？神之功大矣！故于礼秩所以崇奉之者，校之他神为尤重。

国初，尝敕有司增修其旧，爰令以时斋祀无缺。列圣以来，犹虑下吏或不能称上意，是以间遣荩臣以代躬祀，著为典故。

至正三祀癸未春三月朔，上复命内相脱满迭儿等函香乘传致祭。去时，周览祠宇门庑，岁月既久，例皆倾垫。悯然叹曰："此非所以崇敬而妥神也。"即誊书以闻朝议。趣之，降楮币五千余贯，特命资政大夫、山东东西道宣慰使亦怜真莅其役。公以为兹重事也，不可以独任，乃遴从事之有才干者二人，曰令史谢枃、刘遵道；檄管内之有能声者六人，曰奉训大夫、同知般阳府路事火若，承直郎、同知莱州事买的，承务郎、掖县尹赵俊德，司吏武颐真、周献、安坛协力从事。弗亟弗徐，咸尽其能。故倾者以直，朽者以易，缺者以完，剥者以植。凡砖石瓦甓、丹漆之材，恒戒匠属择其良者而用之。始公至其中，为其行之不便也，为甬道焉；为其观之不壮也，创大门焉。竣事始末，才五十余日。公之心亦劳矣，于是欀桷、阑楯、户牖、墙壁、神座、堂阶，灿然一新，雄丽寡俦。不独可以妥神之灵，实可以为太平之盛事也。

呜呼！天朝严神之礼，可谓极矣。宜乎其所以报之者大也。虽然，人知其然，而不知其所以然。夫神，天地之气、之精，之所萃而成也，与道消长。天命圣元，统御万灵，神能外天地而自为一物耶！故其运动变化、赫然昭著者，谓之神，固可也；谓之实天之为之，亦可也。故观此又有以神之所以神其神者。虽然神之为神，不宁惟是，彼其广不可度，深不可测者，神之量也。总纳众流，统会百川，神之德也。焦沃之流，同归于尽，神之化也。升降回薄，浸淫万类，神之泽也。周遍穷壤，

往来不息,与天地同其悠久,不可得而纪极,不可得而名状者,神之极也。然则神岂易知乎哉?岂易言乎哉?又岂资其转输而已哉?其必幽赞皇运,亿万斯年,与天地而并存,同日月而长隆也。若不刻诸坚珉,将何以彰其丕绩乎?其赠谥封爵,则颁在祀典,刻诸旧石,兹不复述云。

至正甲申夏邹人李璧识

【元至正十一年(1351)】

昭信校尉、般阳路总管府判官赵时中及府吏杨从礼克直,起运朱王仓粮斛,至此之际,悉革前弊,佣车于元行之家,雇船于春运之回者,未尝一及于民。旬日后,粮斛装起,爰率莱州提调官、达鲁花赤伯不花承务等,躬诣东海广德灵会王祠下,祈祷便风,焚香礼毕。故书此以识其岁月云。

时至正辛卯夏六月十七日识

承务郎、般阳府路莱州达鲁花赤兼管本州诸军奥鲁劝农事 伯不花

奉议大夫、般阳府路莱州知州兼管本州诸军奥鲁劝农事 马克明

昭信校尉、般阳府路同知莱州事 沙的

修武校尉、般阳府路莱州判官 高昶

【元至正十三年(1353)】

代祀记

儒学教授侯礼撰文

水为五行之一。矧沧溟渊浩,若江之深、汉之广,莫不□□□□□□□□□□□□□□□□□□□□敬代祀事。钦赏名香、锦幡、银盒、楮币驰驿。二月壬午初三日丁丑,至祠下,宿斋戒,粢牲洁涓,币物维馨。有司咸在,行礼间,天使盛服端入。拜跽俯伏,进退升降,礼仪详备。陶陶焉,遂遂焉。

是日也,天日开朗,云水空明,鲸波不惊,水灵呈露,岂非神明悦怿,降格以歆欤?其幽赞皇元,无疆大历,服亿万斯年,从可知矣!是宜刻石,以遗将来。然海之为神甚巨,惟天子与在境诸侯得以祭之,余者不可以毫厘僭差尔。昔鲁侯与河岱并望,《春秋》讥之,况下者乎?

莱州儒学教授张谦顿首谨述

至正十三年二月十日

承务郎、般阳府路莱州达鲁花赤兼管本州诸军奥鲁劝农事 机住等立

【元至正十三年（1353）】

至正壬午岁，予典教于罗峰。得监郡公友文之为人，气和而志刚，迹近而情远，详于处事而敏于应物。其交人事神，肃然能尽其诚，是有常德而用心于内者，可亲而不可疏，真大人君子也。

公今宠膺皇命，来监是郡，下车之初，首以恭走致拜于东海广德灵会王之祠下。而炉中未爇，睹前殿宇柱石偏斜，而贮御香之亭基圮坏，左右廊庑之檐楹崩摧。

公乃慨然而叹曰："今广德王是我圣天子岁时致祭之神，而吾辈守土之官，荷国厚恩，不钦旨意叮咛之责，坐视斯庙芜废而莫之理，颜实有缅。虽不能尽复圣庙之旧，宜渐以力葺完。况神典海物惟错，斥卤作盐。运荆楚之粮，济京师之用。而当运之际，使其波不扬而风不恶，雨旸时若，润泽生民，皆神之力。今故制荒凉，不足以安灵扬虔，以答神庥，甚失致崇敬之仪。"

公乃相与本州案牍王允执中输捐俸金百缗，购材募工，以葺缺砌而易梁柱，补疏漏而新桷榱。以朱绿其门幐，重饰神像。经之营之，不弥旬而内外灿然一新。厥工既成，请予为文以纪其事。予才劣不敏，固辞再三，义不获已。因采撷其实，俾刻于石而置诸庑壁，使后之来治是郡者，其尚监之哉。

至正癸巳重午日东莱野隐庐处恭伯高记

承务郎、般阳府路莱州达鲁花赤兼管本州诸军奥鲁劝农事　换□

昭信校尉、般阳府路同知莱州事　沙的

敦武校尉、般阳府路莱州判官　刘荣

【元至正十四年（1354）】

代祀记

东海之神，圣朝崇重，逾前代远矣！

至正甲午春，皇帝分命重臣，遍礼岳、镇、海、渎。上以吉日命所遣之使曰：敬哉！佥曰：嘉议大夫、蒙古翰林院大学士卜颜不花在昔任内，八辅宰相代祀东岳、东海、东镇，敬谨恪诚，乃可复遣。上曰：俞！于是公以威命赍名香、银盒、锦幡、楮币，驰驿骎骎。首东岳，次及海神。是年三月十有六日己酉，遂斋戒，谨睹牲斋品物充洁，诣广德灵会王祠下。越明日，庚戌夜半，公率有司官，鸣钟鼓，奏磬管，雍雍肃肃，登降进止，百礼洽矣。是日也，风和气淑，惊波不动，天宇澄清。神之来格来享,两有征验,感应殊可卜矣!

于戏!圣天子礼神之意既诚,贤使者代祀之恭克笃。祐我皇元,鸿休有永,景命维新。安天下于亿万斯年,岂不伟欤?

般阳路莱州儒学教授臣张谦拜首谨述

【元至正十五年(1355)】

代祀东海之记

翰林侍讲学士、中奉大夫、知制诰、同修国史 臣薛超吾儿 撰

赐同进士出身、将仕郎、翰林国史院编修官 臣钱用壬 书

国家奄有四海,故四海之祀,视五岳东海其一也。盖雨旸以时,则无旱干水溢之灾,海不扬波,则商舶时至,殊方异域之贡不绝。鱼盐之利,民用以饶矣。矧夫京师之馈饷,取给东南。而东南之漕运,必由海道,常岁致数百万斛之粮,而无人民输挽之劳,出没乎风涛之汹涌,鼋鼍蛟龙之险怪。若涉平川,履广陆,浃旬而至京师。苟非神明有以扶持凭借之,安能致是哉?此东海所以视三方为最尊,而其功为尤大也。

至正十有五年春正月十六日,上御文德殿,凝神端思,躬捧香币,遍礼于山川群神,然后以授使臣。首东岳,次东海,其秩序不为不重焉。然而格神之精意,固不待神之胖脀,而已交孚感通于其间矣。是日,翰林侍讲学士臣薛超吾儿、编修官臣壬,奉旨东行,兢业畏谨,惟恐弗逮。二十有六日,祀泰山,礼成山,行数百里,纡萦曲折,至闰月三日,始造祠下。明日,斋沐致祭,牲肥酒旨,蔬核备具。箫鼓铿鍧,庭燎烨煜。仰视天宇澄霁,霞彩绚烂,海风不兴,鲸波底息,神异献状,隐约如见。于以昭神之灵贶,于以著圣天子祀神之诚意。猗欤!盛哉!遂为之记。

至正十五年闰正月初四日

【元至正十六年(1356)】

代祀记

夫海之为德,一勺之恩能润下土。视岳镇为尊,载在祀典,不为不重者焉。

至正丙申春,皇帝敬遣重臣通奉大夫长秋寺卿寿僧、资政大夫太医院使郎钦赍御香、锦幡、银盒、楮币至。二月吉日,率有司宿斋戒,诣广德灵会王祠下。牲粢涓洁,箫鼓铿锵。礼仪严肃,庸尽如在之诚。是日也,波澄风息,天朗气清。谅

惟神其来格、其有享于克诚矣。然漕运之给饷,商贩之流通,雨旸以时,无旱干水溢之灾,亦在乎神之所主,彰显灵贶,以赞我皇元洪福之无疆也。于是乎纪其岁月云。

殷阳府路莱州儒学教授李克立拜手谨述

至元十六年二月

【元至正二十二年(1362)】

代祀东海神记

承务郎、河南江北等处行中书省儒学提举 吴颢　撰

至正岁壬寅春三月,上敕中书遣官代祀广德灵会王祠。皇帝若曰:风淳化正,绝地天通。天子、诸侯、大夫、士庶人祭,各有宜神之等威,视各有差。幽明介别,未尝黩以要质,所以肹蚃为焄蒿、为凄怆。莫非二气流行之妙,阴阳合散之机。气之浮而帱者,神乎天;气之凝而载者,神乎地。山岳之神,气之结也;川渎之神,气之融也。死有益于民者,神乎其人。于以郊,于以社,禋类宜望,殆无虚岁。况海委也效宝藏,殖货财,鼋鼍、蛟龙、鱼鳖之所萃,甲于他水。明王示昭假,用神其神。曩以彗孛吐芒,妖孕双女,分秒污淮泗渎及江南北,若蜀,若陕,若晋,咸逮渐染,青、齐、并营间尤剧。变朔梗化,祀事靡举者,几六易寒暑矣。迩以银青荣禄大夫、中书平章政事、知河南山东等处行枢密院事兼陕西诸道行御史台御史中丞察罕帖木儿总戎于外,师贞以律巨奸魁猾,诘朝廓清,震洋不波,而舳舰达京畿岁亿万艘计。闽浙商贾,贸迁有无,水火菽粟,朝野胥欢。太平之造,兆基于此。则神之贶我国家者,为何如哉!

中奉大夫四方献言,详定使郑郊实承命,捧明香,赍锦幡、银盒、楮币以行。是月十二日,道出山东,平章廷瑞公即以河南省照磨张九畴相行。十七日抵祠下,越明日甲子,斋祓一心,对越庭止,而祼将以毕。时守御官金山东行枢密院事高青、同金河南行枢密事世家宝咸执事焉。遂请文其实,予于是乎记。

【元至正二十四年(1364)】

代祀之记

皇元自世祖皇帝混一区宇,岳镇海渎,皆在封域之内,每岁遣使代祀。崇重之礼,迈前代远甚。

至元二十四年正月朔,今上皇帝御大明殿,朝贺毕,中书大臣奏:五岳、四渎、

五镇、四海,礼当遣使致祭。遂乃分命集贤修撰奉议大夫臣傅贞、宣授通玄崇教凝素大师、大长春宫都提点臣黄道真,修祀于岱宗、东镇、东海。

越五月有三日,上坐嘉禧殿,近臣以香进上,东向祷讫,以授使者,钦奉制词及盘龙白金香盒一,重二十四两,红绡金幡长二十尺者二,楮币二十定,乘传趋东岳,次东镇。于六月十有四日丙午,达东海广德灵会王祠下。偕守御莱州枢密院官汪鲁台、刘暹等,有事于神。薄暮,省牲斋宿就次。时夜半,雷雨大作,海浪有声。四鼓之后,阴雨蔽空,时方向晦。陈设既备,牲酒肥洁,笾豆鲜美。三献之礼方行,神风飒然,天清月朗。海波不兴,气象闾怿。登降伏俯,肃肃有容。神之格思,洋洋如在。礼备乐和,神人咸悦。礼既成,本州太守韩轵曰:"竣事有记,宜树坚珉,以昭神应。"予窃睹三齐之地,虽经兵燹之余,而雨旸时若,禾黍盈畴,居民咸遂有生之乐,其沐神之泽亦已多矣。是宜遵故典,刻祝于石,纪祈事之始终,上以颂圣天子敬神恤祀甚盛蔑加,下叙攸属相助奔走。凡厥执事名位,悉列诸左,俾后之来者,有所考焉。

是年夏六月二十四日蓟丘傅真记

怀远大将军、佥山东等处行枢密院事　汪鲁台

中宪大夫、同佥江淮等处行枢密院事　刘暹

奉直大夫、莱州达鲁花赤　只儿瓦歹　哈尔赤不花　杰烈

奉训大夫莱州知州　韩轵

同知　高昌

判官　善庆

承事郎莱州掖县尹

莱州儒学教授

【元至正二十五年(1365)】

东海广德灵会王感应碑记

奉直大夫、中书右司员外郎　冯冕　撰

天之福善祸淫,神之御灾捍患,乃理之常也。我国家遭时多艰,字罗帖木尔方命不臣,豕突鸱攖,盗据京邑。丑类扇虐,穷兵以逞。九庙震惊,万姓痛愤。皇太子奏上旨,鞠旅致讨,命总兵官少保公调诸将分道并进,荣禄大夫、知枢密院事锁住统山东兵鼓行而北,不淹旬而军次直沽。军饷虽继,飞挽弗堪。佥议由海道

漕运甚便,乃船粟自登州开洋。而来董役者,宣慰司同知任肃等官,祷于东海神广德灵会王祠,冀神力是助。赖神之威,飓母送帆,天吴辟易。海之百灵秘怪,恍若拥卫,无风涛之险。二日,平达直沽。棹夫篙工,踊跃相庆,仓庾以饶,将校胥悦,莫不拜神之贶。猗歟休哉!予以见神阴相我勤王之师,助顺讨逆,甚彰彰也。用是以牲币走祠下,致敬于神,以答神休。文其事于碑,以著厥美。神其固我皇元丕基,歼此狂狡。俾海宇享升平之乐,报祀于神,当如何哉!遂为之记云。

至正二十五年六月吉日

【元至正二十七年(1367)】

代祀东海广德灵会王之记

夫神之所以为德,使天下之人斋明盛服,以承祭祀。为焄蒿,为凄怆,神明之著,精一之气。融浮于世,历代敬畏。庙建东土,血食万载。敕封四字,炳如日星之明。鼓舞雷风,吐吞日月。腰蛟鞭龙,驾驭波涛。为国家龟筮,以固疆围治平之隆,雨旸时若,扶危济险;舟楫所航,贸易交通、富国利民之功大矣哉!

至正丁未六月二十一日,朝廷差来官斿著等赍擎宝幡、银盒、名香之锡,具三献之礼,拳拳于兹宫而致祷焉。故咏歌而颂之,曰:"王之广兮,高且厚载;王之德兮,视听明聪;王之灵兮,如应影响;王之惠兮,遗泽无穷。奉天子之命兮,战战栗栗;冀神明之格兮,肃肃雍雍。海波不扬兮,万国梯航而珍贡;河派长清兮,四方输转以流同。神灵周流兮,普天之下;恩波汪涉兮,犹海之东。"

时至正二十七年孟秋乙亥朔越二日丙子乡进士孙庸撰

代祀官

承直郎、翰林院修撰 斿著

将仕郎、中书省事府经历 集庆奴

武将军、同知高邮府事 李甄

中奉大夫守御莱州山东等处行中书省参知政事 安然

立石

【明洪武八年(1375)】

重修海神庙记

莱州府儒学训导前进士 颜仲实 撰

海为天地之巨浸,所以贯百川而纳众流也。故其涵泳阴阳,吐吞日月,潮汐往来，无不合信。理之幽微，有莫得而测焉。观其浩浩荡荡，渺无涯际。鼋鼍、蛟龙、鱼鳖之生，货财之殖，海之为用，必有神以主之。此国之祀典，所由尊也。

粤惟东莱，旧有神祠，建于海壖，传之岁久。圣上临御之初，以谓岳、镇、海、渎俱受命于上帝，去其溢美之称，封曰"东海之神"。遣使赍诏文，降香致祭，树立丰碑，以妥神灵，诚方今之盛事也。

洪武八年春正月，莱州卫指挥使茅昭勇、指挥佥事周宣武及莱郡通判陈承务等谒神海上。礼毕，顾瞻神殿，经值年深，上雨傍风，栋宇摧颓，周垣废弛，殊失瞻仰之仪，乃慨然有作新之志。由是，上其事于山东行省，得遂所请。督集掖县、胶水、莱阳、招远四邑民夫，创新修建。令胶水县丞张仲方董其事，既而指挥悯兹民力之劳，遂令军士修筑墙围，不日而成。民皆欢欣鼓舞，趋事赴功，忘其劳焉。

经始于是年二月之八日，落成于三月之望日。正殿寝宫、左右两庑、东西二亭与夫龙女之室、敬仪之堂、神门、厨舍，无不焕然一新。复以正殿神像，丹青剥落，官僚悉捐己俸，命工绘塑，精严有加于昔。仍移旧像于寝宫，堂庑壁堵，图写神卫。丹腾辉煌，金碧炫耀，诚为东方之伟观也。窃尝稽之祀典，有功于生民，则祀之；能御大患，则祀之。矧兹东海之神，镇遏洪流，功资造化。民有水旱、疾疫，祷之辄应。国有转输馈饷，则能使风涛镇静，舟楫流通，讵非神力之所助欤！宜其祀典褒封，岁时致祭。予忝教黉宫，敬为文，刻石纪功，以垂不朽。故不敢以荒陋辞，遂书此以继之铭，铭曰：

沧溟浩瀚，派接天津。灌溉万里，德泽无垠。伊昔建庙，东海之滨。

传之历代，礼谨明禋。圣明御极，宠锡殊钧。顾瞻祠宇，岁久摧湮。

涓吉修建，轮奂一新。像设端俨，栋宇嶙峋。威灵益著，福我人民。

雨旸时若，四序平均。鲸波晏息，丰稔迺臻。千秋万祀，敬仰于神。

洪武八年岁次乙卯季春望日立石

【明宣德元年】(1426)

重修东海庙记

莱州府儒学教授 高超 撰

自开辟以来，四海之大，东海惟至大。江汉朝宗，今古攸同。在昔帝王，盖莫不崇祀焉。

我太祖高皇帝膺天景命，一统万方，礼乐制度，焕然明备，而于秩祀，尤加意焉。故岳、镇、海、渎，毕祛累朝渎礼不经之典，揆之以正。太祖之睿思神断，实高出乎千古也。

东海神祠在莱州之西，列圣相承，凡有大庆，必遣使代祀。树立丰碑，奎章宸翰，灿然云汉之昭回。

方今皇上聪明仁孝，文武圣神，嗣承大统，聿遵成宪，乃元年正月大祀。庆成，即分遣大臣，遍告名山大川，致其崇极之意，猗欤！盛哉！

于是，工部尚书兼詹事府詹事黄公福，以四朝一德元老，祗奉明命，来祭于神。既至，睹庙貌倾颓，垣墉荆棘。喟然兴叹，乃谕府卫官僚，曰："祀为国之大事，东海为四海之望。今圮毁若是，似非所以尊严神明、副朝廷祀事之意也。"太守、群公闻命，佥曰："愚辈经营亦有日矣，凡材木瓦甓，已具特功，未底于成，愿协力以完美。"维时，山东都指挥佥事朱忠，以备倭训练于兹土，又踊跃以赞成之。遂即日征工就功，葺旧益新，晨夜弗懈。始事于壬寅，卒事于乙巳。殿廊门庑，翼然峙然。靖深雄丽，不减于前。下至斋庖之舍，百废悉举而官不扰民不劳也。复序次历代石刻，列置左右，亭榭之佳木，椅、梧、桧、柏，森布其中。致祭之期，牺牲肥腯，笾豆静嘉。小大之属，各供厥职。虽胞翟之贱，亦皆有孚颙若。尚书公正笏端竦，以承其事，荐裸登降，咸中仪式。神具歆格，洋洋如在。所谓享于克诚征之，显诚之不可掩者，其斯之谓欤！若是者，皆由我圣天子明德馨香，至诚之所感。尚书公能妥神灵，重神威，精白一心，有以交孚而致然也。将见神之效灵，洪波不扬，雨旸时若，民物阜安。祯祥之符，有如龟书马图之呈露于河洛者，可计日而待也。于斯之时，则必有大手笔作为声诗，播之天下，被之管弦，与雅颂相为表里。以咏歌"元首明哉，股肱良哉"之德之盛，而彰示于亿万年也。用纪其实以俟焉，于是乎书。

宣德元年岁次丙午三月戊申资德大夫、正直上卿、工部尚书兼詹事府詹事　黄福立石

中宪大夫、莱州府知府　夏升

奉议大夫、同知　王仲端

承直郎、通判　蔡诚

【明宣德九年(1434)】

莱州府重修东海神庙记

天地间物之大者,莫大于海,而东海为尤大。东海为万川之宗,故其名位居四海神之首。太公《金匮书》已载其名,《学纪》谓"三王之祭川也,皆先河而后海",则知三代圣王已行祀礼。

唐天宝中,庙祀南海神以王爵,而韩文公为记,则知祀东海神亦必以王爵而有庙,但未遇如韩文公者为之记。故《郡志》谓前代建立之由无考。

至宋开宝六年,大建殿宇,封"广德王"。

元加封"广德灵会王",疑祀东海以王爵者,不始于宋而始于唐矣。

我太祖高皇帝御极之初,以为岳、镇、海、渎俱受命于上帝,去其王号,改称"东海之神",以从其实,可谓卓冠前代,而一洗千古不经之谬也。古今崇重之意,至矣。

然庙祀既久,上雨旁风,不无坏漏倾颓之敝。今太守淮南夏公升景高守是邦,主是祭,瞻仰弗称,恐贻神羞。请于朝而修理焉。由是累岁经营,积攒材料。

宣德甲寅春,遂鸠工计度。役用在官之人,材用素积之材。一夫不役于民,一钱不扰于私。不惮勤劳,往来提督。若正殿、若东西碑亭,倾者支,缺者补,楹檩榱桷之朽者易。若寝殿、若东西庑,敝坏已极,不可支补。若前门,卑小弗称,皆撤其旧,宏敞其制而重构焉。若厨库、若宰牲房、若斋房,悉新造如式。正殿中为龛以栖神。东西壁绘神出入仪从之盛。两庑彩绘海市,物色百千幻化,隐见出没于波涛汹涌之间。又聚铁为钟,范铜为炉,以及案桌锅灶,百用俱备。寝殿东旧有从祀神庙,亦为重创,比寝殿加杀。凡上而陶瓦以覆,下而瓴甓之甃,内而镘饰之丽,外而墙堵之周,皆焕然新美。非惟足以崇神休而行祀礼,抑且有以副朝廷崇重之意,而壮观规模矣。

工告成,郡耆民郭仪等请曰:"前此建立之由无考者,以无文字金石之托也。公用心修理如此,不可自今无以垂示后人,俾相继必葺而用其心。"谓余宜记其事于石。噫!郡守奉天子命牧千里,惟治民、事神两事而已。公于治民,则德刑两用而民怀;事神,则诚敬交孚而神格。民怀,则易使而邦本固;神格,则有以阴翊皇图而海宇奠安。公之治民、事神,可谓尽心焉耳矣。呜呼!公之政绩著于今者如此,后之诵斯记者,宁不有继公而葺者乎!余愧弗文,固未敢拟于昔贤。因耆民之请,姑书其实,俾来者有考也。

大明宣德九年岁在甲寅十一月庚子掖县儒学训导金川何章记

【明成化八年(1472)】

东海寝庙成记

赐进士、正奉大夫、正治卿、都察院右副都御使 莆田翁世资 撰文

尝闻昌黎韩子曰:"海于天地间,为物最巨。"始疑其言之若夸,终信其言之有据也。予尝观物于天地间,山若巨矣,而其盘据、起伏、联亘,不过三五百里而止耳。江若巨矣,而其汪泧、浩渺、绵延,不过数千万里而止耳。海则异斯二者,穷之无源,探之无极,周流消长,昼夜循环。不以华夷而有限隔,不以岛屿而有蔽障。语其量,则能纳百川而无所不容;语其功,则能兴云致雨,能捍灾御患。故自三代圣王以迄大元之有天下者,莫不崇奉焉。夫物之巨者,必有神。其为神必灵,非独海也。若岳、若镇、若渎亦皆有神,而其神之灵与海等耳。故历世之有天下者,均于崇奉,而各致其极焉。

逮我太祖高皇帝御极之三年,知前代之崇奉于神者,皆以人鬼为不经,乃诏天下于岳、镇、海、渎,悉去其旧封,并以山水本名称其神。若东海,则称曰"东海之神"是已。岁春秋,敕有司致祭。有事则遣廷臣赍香币、祝文祭告。既不失于崇奉,又不流于谄渎。礼文兼备,超越前古,真大有为之君哉!

成化五年己丑,世资以菲材,奉我圣天子敕巡抚山东,礼神海上。见神之左右夹以二女神,并坐南向,乃晋知府钱源曰:"海之为物,巨于天下,而其神必知礼。昔孔子因季氏妄祭而曰:'曾谓泰山不如林放乎!'海与泰山皆祀典之神,而庙有女神,此非朝廷之典。盖出于当时之塑工与不知礼之有司,而妄意为之耳。夫不知礼之塑工与不知礼之有司,妄意造端于前,而历世之不知礼者,又皆因循于后,而致羞辱于神。是宜肓风、怪雨之无节,水旱、疾疫之无时而至也。"源以刑部主事,有声称,出守此邦。闻予言,退即庀材鸠工,别创寝庙,移其女神于后,以顺人之情,以正礼之谬。寝庙成,乃不敢自请文,请于山东左布政使殷谦,右布政使董昱,按察使王琳,参政王汝霖、江玭,副使刘敬、董廷圭、陈相、陈善,参议唐浚、尹淳,佥事张珩、杨琅、刘时学、董琳、王纶,征文以记创造之由。时以地方事,殷未暇裁答。

成化八年壬辰,自春徂夏不雨,运河干涸,舟楫阻滞,粿粭枯槁,百姓阻饥。

上劳圣虑,乃降香币、祝文与白镪千两,遣世资,具仪祭告海神。世资承命惟谨,兢业惕厉,寝食弗敢遑懈。乃于四月十七日癸未,躬率左布政使殷谦、按察使王琳、佥事刘时学、都指挥同知朱升诣庙,二十三日己丑致斋,二十六日壬辰祭告,得微雨。祭之翌日,佥事王纶遣人至海上,告曰:"己丑致斋之夕,临清、济宁诸处大雨倾注,平地水深尺余,运河泛涨,舟楫通行。百谷诸物之在土者,皆欣欣向荣,人心大悦。农者耕,病者愈,愁叹者转而为嬉笑。"予闻之,跃然喜曰:"此诚由我皇帝一德格天,至诚感之所致,而海神之效灵以报答我圣天子念民忧勤之意,故其灵贶响应。如此,非物之巨而神必灵之明验欤?"

于时殷公有命,升右副都御史巡抚大同,将行。而诸君请文,益虔,盖以示殷。故并其说以复,俾源勒于丽牲之碑。

成化八年五月吉日立石

【明成化二十二年】(1486)

重修东海神庙记

光禄大夫、柱国、太子太保、户部尚书兼谨身殿大学士致仕 寿光刘珝 撰
赐进士、奉敕巡抚河南、资政大夫、督察院右副都御史 昌邑孙洪 书并篆

距莱城西北十有八里,海神庙在焉。历代建造不一,封号亦不一。我太祖高皇帝厌其号渎妄,诏改为"东海之神"。遣使降香树碑,赐金盒于庙中,命有司时加葺理。列圣相承,崇奉有加。圣天子践阼以来,屡遣官致祭。

成化十九年,汝阳戴君瑶来守是邦,适布政使司左参政张公盛同诣庙下,睹庙貌倾圮,共谋修复。左布政使戴公珙、巡抚左副都御史盛公颙咸曰:"此祭典所载,钖事神有司第一事。但百费不可出于民,宜行之无缓。"其余藩、臬诸公,以公至者,罔不相继督成。戴守计其料若干,悉心措置不缺。夫匠,则役以在官之人,俾检校陆嵩、典史冯琚专董其事。稍暇,则自往综理。经始于成化乙巳春,落成于明年丙午秋。坚者因之,否者易之,周围缭以墙垣,高厚坚完。内则北为正殿,殿前立廊门。门前翼以碑亭,门左右峙以钟鼓楼,又前为山门。山门前翼以白石坊门,俱重檐叠拱,五采绘画。左右廊庑各九间,塑海岱、云龙之像,饰以金碧粉素。至于寝殿、宰牲、斋宿、道流栖息之所,无不具备。外又构以官亭,为使臣暂寓之处。总计之殿、亭、厅、房,因旧重新者,共六十楹,及大小碑亭四座。新增者,厅房、大小门楼四十二楹,钟鼓石碑楼、石函亭五座。庙内外并沿路新植椿、榆、

杨、柳等树一千七百四十株。规矩广大,轮奂精明。杰立于东海之滨,观者莫不起敬。

戴守伻来征予记其实。切惟自清浊分后,即有海。海之为物最巨。浮天纪地,沸腾百川,回复万里。其东无东,其北无北,其南无南。且浴日而西之,夜则涵太阴,滔列星,大有益于兹世。财货之产,鱼盐之利,输运之周,万世永赖。或时亢旱,禾苗槁死,民生忧遑。神则默运斡旋,鞭雷驱电,兴云致雨,以苏民困。是以代代时君,莫不庙祀而崇奉之也。祀典所谓当祭,其以斯欤?今戴守此举可书者有三:能体念圣心,一也;能事神安民,二也;不取下伤财,三也。有此三可书,予焉得而不书?

大明成化二十二年岁次丙午冬十月吉日立石

预事官

兵部郎中　眷诚

行人司行人　张祯

莱州府同知　梁宇

通判　刘续宗　王章

推官　袁秀

府学教授　黄纲

训导　刘泰　陈礼

掖县知县　许昕

县丞　胡祥

主簿　谢升　任敬

县学教谕　崔澄

训导　蒋珣　葛云

莱州卫指挥使　罗琇　刘宪

同知　雷清　刘勋　娄庆　李鉴　李敬

佥事　王銮　陶旺　陈刚　姚忠　张茂

重修海庙本境官宦耆庶题名记

成化二十一年,莱州府大修东海神庙。二十二年二月二十六日,上正殿梁栋。境内休致及省祭等官耆民士庶,咸喜其规制宏敞、工程整肃,各赍己资,赴庙辖济,赏劳百工之费。余命董工官检校陆嵩籍其名氏,将赉来物帛,验工匠勤惰,量轻重分赏。本年十月工毕,请寿光刘先生作文记其修庙事由,及题大小官僚名氏,竖立丰碑于前门之左,垂示永远。其前项捐资助费官宦、耆庶人等,虽贤不肖不类,所出多寡不一,然要其意则皆为事事而来也,似亦良可嘉尚,胡可泯其善乎?因命匠师琢石一方,备列姓名,竖于西官厅之偏,用著各人崇神共事之美意云。

赐进士中、顺大夫、莱州府知府、前南京户部郎中汝阳戴瑶记

掖县致仕官

翟秀　单政　毛敏　陆信　由禧　戴祯　章迪　初振
初琛　李贞　孙福宗　毛宁

举人

梁学　毛忠　侯尚文　刘绅

监生

马毅　王霈　姜瑞　于义　吕真　刘浚　马赟　腾琏
姜海　杨宽

生员

郭翊

省祭官

杨俊　张钦　仲让　马春　李忠　宋纪　侯宁　张瑄
霍云　王瓒　王聪

义官

杨钊　杨和　王林　徐囦　施良臣　战雄　战成和　卞奎　施刚
周赞　赵清　王崇　张升

耆老

王溥　吕林　于贵　马郁　阎智　丁源　曲杰　张明
于奉　徐辉　韩杰　韩泽

【明弘治十七年(1504)】

记梦碑

莱州北距城十八里为东海,有庙焉,祀海神也。自唐宋迄今,祀事不废。凡水旱、疠疫之灾,祷之辄应。

弘治岁次庚申,予以家君谪守莱郡。往省之,因至庙下。瞻仰之余,欲致祷焉,以卜科第,而以诚弗豫集不果。既归,梦入庙中,得八十签。翌日,取签书视之,有"凤逐鸾飞"之句,祝者曰"吉"。

越明年壬戌,予登第。窃今官神之灵,果不爽也。因纪其事,往勒之石云。

弘治十七年岁次甲子七月既望
赐进士出身、翰林院庶吉士任丘李时书

【明正德十五年(1520)】

观东海记

正德庚辰三月之望,予按部于沂。沂人苦于旱,方祷雨而未获,咸诣予曰:"使君奉天子命于一方,与一方神明自相统摄,盍为吾民计之?"予曰:"此为东海郡也。昔孝妇衔冤,三年亢旱,意者今复有是乎?"乃往谢焉。枉者直之,疑者轻之,滞者疏之。夜复于天告之,寝未寐,雨下如注。

四月,之莒,之诸城、高密,旱益甚,予忧之如沂。或曰:"海上之神,其应如响。使君之忧民至矣!殆将有所感乎?"顷之,雨鸣,瓦如击磬。登高四顾,云气浮满山泽。予喜曰:"山东其有秋矣!"

乃之莱,将礼于神之祠。甫出门,雷电起海中,跃金蛇数十。暴雨涨山溪,不能进,乃归。农夫释耒而观,举欣欣有喜色。问之则曰:"旱既半年矣!至是而后雨足。"

明日,按察副使安仁舒君晟、佥事凤翔王君亿过曰:"东海之行,当遂已乎?恐无以答神之贶也。"予曰:"然。"乃命驾以往。不二十里,至祠。祠三面阻海。旧传祠甚隘,宋艺祖尝游是而获奇应,及代周,遂扩而新之。古今碑碣,鳞次两廊。读未毕,而二君速于海上,且曰:"辟海瘴必以酒,请酌以望焉。"但见其深洞如;其广荡如;日出扶桑,其气葱如;风行水上,其纹涣如;向午潮生,其波涛汹汹如。乘潮出没,水族实繁,所辨者惟鱼龙耳。其他或鬣如马,或角如牛,或爪牙如虎豹,或文采如凤麟,奇形怪态,莫知其名。酒未半,野人争入于海,取海错以献,烹而宜之。或肥而甘,或柔而脆,或辛焉而若苦,或咸焉而微酸。清爽而可味,苾芬而可羞。予但知其适口而已,不悉其为何物。久之,海雾尽收,天光万里,近而大泽之山、蜉蝣之岛,青翠欲流。远而登州、辽阳之境,空明无际。其又渺焉而浮于一发于天末者,或谓即三神山也。二君曰:"兹亦奇观也已,不可无纪。"予曰:"天地

之间,惟海为大,尼父有乘桴之怀,庄子有鹏运之愿。人之得游于是者,顾幸矣!况东海又四海之长耶!子不闻之,游焉而无所观,徒游也。观焉而无所得,徒观也。今游于海而观其深也,知人之不可以自浅。观其大也,知人之不可以自小。观其下也,而百川注之,知人之不可以自高。观其阔也,得润物之道焉。观其平也,得为政之道焉。观其细流不择也,得取善之道焉。观其烟云卷舒,潮汐往来也,得变化之道焉。观其飞者、潜者、动者、植者,群然于海而不相害也,得并育咸若之道焉。且祠之所祀者,龙也。孔子曰:'知者乐水'。又曰:'至于龙,吾不得而知之。'言其神也,神者,不可知之之谓。吾辈观之而能乐,乐之而能得,得之而能守,守之而能纯。则所谓神者,其庶几矣。"语未几,而同寅平陆刘公翀亦至,二君举予言以质之,公曰:"是固善言,海者。"乃命吏书之于碑。

正德十五年四月吉日巡按山东监察御史瑞阳熊相尚弼书

《海庙集》卷之三

光禄大夫、柱国、少保兼太子太保、吏部尚书、谨身殿大学士 砺庵毛纪　校正

前进士礼科给事中 东莱任万里　编纂

莱州府儒学训导 江都高浚　采辑

祭　文

【明弘治五年（1492）】

维弘治五年，岁次壬子，八月己酉朔。越二十有七日乙丑，钦差巡抚山东地方都察院左佥都御史王霁，巡按山东监察御史文瑞、熊达洎，左布政等官吴珉等，谨遣莱州府知府杜源等用牲帛、酒醴，致祭于东海之神，而昭告之曰：

惟天下之泽渎，无逾于东海。惟东海际于齐地，而鲁近之。然则东海之利泽，自古而及于齐鲁之民也博矣。奈何此二年来，水气少腾，土膏不润，天多亢阳，此盖霁等不职。而有司修此常事，不能上体朝廷之意，而有所弗虔，以致神不临享而然耶！厥今百物收成，已无可望，而百姓之饥饿流离，滨海之郡邑为尤甚。固是霁等之罪，亦大作神羞。谨遣官恭虔祭告，诚欲鉴此精意，大腾润气而使秋有甘霖、冬有积雪、来春时雨时旸、虽不得救垂死于已然，而亦望复苏于后日。惟神灵其昭鉴之。尚享。

【明弘治十二年（1499）】

维弘治十二年，三月庚申朔。越二日辛酉，钦差巡抚山东地方都察院右副都御史何鉴，巡按山东监察御史刘绅、张遇，山东都布按三司左参政杜整，副使谈诏、邵贤，都指挥王瑾等，谨遣莱州府同知张地，以香帛、牲醴，祭告于东海之神，曰：

惟神祀典，肇于周礼，灵贶著于韩碑，沧茫万区。蛟龙所宅，烟云所栖。百川之宗，斯民所依。嗟嗟此土，天泽愆期，冬无六花之瑞，春无霡霂之沾。二麦萌而

复瘁,众卉焦而欲燃。骄阳屡月,赤地千里。疫疠是忧,回禄兴祟。春种既艰,秋获曷遂?斯民之灾,惟吏之罪。鉴等率属斋沐,痛加刻责,吁祷之举,至再至三。惟神至仁,矜此危艰。呵叱云雾,鞭笞群龙。大施滂沱,苏此疲癃。吏获免咎,民获岁丰。奉扬神惠,报祀无穷。尚享!

【明弘治十八年(1505)】

维弘治十八年,岁次乙丑,八月癸丑朔,越九日辛酉,钦差巡抚山东地方都察院右副都御史徐源等谨以大牢之奠,敢昭告于东海之神,曰:

海于两间,为物最巨。奠置东南,际天极地。卷雾兴云,滋润万物。默相皇图,与世有德。兹者旱阳,禾菽不溉。裂土飞尘,茎枯粒悴。洋洋鲸波,潴蓄固在。不相灌救,徒仰其大。天子即阼,实维轸思。遣源率众,祗祷神祠。鞭驱群龙,跃渊取水。以喷六合,荡祛虐鬼。秋谷既穗,民食用充。海岳报祀,肸蠁无穷。尚享。

【明正德十年(1515)】

维正德十年,岁次乙亥,二月己卯朔,越三日辛巳,钦差巡抚山东地方都察院右佥都御史赵璜谨率山东布政司分守海右道右参政张澜、山东按察司分巡海右道佥事吕和、巡察海道佥事牛鸾,以牲醴庶羞之奠,敢昭告于东海之神。

惟神灵钟于坎,庙食于东。纳百川而人莫窥其量,泽一方而自不知其功。固国家之永赖,宜祀典之时崇。璜叨抚兹土,百责在躬。望洋踧叩,为此困穷。盖自兵荒之后,十室九空。今欲使之家给,亦惟望夫岁丰。彼三白之祥,已占神意之有在。惟瓣香之敬,尚期神惠之有终。自今五日一雨,十日一风,麦禾登而民食足,贡赋办而国储充。庶几璜等之责,赖以少塞。而神之阴骘,在齐鲁者殆与二天同矣!谨告。

【明正德十年(1515)】

维正德十年,岁次乙亥,三月戊午朔,十有六日癸酉,钦差巡察海道带管青州兵备佥事牛鸾谨以牲帛、庶品,致祭于东海之神。曰:

惟天生民,惟神相之。惟海之大,惟神主之。故奠安海隅而福我生民焉,故阳施而阴报之以祸、以福、以仁。爱我有民社之寄者,而卫我生民焉,神之事也。鸾绵力寡德,承乏来兹。如彼跛夫而登高焉,如彼盲人而临深焉。厥忧孔殷,愈怅怅焉。惟祈有神,惟我之祐,发我聪明,以保兹土,神其鉴之。神既相之,而复灵肩沉沦,正路荆榛。贪饕无涯,脂膏泥沙。惨毒是居,民命土苴,神之羞也。仇我祸我，无以贷我。如或上帝有命，以罪我民。雨旸愆期，灾沴荐臻。神其祐之，神既佑之，上帝是刘。厥咎惟鸾，罔贻神忧。呜呼！幽者，明之体也；明者，幽之形也。厥用惟亲，厥忧惟均。无弃我而弗爱弗仁焉。呜呼鉴哉，尚享。

【明嘉靖十六年（1537）】

维嘉靖十六年，岁次丁酉，六月戊申朔，十一日庚申，钦差巡察海道山东等处提刑按察司副使王献等谨以茶果、香纸，致祭于东海之神。曰：

神受天下之水，为百谷之王。蛟龙变化，皆其主之。云从雨施，斯其责也。况乃上荷朝廷之祀典，下切军民之属望。夫何今也！旱魃为虐，六月不雨。苗正秀而难秀，秋垂成而未成。人心惶惶，如失恃怙，或者来寓兹土者之过欤？其于百姓乎何辜？夫过在吾人，则罪在吾人。比有以刑酷者，神当以酷酬。凡有以奸贪者，神当以贪诛。庶冤气可消于一朝，信甘霖大沾乎四野！如其三再不雨、五再不雨，神鉴弗彰。血食能无愧耶？献恭率合属之官民，咸竭赤衷以致祷。惟神格之，乞速赐行之。尚享。

【明嘉靖十六年（1537）】

维嘉靖十六年，岁次丁酉，六月戊申朔，十四日辛酉，钦差巡察海道山东等处提刑按察司副使王献等谨以刚鬣柔毛庶羞之仪，致祭于东海之神。曰：

惟神所以妙万物而为言者也，可以为有，可以为无。凭一气之斡旋，夫谁可得而测度？时值六月，天地为炉。万物之生，必资乎雨，而后乃可成之。奈何自五月初旬，以至于今不雨，献率同属官莱州府同知陈栋，通判袁昆、李奈，掖县知县王梦弼等，祈祷于神，且约之以期，神果不出五日而大雨斯降。岁稔有征，民望已慰。神真有功于社稷生民，其无负于典祀矣。为此报谢。尚享。

【明嘉靖十九年（1540）】

维明嘉靖十九年，岁次庚子，四月壬戌朔，十日庚午，巡按山东监察御史李复初，布政使司左参政雒昂，提刑按察司副使吴道南、马纪，金事朱旒，谨以羊一豕一，致祭于东海之神，曰：

惟神之尊，王于百谷。潺湲会同，运旋坤轴。环八极虽无穷际，俯五山以为归宿。当嵎夷之正位，附扶桑之佳隩。玉阙嵯峨，金宫邃穆。祀典彰厥灵贶，民庶供其腊伏。复初等奉上命，以有临瞻崇祀。其起肃，牲醴肥洁，黍稷馨馥，既以展谒拜之仪，且将致诚恳之祝。方兹亢旸，实切惶蹙。回苏枯槁，祛除旱酷，匪赖于神，其奚攸属？谅神鉴其孔昭，而精应为甚速。命天吴以煽飚，驱鲋鱼以喷瀑。银横下接，碧津上沃。倾泻百川，膏沐五谷。奚啻慰夫农望，亦窃得以自赎。尚祈洪休，人民胥育。匪东土之永奠，举中邦以咸福。庶神之赐于群生者，深长而溥笃矣。谨告。

嘉靖十八年冬，吴道南以库部郎中升山东按察司副使奉敕巡察海道。越明年，夏四月，监察御史洪洞李公复初来巡兹土。三原雒公昂以分守至钧阳。马公纪以分巡至。而信阳朱公疏又以代马公继至也。事既竣，相与谒东海神于其庙。时天方亢旱，遂以雨祷焉。道南辱命文以告之，复募工刻之石，并序其概，与诸公之贯址列于碑阴，俟来者有所考焉。道南，江西贵溪人。

【明嘉靖二十年（1541）】

维嘉靖二十年，岁次辛丑，六月丙辰朔，是日，钦差巡察海道山东等处提刑按察司副使吴道南谨率莱州府同知曾光、莱州卫指挥王道、掖县知县徐祚、官吏师生耆民人等，致告于东海之神，曰：

我国家祀典，境内之神，皆守土官主之。凡有祭祷，故得以专苴及听于神焉。惟莱、登二郡，在山东为海壤。朝廷特设副使驻扎兹地，以巡察海道，得主于海神之祭，而守土官弗与也。是幽则有海神，明则有海道，实相为主张焉。比入夏以来，亢阳肆虐，雨泽不降，乃既成之麦，槁弗可获。既种之黍，燥弗能长。百姓遑遑，莫知所措。固海道之舛于政，致海神之彰厥罚也。爰命诸属宽省刑杖，洗涤狱囚。斋戒沐浴，恳于祠下。以首宿愆，以求灵贶。蒙神不遗，微洒甘霈。然久涸之土，非勺水所能润。而垂死之苗，岂一霎所能起？道南复涤虑祓心，省躬责己。恭扣神驭，以希洪泽，仍俾道流，建醮庙庭。普告仙贞，共悯黎庶。大施三日之霖，以济两封之旱。上不亏于公赋，下少赡于私图，皆惟神是望。神其鉴佑，转达之以垂庇斯民不？道南终罪焉，道南之衣被神惠，尤有倍于诸属与此民也。谨告。

【明嘉靖二十年（1541）】

维嘉靖二十年，岁次辛丑，六月丙辰朔，二日丁巳，钦差巡察海道山东等处提刑按察司副使吴道南祇率莱州府同知曾光、莱州卫指挥王道、掖县知县徐祚等，谨以羊一豕一，清酌庶羞，致祭于东海之神，曰：

惟神降依兹土，厥有年岁。覆庇斯民，德冒二天。悯时暵旱，薄鉴微虔。屡祷屡应，不我爽焉。雷电骤起于朗夕，风雨交作于平川。慰此农望，雨彼甫田。

枯槁暂得以回苏,长吏稍逭夫宿愆。仰赖灵贶,如疴就痊。牲醴杂献,钟鼓式宣。以谢厥赐,敢不精专?然吾神之临下有赫,而洪泽之及人无边。犹冀沛霖于三日,相与取足乎十千!神其申佑,冥冥而俾惠之,终以全也。尚享。

《海庙集》卷之四

光禄大夫、柱国、少保兼太子太保、吏部尚书、谨身殿大学士 砺庵毛纪　校正
前进士礼科给事中 东莱任万里　编纂
莱州府儒学训导 江都高浚　采辑

赋

海　赋
木　华

昔在帝妫臣唐之世，天纲浡潏，为涧为濩；洪涛澜汗，万里无际；长波浩瀁，迤涎八裔。于是乎禹也，乃铲临崖之阜陆，决陂潢而相滂。启龙门之崒嶺，垦陵峦而崭凿。群山既略，百川潜渫。决瀴澶汀，腾波赴势。江河既导，万穴俱流，掎拔五岳，竭涸九州。沥滴渗淫，荟蔚云雾，涓流泱濩，莫不来注。

于廓灵海，长为委输。其为广也，其为怪也，宜其为大也。尔其为状也，则乃浟湙潋滟，浮天无岸；沖融沆瀁，渺弥漭漫；波如连山，乍合乍散。嘘嗡百川，洗涤淮汉；襄陵广舄，潎潎浩汗。

若乃大明摝辔于金枢之穴，翔阳逸骇于扶桑之津。影沙礐石，荡飏岛滨。于是鼓怒，溢浪扬浮，更相触搏，飞沫起涛。状如天轮，胶戾而激转；又似地轴，挺拔而争回。岑岭飞腾而反覆，五岳鼓舞而相磓。㵿湠沦而漍漯，郁沏迭而隆颓。盘涡猛激而成窟，湍㳶溙而为魁。泂泊柏而迤飑，磊匒匒而相豗。惊浪雷奔，骇水迸集；开合解会，瀼瀼湿湿；葩华踧沑，潏汀漻潴。

若乃霾曀潜消，莫振莫竦；轻尘不飞，纤萝不动；犹尚呀呷，余波独涌；澎濞灪礑，碨磊山垒。尔其枝岐潭瀹，渤荡成汜。乖蛮隔夷，回互万里。

若乃偏荒速告，王命急宣，飞骏鼓楫，泛海凌山。于是候劲风，揭百尺，维长绡，挂帆席；望涛远决，同然鸟逝，鹬如惊凫之失侣，倏如六龙之所掣；一越三千，

不终朝而济所届。

若其负秽临深,虚誓愆祈,则有海童邀路,马衔当蹊。天吴乍见而仿佛,蜩像暂晓而闪尸。群妖遘迕,眇眜冶夷。决帆摧樯,戕风起恶。廓如灵变,惚恍幽暮。气似天霄,叆叇云布。靐昱绝电,百色妖露。呵噈掩郁,曚瞍无度。飞澇相礚,激势相沏。崩云屑雨,泫泫汩汩。跾踔湛灂,沸溃渝溢。灌浕濩渭,荡云沃日。

于是舟人渔子,徂南极东,或屑没于鼋鼍之穴,或挂胃于岑嶷之峰。或掣掣泄泄于裸人之国,或泛泛悠悠于黑齿之邦。或乃萍流而浮转,或因归风以自反。徒识观怪之多骇,乃不悟所历之近远。

尔其为大量也,则南瀵朱崖,北洒天墟,东演析木,西薄青徐。经途瀴溟,万万有余。吐云霓,含龙鱼,隐鲲鳞,潜灵居。岂徒积太颠之宝贝,与随侯之明珠。将世之所收者常闻,所未名者若无。且希世之所闻,恶审其名?故可仿像其色,叆靅其形。

尔其水府之内,极深之庭,则有崇岛巨鳌,岹峣孤亭。擘洪波,指太清。竭磐石,栖百灵。飏凯风而南逝,广莫至而北征。其垠则有天琛水怪,鲛人之室。瑕石诡晖,鳞甲异质。

若乃云锦散文于沙汭之际,绫罗被光于螺蚌之节。繁采扬华,万色隐鲜。阳冰不冶,阴火潜然。熺炭重燔,吹炯九泉。朱燄绿烟,曚眇蝉蜎。珊瑚琥珀,群产接连。车渠玛瑙,全积如山。鱼则横海之鲸,突扤孤游;戛岩嶅,偃高涛,茹鳞甲,吞龙舟,噏波则洪连踧踖,吹澇则百川倒流。或乃蹭蹬穷波,陆死盐田,巨鳞插云,鬐鬣刺天,颅骨成岳,流膏为渊。

若乃岩坻之隈,沙石之嵚;毛翼产毃,剖卵成禽;凫雏离褷,鹤子淋渗。群飞侣浴,戏广浮深;翔雾连轩,泄泄淫淫;翻动成雷,扰翰为林;更相叫啸,诡色殊音。

若乃三光既清,天地融朗。不泛阳侯,乘蹻绝往;觌安期于蓬莱,见乔山之帝像。群仙缥眇,餐玉清涯。履阜乡之留舄,被羽翮之襂纚。翔天沼,戏穷溟;飘有形于无欲,永悠悠以长生。且其为器也,包乾之奥,括坤之区。惟神是宅,亦只是庐。何奇不有,何怪不储?茫茫积流,含形内虚。旷哉坎德,卑以自居;弘往纳来,以宗以都;品物类生,何有何无。

登泰山望东海而观日出赋

申 旋

仰止兹山兮,梦想平生。岁惟壬子兮,余有西行。道经齐鲁兮,瞻望峥嵘。

飘然神往兮，恍焉心倾。爰驱车而就之兮，指翠微以徂征。于时景薄孟冬，序犹杪秋，红树吟风，寒禽啁啾，雁尽天空，雨霁烟浮。

尔乃振步于红门之麓兮，攀青磴之逶迤。历幽壑之窈窕兮，怨层峦之蔽亏。忘登顿之萦纡兮，恣选胜而探奇。漱水帘之飞泉兮，弄白鹤之涟漪。窥龙吻之唅岈兮，摩莲峰之葳蕤。既扪萝以度险兮，亦策杖而支疲。抚秦松之霜姿兮，吊汉畤之荒圮。悲御帐之虚无兮，俯明堂之芜基。溯往迹以徨徊兮，心感慨而犹夷。仰睇奎娄，引手可掇。回望白云，四山如雪。不堪赠持，聊以怡悦。

兴飚发兮神转王，蹑危级兮迅巍上。出溢埃兮似遗世，览浩渺兮旷怀畅。尔乃蹴天门之崔嵬兮，陟霞宫之岧峣。礼蓬玄之洞天兮，觐绛节之仙朝。剑佩俨其班列兮，虎豹蹲踞而怒骁。帝室赫奕以威神兮，天妃嬉睐而逍遥。巃嵸岿嶵，朱阁玲珑以岳立兮，霾霏勿罔闭寝廅翳而霠寥。楯陛揭嶭以虹指兮，钟鼓铿锵而随颸。云旗飒杳以缤纷兮，祥云翕习而迎邀。见旌幡之恍惚兮，闻仿佛之钧韶。划灵光之变幻兮，倏电烻以灵消。中猥猥其春悸兮，怵屏息而魂摇。郁神烟之容裳兮，浓香馥郁以浮潮。觉冷然而心醒兮，觉轻举之飘摇。乘瑞霭之氤氲兮，驭长风以沉飂。叱列缺以启途兮，建蜿蜷而扬标。左青雕以翳盖兮，右素威以承绣。纚长离之前导兮，敕玄冥以从轺。肃丰隆使毋哗兮，属箕伯以无骄。扰应龙以骖衡兮，鞭文螭而谐镳。森百神之部列兮，夔魖嚛而无嚣。

吾乃仗倚天之长剑兮，飞万仞之星芒。思挥戈于八极兮，窃愿学乎鲁阳。翊日毂以中天兮，挽沧溟而洸光。翻鲸波以濯足兮，载晞发于扶桑。

吾欲觌海日之奇观兮，验灵经之尝读。遍三峰以翱翔兮，留日观而止宿。魂中夜而屡惊兮，恐宵兴之不夙。闻鸡鸣而衣裳兮，又虞夫繁云之碍目。起视星河之耿耿兮，愉璇霄之霁肃。澂涩靖而无纤埃兮，玉绳粲而腾煜。乃冥心兮澄神，穆诚想兮寅宾。迟东方兮未明，晰微茫兮海滨。渐赤霞兮万里，映沧波兮粼粼；朱光腾烁兮一跃，惊见火山兮半轮。谓曦驾兮已升，乃鲛宫兮尚沦；圆辉外见兮如隔琉璃之景；曜德中涵兮，若居元化之娠。沖瀜沆漾兮，映初照以明灭；瀰漭濆洞兮，浮玄旻而无垠。忽乾坤之低昂兮，荡漾摇空；互水天以吐吞兮，曈昽欲晨。光呵欱以掩忽兮，嘘吸潮汐；波浡潏而潗潘兮，簸荡化钧。沃焦沸汩兮，饯日车；阳侯炽威兮，辞坎居。离水际兮，登太虚；将出潜兮，毕未舒。浮上盈而下缩兮，似欲去而踟蹰。俄缩极而规涌兮，晴辉飏而阴气除。冯夷回驭兮，海冥冥而就沉。六龙飞辔兮，云鳞鳞而铄金。暖霭收兮，旸谷罢褉；晴旭射兮，霞彩高临。炘炎景之照灼兮,二仪开而融朗;扬燎爝之光耀兮,五色绚而弥深。瀖濩磷乱,目瞕睒而不能视兮,爌爌爌阆,视眰曃而不能任。溢光华于六合兮,昭物像;散阳和于万品兮,惬群心。畅流览于辽阔兮,疏烦郁于心胸。俯九垓之茫茫兮,见万有之茸茸。远而嵩华,恒霍秀如拳石兮,近而龟凫沂羽山如蚁封。带水办百川之朝宗兮,町畦俯千仞之崇墉。醯鸡蠛蠓,纷纭以往来兮,乃群生之兴亡相代,而利害相攻。信乎登太山而小天下兮,倚天拔地而为五岳之宗。也叹劳生之堪哀兮,吾何为乎淹留。望故乡之谐蔼兮,心灼烁其离忧;怀亲舍而惨云飞兮,气歔欷而涕流。情眷然而思归耕兮,慕曾氏之前修。反初服以敕吾身兮,获中心之所求。警夙夜而惕厉兮,庶以寡此生之愆尤。系曰:

> 无阂之先遻鸿蒙,六区之外邈难穷。海岳高深天地中,阴阳变化陶冲融。
>
> 晦明寒暑递始终,阳精丽天斄太空。斡旋元气行西东,远游何必追荒躐!
>
> 俯仰堪舆适所欲。人生几何俟河清,焉用倒景凌蓬瀛!
>
> 愿得归田娱我情,静观无始契无名。周天一息千万程,不出户庭游八纮。

诗

观 海

隋炀帝

孟轲叙游圣,枚乘说愈疾。遄听乃前闻,临深验兹日。

浮天迥无岸,含灵固非一。委输百谷归,朝宗万川溢。

分空碧雾晴,连洲彩云密。欣同夫子观,深愧玄虚笔。

奉和望海诗

虞 茂

清跸临溟涨,巨海望滔滔。十州云雾远,三山波浪高。

长澜疑浴日,连岛类奔涛。神游藐姑射,睿藻冠风骚。

徒然虽观海,何以效涓毫。

望海诗

唐太宗

披襟眺沧海,凭轼玩春芳。积流横地纪,疏派引天潢。

仙气凝三岭，和风扇八荒。拂朝云布色，穿浪日舒光。
照岸花分彩，迷云雁断行。怀卑运深广，持满守灵长。
有形非易测，无源讵可量？洪涛经变野，翠岛屡成桑。
之罘思汉帝，碣石想秦皇。霓裳非本意，端拱是图王。

岁暮海上作

孟浩然

仲尼既已没，予亦浮于海。昏见斗柄回，方知岁星改。
虚舟任所适，垂钓非有待。为问乘槎人，沧洲复何在？

和贺兰判官望海诗

高 适

圣代务平典，辎轩推上材。轺停溟海际，旷望沧波开。
驷牡未遑息，三山安在哉。巨鳌不可钓，高浪何崔嵬。
湛湛朝百谷，茫茫连九垓。挹流纳广大，观异增迟回。
日出见鱼目，月圆知蚌胎。迹非想像到，心似精灵猜。
远色带孤屿，虚声涵殷雷。风行越裳贡，水遏天吴灾。
揽辔隼将击，忘机鸥复来。缘情韵骚雅，独立遗尘埃。
吏道竟殊用，翰林仍忝陪。长鸣谢知己，所愧非龙媒。

海

李 峤

习坎疏丹壑，朝宗合紫微。三山巨鳌涌，万里大鹏飞。
楼写春山色，珠含明月辉。会因添雾露，方逐众川归。

望东海

李 洞

瀛洲何处是，岛屿接青霄。日暝朝生雾，涛鸣晚上潮。
欲泛仙槎去，其如绛阙遥？临流浑漫兴，六月动凉飚。

过莱州雪后望三山

苏 轼

东海如碧环，西北卷登莱。云光与天色，直到三山回。

我行适冬仲,薄雪收浮埃。黄昏风絮定,半夜扶桑开。

参差太华顶,出没云涛堆。安期与羡门,乘龙安在哉。

茂陵秋风客,劝尔麾一杯。帝乡不可期,楚些招归来。

又

忆观沧海过东莱,日照三山迤逦开。玉观飞楼凌雾起,仙幢宝盖拂天来。

不闻宫漏催晨箭,但觉檐阴转古槐。供奉清班非老处,会稽何日乞方回。

梅先生留题诗记

历元丰岁乙未夏六月,严君贰政东莱。越明年春,因侍亲,恭谒海祠。于屋壁间,见名公巨卿留题者多矣。独今天党教授嘉兴梅先生贡昔日《留题》,遂访诸亭榭,复于道次鸣玉亭壁得《留题海庙》一篇,趣尚深远,作者之渊源,非肤学浅闻之所能究,玩味降叹,直欲秘于书筒,然不刊于石,则不足永其传。故召工砻之翠珉,匣于海祠厅壁,诚非要誉于朋友也,且亦壮夫耻而不为者焉。庚申八月既望,门人进士郭直道书。

留题海庙

海岸何年庙,真□乞旧灵。玉旒开帝锡,宝殿带龙腥。

照槛群山碧,参天老桧青。太平波浪静,佳气满沧溟。

朝奉郎、守国子博士、通判莱州军州兼管内劝农事、骑都尉、赐绯鱼袋郭弁立石。

谒海神祠

浩浩澜无际,滔滔势欲东。百川容莫量,三岛杳难穷。

天淡祠堂古,云低客路通。暂来回首懒,归辔逐西风。

余奉使本路,因谒海神,幸得一观,时崇宁壬午十二月十四日郭世英记。崇宁元年十二月二十日,掖县尉郑世昌立石。

郡曹杜公于民海庙诗刻

政和戊戌岁仲春日,掖县宰张穆、丞赵渐之置坛祈雨,郡曹杜公于民诗碑。

明宗请命动□□,历数开元圣已生。骇鹿骏奔天下逐,真龙夜入海神惊。

檐前老桧千年色,门外寒流万古声。五马竭来无所祷,惟将箫鼓报西成。

右留题海庙

拥传来观海,危亭一拂衣。云暗千怪出,浸大百川归。

日月遭吞吐,乾坤入范围。群鸥不须避,禅寂久忘机。

又

北望沧溟大,茫茫天地间。回环知万里,缥缈认三山。

汉使何年到,星槎几岁还,蟠桃应已熟,方朔在人寰。

右登瀛亭,崇宁三年十一月　日立石。

大朝至元五载,秋八月二十二日,同古燕颜仲祥督赋过东莱,敬谒祠下,因作是诗以识,其来从行者,郡侯忽失答儿,州倅高廷玉,教授丁伯玉,议事解文卿,邑人王良辅及弟元辅、公辅,鞠通卿、鞠德举、卞君亮、陈君宝。高唐徐世雄题。

夷夏梯航万国通,东溟千古擅尊雄。九州鞭石虚秦力,百谷朝宗失禹功。

典册世严天子祀,客游今喜郡侯同。洪涛愿佐升平治,四海丰穰雨露中。

圣天子改元之次年,朝廷清明,百揆时叙。首定迁转法,设俸禄以待百官,精选廉能俾亲民事。创置淄莱路总管府,命高唐徐君伯豪充本府判官,公明而恕,清而通,吏民畏爱,有古良吏风。合境之众,实赖利焉。一日督赋驰驿,过东莱,因谒海祠,礼竟,赋诗书壁而去。郡政诸公慕公德业,恐其久而泯灭,遂命工刻诸石。是岁暮冬二十五日,州学教授丁珏跋、本州达鲁花赤忽失答儿、同知州事高彦庭立石。

祀海庙诗

独捧天香到海滨,海滨遥望渺无垠。乾坤合体原无极,江汉朝宗自有神。

世不扬波昭盛治,时常分泽惠斯民。如何吕政来驱石,直到于今尚笑人。

工部尚书兼詹事府詹事昌邑黄福识。

巡抚东莱谒贝宫,归依玄像礼辞恭。不求迁秩延眉寿,惟愿年年五谷丰。

天顺戊寅冬十月九日巡抚山东都察院左副都御使凤阳年富大有题。

谒海神庙

龙宫雄镇东莱北,庙貌威严肃海滨。泽被华夷咸仰德,量包宇宙独超群。

镜中岛屿烟霞绕,画里楼台紫翠分。波不掀扬民乐业,万年常护圣明君。

祈雨有感

神天感格岂寻常,诚意才通即降祥。百里云横雷隐隐,千峰树带雨茫茫。

水流村径秋田足,花落柴门晚稻香。此是吾民好消息,闾阎有颂乐安康。

成化八年壬辰春二月,余忝分巡东土,恭谒海神,既赋首章矣。乃五月中旬,朝廷以天时久旱、运河涸涸、度田将坼,遣使赍香币,命巡抚都御史翁诣庙祈祷。余时或陪祀焉。越三日,微雨。至七日,雨大通,百物咸畅,蒸黎举安。八月四日,太守钱通守顾晋,谓余曰:"此皆赖神惠所致也,请言以彰不朽。"余又不揣谫陋,赋末章以塞云。若夫词之工拙,弗暇计也。

赐进士第、奉政大夫、佥山东按察司事内江刘时学识。

谒莱州海神庙

青天倒蘸玉芙蓉,日上崆峒散晓红。万顷无波嘘蜃气,百灵有象效神工。

浮沉大块能消长,主宰群阴遂感通。海宇清宁沾化远,梯航直接尾闾东。

成化十年甲午夏六月望,赐进士出身、奉议大夫、山东按察司佥事淮阳石渠翰卿书。祀东海书事,时太守戴君鼎建祠宇,寿光刘先生作记,故及之。

千里函香谒庙廷,圣王忧旱叩神灵。已符传说为霖望,堪作东坡喜雨亭。

鼓翼翚飞贤郡守,金声玉振老文星。望中隐约田横岛,疑是扶桑一点青。

观东海

说海那如见海真,海波不动不惊人。两天上下疑无地,一气升沉信有神。

恃力秦皇精卫老,寻仙汉武木龙新。沃焦欲去观天化,何日桑田再起尘。

成化二十三年岁次丁未夏六月吉旦,赐进士第、嘉议大夫、礼部左侍郎上高黄景书。

奉命东溟奠庙宫,寸心耿耿竭虔恭。幽明感格从来有,郡邑行看乐岁丰。

通政使司左通政元守直和年都御史诗,弘治辛亥四月之吉立。

谒海庙留题一首

精凝渤澥蕊珠宫,庙创东莱紫雾中。一统华夷蒙帝力,两间位育赖神功。
扶桑亘古谁为主,庙貌方来岂有穷?晋谒几回祈祷处,拳拳忧国愿年丰。

观海次韵一首,因同寅王原希分司壁间韵,故和而并及之。
谁谓苍茫海有门,氤氲昼见亦昏昏。乾坤器量高低阔,云梦襟怀八九吞。
入岛觅仙真尔妄,观澜探道跃如存。海隅率俾归神化,一体朝宗万国奔。
弘治四年岁次辛亥仲秋吉旦,赐进士、中宪大夫、山东按察司、奉敕巡海副使
西蜀赵鹤龄书。

乾坤巨浸浩无垠,万派千流势自驯。无此地应无此水,有其诚合有其神。
栋楹金碧规弘丽,牲醴春秋祀旅陈。波久不扬便利涉,越裳之氏解来臣。

路涉登莱颇乏劳,逶巡海角历周遭。天开莽苍疑悬尽,地浸汪洋类系匏。
星斗三更沾雾气,鱼龙万里卷秋涛。从今眼界难为水,河济江淮渺一毫。
大明弘治四年辛亥冬十月三日,奉敕提学山东副使金陵沈钟仲律书。

予世家海滨,幼从先人游宦他郡。及长而归,即叨第入仕于朝,居乡之日少,
故海上之行,三十年中仅一二而已。弘治癸亥省亲东旋,展拜东海祠下,望洋之
余,窃有感焉。因成一律,愧不能窥夫涯涘也。姑识之。
万折鲸波此汇同,千年元气自鸿濛。云连远汉寒烟碧,天入扶桑晓日红。
浩浩莫穷三岛外,茫茫谁障百川东。乾坤大化无停息,道体分明在眼中。
赐进士第、奉直大夫、左春坊左谕德兼翰林院侍讲砺庵毛纪书。

六月既望初至东海神庙祠,谒拜礼毕,忽转晴烈为阴云,俄顷雷雨交作,官属
咸以为灵异,予窃赋纪之。长洲徐源。
祝册承天命,初临拜海神。累云四郊起,赤日片时沦。
电火蛇抽线,雷渊龙转身。灵湫化甘雨,喜语动东民。
壬戌三月二十一日,予谒海神庙,漫有鄙作。甲子岁代祀复来,因并录于此。

海滨耸神宇,镇兹溟渤区。轰涛震宇宙,巨鳌嘘沫濡。
忆我祀黄术,灵功量能俱。嵎夷日初出,海市生城衢。
愿言波不扬,永矣固皇图。

黄术湾,南海神庙在焉。予尝主其祭。

东海祷雨

望霓心系渴生尘,一夜风雷雨亦神。只恐珠随龙出洞,不知身向海为邻。
祈恩未用分青柳,志喜行当报紫宸。漫道幽冥难感格,由来修德在君臣。

时弘治乙丑秋仲,掖县曹尹鸣凤以进士从事甚谨乐书畀之。长洲徐源。

东海庙二首

川流何地不朝东,怪底沧溟汇此中。光映天门行白日,势连坤轴运刚风。
千年潮汐来无爽,三伏炎蒸荡已空。霖雨苍生亦余事,敢将歌颂纪神功。

沟浍蹄涔几望洋,海东今得见扶桑。天空积水收元气,地决洪涛入大荒。
鲸力卷风山上下,龙珠随月夜光芒。瀛洲蓬岛知何所,谁授仙家玉简方。

正德庚午岁夏六月十八日太原乔宇书。

和乔公东海庙二首

长沙　杨志学

月沦西海日升东,万里扶桑一望中。乍见蛟龙随即雨,才闻飓母便生风。
增添有数潮随月,汗漫无源水接空。鞭石为桥成底事,只教黔首笑无功。

尾闾无底水汪洋,漫说生来几变桑。屈子设疑原有故,庄生夸大谅非荒。
鲸翻巨浪随成雨,珠映寒星并吐芒。白发满头君莫笑,蓬莱今得养生方。

次韵二首

九嶷山人

朝陪御祭望莱东,万顷天光在眼中。鳌戴三山全借水,鲸掀两鬣便生风。
因知河伯难为大,始信庄周论不空。共喜王臣能感格,一番膏雨是收功。

苍波万顷渺茫洋,眼见中间长二桑。天地始分即有此,津涯尽处是洪荒。
朝飞蜃气为楼阁,夜撒骊珠射斗芒。徐福不来孙邈隐,谁知此处有仙方。

海庙斋宿

两山福禄拥沧溟,神庙巍然据上清。波射晴光迷望眼,岛分翠色动行旌。
衣冠入位初修谒,鼓吹喧厨载省牲。斋沐晚来祠下宿,满庭海月照人明。

祭告海神

绯袍五夜肃明禋,陪祭官寮共秉诚。玄帛敬将三献礼,丹词细达万民情。
旌旗飒飒灵风动,灯烛荧荧晓气清。愿借东洋一勺水,早施霖雨济苍生。

海庙次乔白岩韵

万水朝宗势尽东,四无边际望洋中。云连缥缈三山岛,鹏运扶摇六月风。
浴日共看旸谷晓,沃焦谁道尾闾空。穹碑十丈神祠外,玉帛年年为报功。

不见楼船下海洋,从来此地几沧桑。茫茫尘世浮三极,浩浩川流汇八荒。
浪卷鱼龙神变化,光函星斗动寒芒。驱雷掣电须臾力,安得甘霖惠一方。

东海庙在莱州城西十八里,嘉靖癸未夏五月,予以巡抚至莱。时方久旱,是月初六日,诣庙斋宿。初七日,祭告祈雨,礼成。辄赋诗四律,刻之庙中,以纪岁月云。庐陵静斋陈凤梧谨题。

祀海庙

乙酉岁秋八月十有八日也

霖雨秋深海不波,神功利物竟如何。高低田垄收拾早,远近村家狼戾多。
鼠窃无缘穿夜窦,渔侵绝少越疆河。备员边檄当三献,幸际丰登得一歌。

半夜惺惺秉烛时,浩然正气动吾思。未临灌献俨如在,忽到尘氛敬自持。
庭燎犹辉星彻汉,海潮初起露沾溇。神功惠溥应难状,淫雨不灾乐岁熙。
是岁雨极多,早晚禾稼俱熟,故云。巡察海道副使冯时雍谨书。

东海庙观海一首

偶向东溟一望洋,海天秋色正沧凉。光涵六合乾坤动,气纳群川日夜忙。

未解乘桴从子路，可应鞭石笑秦皇。眼中真觉难为水，独立西风叹渺茫。

嘉靖丁亥秋九月廿日吴兴顾应祥书。

海庙道中

草树萧萧一径通，相随春色过桥东。村家抱水沧洲绿，岛寺消烟海日红。

杜老空多忧国梦，重云无复济时风。洛阳雁去江鱼杳，回首乡关路万程。

乙丑春渭滨题。午月八日偕戴分守、祝海道二君观海漫兴，岁则嘉靖庚寅也。

小立烟霞日未央，奇观元说在东方。碧云连水天无际，雪浪翻波夜有光。

岛屿晴分浓淡色，海鸥斜去两三行。临流览胜良非偶，浦树沙汀共渺茫。

巡按山东监察御史上郡孙锦元朴志。

望　海

频年望海天寥廓，此日观澜地渺茫。千岛浮空晴树碧，一轮出谷晓云黄。

樽前帘曳扶桑影，城下波翻巨壑光。便有大鹏互腾踏，更看青鸟忽飞翔。

见海水

天晴见海水，海水清似天。天阴见海水，海水黑如渊。

风时见海水，海水喷如雪。雨时见海水，海水暝似月。

朝朝纳百川，洋洋何处泄？借云有尾闾，天地岂亏缺。

我欲乘槎去，直至支机边。一问饮牛人，变化何其然？

巡抚山东都察院右副都御使天水胡缵忠识。

予初至海上，获睹砺翁老先生高咏，窃喜追游有幸，辄忘鄙陋，敬步严韵一首，效颦之愧，非所计也。别作三首，附刻石阴。

观海何缘得偶同，岛岚屿雾昼空濛。波翻蛟室千寻白，日射龙门万顷红。

适意鸥凫随上下，飘踪萍梗漫西东。非因渤澥能忘世，笼络由来宇宙中。

中秋海神庙对月一首

中秋对月临沧海，海上新春自不同。玉宇渐随潮汐敞，银河真与地天通。

风摇桂影浮鲸壑，浪涌水轮入蜃宫。咫尺蓬壶尘世远，仙槎可觅泛玲珑。

二月祭海庙二首

古庙修常祀，清宵与骏奔。玄功昭伏腊，碧涨隘乾坤。

沙树荒无叶，风潮落有痕。台端列繁炬，光焰射龙门。

海上何年宇，重来及早春。朝宗收远派，崇奉托真珉。

融浪鱼将变，和风柳未匀。停骖聊独坐，月色吐沙新。

嘉靖十八年己亥冬十二月除夕前三日，奉敕巡察海道山东按察司副使贵溪山泉吴道南书。

召饮望海楼有感

西风骢马出莱州，有客召延望海楼。万里茫茫浴日月，千流荡荡长春秋。
谁云填石能为力，敢欲乘桴取自愁。杯酒徜徉天地老，神仙何处与同游。
山东按察司副使钧阳马纪识。

谒海庙

莱州府知府　王　傅

千年禹绩垂芳后，共仰神功接渺茫。日月递悬潮际树，芙蓉时入水中央。
楼台结蜃浪花静，宫藏游龙贝色长。不是才微成远谒，观澜何幸慰衷肠。

海　庙

曾　光

清庙巍然镇海干，赫灵天宝肇奇观。崇禋振古昭丰典，定谥明时洒御翰。
升降乾坤潮汐禅，吐吞日月晦明丸。于今主圣波恬日，对越钦承矛绣官。

海　道

莱州府同知　曾　光

严凝霜气肃东莱，雄镇沧溟宪史台。宣布天恩酥雨露，振扬风纪迅霆雷。
屿明岛秀千重妙，云影天光一鉴开。甄录调羹囊底物，海醝玉鼎和金梅。

望海一律

莱州府推官　郭　进

波涛风卷海云深，水色沧茫接汉阴。俯仰乾坤同浩荡，晓昏日月自升沉。

渡桥驱石浑闲事,倚阁观澜见道心。安得仙槎一乘兴,源头直向九霄寻。

观　海

掖县知县　徐　祚

海边春暮试遨游,贝阙嵯峨水自流。想像翠华曾此驻,可怜仙药更难求。
烟消蓬岛开红日,风动牙樯起白鸥。形胜千年真不爽,封疆元接帝王州。

观海和白严韵

四川参政　东莱郭东山

归墟直下更无东,孤屿亭亭宛在中。潮汐去来原应月,海天寥廓自多风。
派从混沌开元化,脉贯坤舆接太空。时雨时旸看岁岁,帝臣遥遣为酬功。

欲借仙槎泛海洋,依稀灵薮隔长桑。月盈贝室珠增采,水落琼田草自荒。
近接天涯真咫尺,却看白观只毫芒。沙头伫立徘徊久,渐觉襟怀隘四方。

海涯独立穷遥目,天际烟波几万重。夷夏分明严外内,云龙上下互随从。
气浮乾极原无际,量括坤舆会有容。果是群阴归主宰,百川无日不朝宗。

海庙祷雨有感

踏月乘风微醉消,斋心三日不知劳。乍晴野色青犹润,过雨潮头白更豪。
老骑最便归路坦,倦云低压晚山高。村墟历尽瞻城廓,喜听谯钟振九皋。

次吴山泉副使同砺翁观海韵

即墨蓝田　监察御史

阁老监司逸兴同,登高望远似鸿濛。樽前海市楼台碧,霞外瀛丘丹灶红。
安得仙槎银汉上,谁寻灵草琼田东。二毛破笠者渔子,一竿行吟鸥鸟中。

奉次中秋海神庙对月韵

宪台海上对明月,镇西牛渚与之同。素秋九十爽气半,皓魄三五光华通。
玉露金波照蟾窟,白榆丹桂映龙宫。诗简远寄餐霞客,高歌谁遣商玲珑。

次观海韵

东莱尹尚贤　癸未进士

万水东归此地同,群生利济自鸿濛。波涛入望天连碧,烽火频年夜息红。

杳杳仙踪留海上,巍巍庙貌镇莱东。愿挥一勺为霖雨,宇宙欣看日向中。

次对月韵

秋风宪节修常祀,对越严恭万福同。心映玉蟾争似白,德涵莱海默相通。
应怜爽气饶诗思,不羡仙槎泛月宫。返斾晨钟犹未发,萧萧骢辔听玲珑。

观海二首

东莱郭从朴　户部郎中

海门东望忆君游,水势浮空动远眸。派引天潢藏贝室,脉通地轴隐仙楼。
波涛未必因风大,潮汐如斯应月流。观海也知今有术,而今谁复到源头。

乘兴登临得大观,茫茫漫汇八纮川。鲲鹏徒说池中物,瀛岛空传方外篇。
愿削陵阿平海屈,大腾波浪雨桑田。苍生奠处无陂世,真胜鱼蛇日使便。

观海二首

前给事中　任万里

沧海初观兴屡生,扶桑万里见分明。波涛风卷翻晴雪,岛屿云横列锦屏。
幻化乾坤真浩渺,悬空日月自流行。几回便欲乘槎去,未卜烟霄多少程。

海色连天碧,春晴望不迷。轻鸥随水动,落日逐云低。
岸远移舟楫,风恬静鼓鼙。醉归余兴在,匹马任冲泥。

谒海庙漫兴三首

我太祖高皇帝正五岳、五镇、四海、四渎之礼。维兹东莱之庙专祀东海之神,
每遣官祷雨,用福斯民,非淫祀也。予奉命东巡,卜吉登谒,非敢逸游,是用宣上
而泽下,期海若之效灵。强成数律,纪此岁月云。

久抱观澜兴,今朝谒庙庭。海送连天白,山迎带雨青。
旌旗摇岛屿,鼓吹动辰星。漫坐潮初长,不妨骢马停。

蓬海雨初霁,风光满户庭。江鱼迎馔白,岛树入眸青。
席对扶桑景,波凌北斗星。夕阳如恋胜,共我暂留停。

圣朝崇祀秩，大海护宫庭。浩荡浮今古，萦回历济青。

驱驰周秦汉，吞吐日月星。何处仙歌发，白云若为停。

嘉靖甲辰季夏之朔莆田虚亭郑芸书。

奉和虚亭郑大巡先生三首用韵

咫尺蓬莱岛，微茫古庙庭。雨晴沙岸白，潮落海天青。

樗散惭公署，辉光仰德星。石门花满径，莫放酒杯停。

驻节郊垌远，云霞满殿庭。乱鸥当座白，高柳隔帘青。

海上安期侣，天边太乙星。山灵如不解，朝雨为谁停。

昏鸦栖古木，列骑拥孤庭。下榻无徐孺，传杯有狄青。

落霞遥带郭，高阁近含星。独有沧茫海，东流不暂停。

山东布政司右参议少峰商大节。

东巡祭海神次虚亭郑侍御韵三首

仙珮勤元祀，诗成珠满庭。一汀春草绿，数点晚山青。

海已填精卫，人还恋德星。夕阳无限意，暂遣酒杯停。

古庙留残碣，闲鸟噪水庭。忧时心共赤，得句眼俱青。

毒暑悲烦吏，仁风感使星。澄清无个事，羽旆一时停。

雨气清尘路，花香细殿庭。乾坤元海岳，日月自齐青。

瑶岛中流柱，苍生上界星。望洋心独切，何日复留停。

山东按察司佥事东川白世卿。

海庙二月修祀瞻望蜉蝣岛勃然有乘桴之意

二月风沙拂曙天，龙宫修祀海潮悬。神明有赫瞻依外，黍稷非馨颂祷前。

巨浸洪涛还昼夜，流萍泛梗自坤乾。诞登道岸者谁子？欲讯蜉蝣岛上仙。

春日望海楼

春日凭高望海楼，天涯牢落故乡愁。群山岫逊疑相矗，万水源归若倒流。陇麦已青时易换，岭云犹白愿难酬。材官多少纷屯集，锁钥能谁控上游？

春日演武场登望海楼次胡可泉都宪韵

嶙峋绝岛盘孤屿，大海狂澜接混茫。总阃曰渠追颇牧，专城以我愧龚黄。莺花三月春饶色，日月双轮镜满光。安得鲲鹏九万里，凭虚相与任翱翔。

莱州府知府震庄辛炬然。

附　录

器物数目

　　莱州府为稽考海庙公用器物事，照得成化二十二年重修海庙殿宇、廊庑、钟鼓楼、碑亭、官厅等项，总计一百四十间有奇。工毕，尝竖丰碑于前门之左，以记其事。所据创置应用器物，除神御外，若不立法关防，虑恐主守之人更伐不常，未免久而盗窃隐匿。今取坚石一方，将见有器物、名数，刻识于上。砌置官厅壁间，俾主守之人常目在之，每警于心。庶乎息其盗匿之念，而器物不至沦没。后来守郡君子，倘肯留意于兹，则按识求实，亦或便于稽考云。

　　计开：

漆桌　一十张	交椅　一十把	汤碗　一十个
饭碗　一十个	白磁盘　一十个	花磁盘　一十个
花磁果碟　二十个	花磁菜碟　一十个	茶匙　六把
大小锅　八口	红木盘　二个	锡茶壶　一把
锡酒壶　二把	洗面锡盆　一个	盆架　一个
铁火盆　一个	火架　一个	屏风　二扇
红油桌　一十张		
前官厅凳　二条	床　二张	
后官厅小凳　二条	顶床　二张	衣架　二个
小官厅小凳　二条	床　二张	
斋宿房小凳　十一条	小床　十一张	

成化二十二年秋七月吉日知府戴瑶置

　　莱州府为庙宇事，案照先奉山东等处承宣布政使司札付，蒙钦差巡抚山东都察院左副都御史盛颙批,据本司咨呈,准本司左布政使戴珙咨据本府掖县申前事,备奉遵依,已将东海神庙重修。殿宇、两廊、官厅等处,并周围墙垣完备,里外栽植树株,规模广大,比旧加盛。先年虽有原设庙户孙锁儿等看守,即今消乏。若不再添庙户看守、洒扫、防范,不无小民作践、亵渎不便。据掖县手本开送,旧庙户孙锁儿等二户,并邻庙人户姜狗儿到府,查得正统八年为陈言事,承奉山东等处承宣布政使司札付礼房,准勘合科付,承准行在礼部格字肆百捌拾柒号。勘合行在礼科抄出湖广布政司照磨所检校程富题一件。

崇祀五岳为诸山之宗,历代著崇祀之典,盖以其奠安国社、福佑苍生也。今湖广衡州府衡山县,古南岳庙在衡山之阳,历年弥远,供奉乏人。庙貌倾敧,神像俟立乎严墙;荆棘芜没,鸟兽交栖于廊庑。神罔安于血食,岁累致于灾伤。设使废圮重新,灵庥斯应。

如蒙乞敕礼部一札,道录司选提点一员,道士二十名,一咨户部转行该司,照太岳、太和山佃例,减十之五,发住坐户。佃种田亩,岁轮粮斛。并提点道士俸廪,一如其数。专委提点职掌,除月支外,其余用工、修理,年终具收支及见在粮数转达合干上司,以凭稽考。其余岳渎损坏,陆续照例修整,具题本年三月二十四日。早行在通政使司官于奉天门奏奉圣旨该衙门看,钦此。

钦遵抄出到部看得所言。要照太岳、太和山事例,设立提点佃户难准。今议五岳、五镇、四海、四渎,事同一体,合无通行?每处着令所在有司,于附近去处,拨有度牒道士十名或五名,在庙看守、焚修及佥点殷实人户四名。佥充庙户在庙洒扫供役,仍免各人杂泛差役,其该管地方府州县官常加点视。遇有祠宇损坏,随即量为设法修整,务要严洁,以称崇祀之礼。本年四月二十日早,本部官于奉天门奏奉圣旨是钦此钦遵,拟合通行。除外合行本司转属,照依议拟奏准事理一体钦遵施行,毋得指此扰众不便。备奉已经通行,遵依及选各属有度牒道士张明山等四名,看守焚修外,据掖县手本开送堪充庙户孙锁儿等三户,共人二十二丁,前来合照前例行仰掖县备云出给帖文付,各役收执以后,除贴并军装并里甲正役粮差外,其余一应杂泛差役,尽行除免。着令每二丁编为一班,每班轮流在庙看守洒扫,半月一换,不许诸色人役作践及损失祭器并公用物件。俱听在庙道士张明山提调管束。如有故违失误班次者,道士即便赴府,呈禀责治。为此,除外合行帖仰道士张明山等,照依帖文内事理督令后开庙户孙锁儿等二十二丁。每二丁分为一班,每班轮流在庙看守洒扫,半月更换或小民自愿相贴,二丁常在庙看守,听从其便。如有墙壁等项,告官修理。若各役抗拒不服有失看守者,听本道具呈本府以凭,痛加惩治。其道士亦不许别生事端扰害,事发罪不轻恕,须至帖者计开。

孙锁儿中下户　　　　　　　孙长儿中下门人三丁

孙从下中门人七丁　　　　　姜狗儿上中户人一丁

姜福端上中户人五丁　　　　姜善名中中户人六丁

右帖下道士张明山准次

成化二十二年十月二十九日

修庙刻集文移

　　钦差巡察海道山东等处提刑按察司副使吴道南为采集海庙记文,以备纂修事。窃谓御灾捍患,神职攸司,崇德报功,祀典所载。故古者以五岳视三公,以四渎视诸侯,而牲帛、祝号、度数、礼文,不啻备之,实且隆焉。以其功被社稷,泽润生民,若夫东海之神,始于鸿濛之判,而神之有庙,肇于夏周之时。百川汇会,万派朝宗。其尊优于岳渎,而厥灵遍乎穹壤。非一方之所依归,固历代之所崇奉。

　　粤稽古昔,事不可考。迨及宋元,迹皆足征。修建特表于丰碑,承祭屡形之文告。

　　洪惟我太祖高皇帝,天下既定,域内咸宁。即厘正神号,参酌祀典。而于东海之神,礼仪尤极隆备。凡列圣登极之初,必遣官祭告。而又水旱必祈,疾疫必祷。前后记文虽尝付之石刻,然风雨所侵,岁月所积,剥落已多,磨灭殆尽。若不趁时采集纂修,将来漫无可据矣!看得莱州府儒学训导高浚操履可取,造诣足观,堪以委任。为此案仰本府官吏,即便转行,本官前赴海庙,备查本庙沿革建置、我朝御制诸刻、历代序记、祭文与夫有事告庙名公诸作,略以次第,逐一登录,务在真实。其或剥落磨灭不可以句者,亦当因旧存之,以备参考,不必辄自牵合,妄有增损,以失传讹之意。庙制规模,画图首列,仍行掖县拨发善书二人、画匠一人及合用纸札工食与本官供给之费,限在五日内抄录誊稿完,报送道转送给事中任万里处纂修。为此案仰本府官吏照案事理,即行掖县查照施行,俱毋违错,不便抄案,依准先行申来。

　　右仰莱州府抄案。

嘉靖十九年七月初三日

钦差巡察海道山东等处提刑按察司副使吴道南为修理海庙，以崇祀典事，照得东海神庙系累朝建立崇奉，查得先年虽经盖造，缘岁月已久，风雨漫侵，即今殿宇、寝堂、门廊、斋舍并周围墙垣，俱各日就倾圮。若不趁时修理，将来损坏益多，工程愈大。为此，牌仰本府官吏照牌内事理即便委官先行估计，合用物料、砖灰、木植若干，泥水各匠工食若干。就查本府在库应动无碍，银钱支给买办。目下，兴工务要完美耐久，毋改旧观。庶祀典不孤，神灵有赖，事完通将用过银钱、买办过物料、雇募过夫匠各数目，造册呈报查考。

　　右牌仰莱州府准此。

嘉靖十九年八月二十一日

《海庙集》后

　　天地之气，郁而为山川。山川之润，注而为巨壑。巨壑瀁漾，总归于尾闾。故《山海经》曰：朝阳之谷，有神曰"天吴"，是为水伯。言东海为四方之伯长也。又其涵浸，能尽达于中国，于天朝为最亲。百物珍怪、鳞介海错之利，裨益民生，琛贡廷庙，累累甲于四海，故神祀于嵎夷之滨。一曰"朝宗百谷"，腾云雨，浴日月，殖化财，为报其功也。一曰"通岛百夷"，艨冲巨舰，维梢挂席，往来涉利，为徼其福也。一曰"苞乾括坤"，秀灵鸿濛，产贤育圣，为宇宙质斡之器，为通其气也。若是皆宜秩祀焉尔。或曰，海者，积溟之气耳，其庙貌奈何。以昔所闻，武王伐纣甲子之朔，五神车骑止王门之外，欲见武王。武王曰："诸神有名乎？"师尚父曰："南海神名祝融，北海玄冥，东海勾芒，西海蓐收，河伯冯修。"使谒者以名召之，神皆警而见。俨设庙貌，以代尸祝之义。或者其在兹乎？则何以去其爵号？曰："古者封国不过百里，名山大川不以封别尊尚也。不加爵号，示以天子之贵，不敢臣畜视之也。其集之奈何？"曰："祀者，将其诚享以备其质也。其祝史陈告、黜其矫诬而致志焉，以昭其文也。质无所于见，因文而传，胏饗臭味，相观而起，垂之无穷。庶其永有享乎？顾及夫题咏何？夫人心之声，感物而动。鬼神之灵，凭物而彰。翁郁苁勃，一唱而三叹。歆之佑之，犹夷俟之。畅天地之蕴，宣鬼神之和。箫韶鸣而凤仪，天球击而兽舞。幽明之故，倘其在兹乎？然则长人事神之道，其尽兹矣乎？《书》曰：'鬼神非人是亲，明德是馨。是故先王先成民，而后致力于神。'"山泉吴公来视海道，不以贵骄其黔首，外严明而内仁恕。有丽于法者，矜之察之，求生而不得，惘惘不宁居焉。岁凶，曲为之赈，事为之防，而又躬率民于礼文之化。神嘉明德，瑞应荐至，独事神也乎！是故观于公之政明乎祀之实者，可以语集矣！

嘉靖辛丑秋九月壬子

赐进士、前兵部武库司员外郎　慈溪甬江赵文华　识

题《海庙集》后

《海庙集》者,采海庙文而收之集也。奚集焉,惧其磨灭,梓之广其传而为不朽图也。

予官海上之又明年为嘉靖辛丑,维时二月望日,躬修禋事。奠献礼匝,周览剞刻,见其石有裂而仆者,有蚀而剥者。慨焉兴怀!进训导高浚语曰:"嗟!古今之寓文于金石者,将以纪实而昭远也。庙有刻,前不可稽,其存仅宋元迨我明已而。宋亦非其旧耳。即裂焉、仆焉、蚀焉、剥焉,畔散弗属,加以数年,日弥久而画益刓矣!不可稽者,今犹夫前也,可不惧与?然收拾残缺,考订讹舛,离而同之,厥责惟予尔!"

其任诸翼日,浚就庙下,凡剞刻在石而可句者,悉登录之,无脱字。其不可句者,命工摹墨本以归。予略以类分,而编纂托之给事中任君焉。君乃列图以备制,著考以溯原,创例以提纲。由是制备而神栖重也,原溯而祀典彰也,纲提而书法别也。不越月而集告成,三善兼矣。复请于元老砺翁手亲校正,繁者删之,遗者补之,更相裁定,条贯森然。若开群玉之府,而圭、璋、琮、璜各有列位。实以纪弗丧也,远以昭弗坠也。征往信来,允为庙乘,或谓予集是者。得非有所好欤?予曰:"非有好也,盖不敢以不集焉者也。"尝伏睹御制,登极以告,遇灾以禳,贶休以报,率大制作焉。宸章炳焕,当与天地相悠久。日月同贞明,而集顾可以缓与?其他宋元诸刻及夫有事于庙,诗赋题咏,亦皆阐扬神功,张皇玄德,可使之颓废寒沙荒草之滨,郁而不宣耶?予故不敢以不集也。夫尊谟者,臣之道也。传盛者,后之分也。谟而不尊,时谓弗钦,盛而不传,时谓弗率。弗钦弗率,则违道垂分,时谓弗类。若是者,予焉得以辞其责哉?此集之所不容已焉耳。谨述以充余篇云。若其大凡则有谷平李公、桂峰何公序之备矣!予奚容赘?

集分为四卷,御制文三十七首,宋以后碑记识文三十一首,祭文十首,赋一首,古今诗七十二首,附录器数一首,文移三首,总一百五十四首。嗣刻者以类增入,庶有考于斯欤。

明嘉靖二十年辛丑秋九月望日　奉敕巡察海道山东按察司副使　贵溪山泉

吴道南　书

毛霦钞本《海庙集》跋文

予髫时读郡乘,即知先文简有《海庙集》四卷。长而询之故老,皆云未见其书。盖历年既远,而人之葆之者少,其不见也固宜。既又念海之为神甚灵,而是集又强半记神功,意冥冥中必有葆其书以传于后者。

康熙辛丑秋得全集于友人王兰洲家,问之,则曰:"前郡守陈任斋修莱志时,遍觅是书,仅得二卷。一日某从市肆中过,适购二卷,归而合之,遂成完璧。"予曰:"是真神之葆也夫。"

因忆前丁丑岁,予读书北海渔村,闻翠华将东幸蓬莱,太守宿峰陈公,急命撤去东海庙旧碑。一时莱之人无不惘然太息,而陈公独尽去之不少惜。今读斯集,岂非坡公所云"金石之坚,有时变坏。而文章之传,久而不朽"者欤!抑是书也,刊成以嘉靖辛丑秋九月。而是集也,抄成以康熙辛丑秋九月,遥遥一百八十载,若合符节,则益以叹斯文之不朽,信有神助。而予与兰洲,且将永葆是书于无斁也。因敬书其后,以藏于家。

蜉蝣岛上逸民毛霦荆石氏跋,时年七十二岁。

清康熙《莱州府志》"东海神庙"资料点校

序 言

《山左郡志》所载,甲于天下者有三:兖曰阙里,济曰泰山,莱曰东海。阙里为生民未有之圣,泰山为帝王首巡之地,东海为万壑朝宗之墟,三者甲于天下。岂顾问哉?

....

盖莱自秦皇、汉武游幸以来,历代祭东海必于此,庙貌森然,碑记林立,亦犹阙里之祀孔子,岱庙之祀东岳也。且考之天文,莱为虚危,其宿属水,其精以东海为汇,其钟灵必有独异者矣,是焉可无志。

卷二·建置志·坛庙

东海神庙

在府城西北一十八里海岸上,建自隋唐,宋开宝六年重修。中为正殿,前庙门,门前翼以碑亭,左右列以钟鼓楼,又前为山门,门前竖以白石坊,曰"朝宗"。俱重檐累拱,五彩绘画。左右廊庑各九楹,塑海山云龙之像,饰以金碧。至寝殿、厨库、道流栖息之馆、使臣斋宿之堂、吏役祗候之所,无不完备。历代修葺,封号不一。明洪武三年,改定岳、渎神号,尽去封爵,止称"东海之神",遣使以祝帛致告,载在祀典。命有司于春秋仲月,用牺牲、祝帛致祭。每有国家大事,即遣官祭告。洪武八年,宣德元年、九年,皆重修。成化二十一年,莱州知府戴瑶重修一新,坚者因之,圮者易之。因旧而加新者,共六十楹及大小碑亭四座。易旧而更新者,共四十二种及钟鼓楼、石碑亭、御香亭五座。周围墙垣坚厚涂朱。植杨、柳、椿、榆一千四百四十余株。规模广大,轮奂精工,杰立于东海之滨,称为巨观,大学士刘珝为记。正德七年毁于寇。嘉靖十九年,海道副使吴道南重修。万历二十八年，知府龙文明以修城余资大事修建。自正殿而下，堂寝、斋厅、扉门、坊表，凡百二十楹有奇。其主祀、助祀，自御史台及藩臬、郡邑，咸有止舍。其牺牲之牢，俎豆之库，庖丁庙祝之室庐，凡为楹又八十有奇，若升降之阶墀，眺望之台榭，碑亭、树栅、鼓架、钟楼，亦俱加坚增丽，庙貌规式，从此大备，中允周如砥为记。大清顺治八年，遣官祭告，自此凡有事于东海，使臣未到，有司预先修葺。

卷二·建置志·祭仪

东海神

祭期　每岁春秋仲月中旬丁日致祭。

献官　用登莱青海防道，府、县各官陪祭，武官亦与祭。坛庙及神厨、宰牲房、斋宿所，俱于前期十日，典吏率工至庙内，查其损毁，依制修整。

祭器　于前期十日，典吏率匠至库内，查其损缺，照数修补。牲匣案二，牲匣二。祭品案一，铏一、笾四、豆四、簠二、簋二。香帛爵案一，香炉一、香盒一（金造，重十六两，在府库内，临期捧至）、烛台二、帛篚一、献爵三。祝案一，祝版一、毛血碟一、福爵一、胙盘一。酒樽案一，面剜二、酒樽二、酒杓一、樽幕二。罍洗案一，罍洗一、酌水杓一、盥盆一、帨巾一。

祭品　一坛，典吏于前期十日备办。羊一只，豕一口，帛一端，青色。檀香一两，大烛二对，小烛四对，枣子二斤，栗子四斤，刑盐一斤，藁鱼一尾，韭菜一斤，菁菜一斤，造醢猪肉二斤，造醢鹿肉二斤，黍米一升，稷米一升，稻米一升，粱米一升，酒三斤。

斋戒仪　散斋二日，各宿本署，外寝。致斋一日，同宿海庙之斋所。

迎牲、省牲仪　前一日之早晨，献官以下着公服至庙外，典视牲只、香帛、粢盛庶品，送至牲房、厨房。日夕各着公服，至牲房香案前立。宰夫割牲，执事者跪接，毛血一碟先供于神位前，众官回至斋宿所。

陈设仪　执事者于前一日扫除庙之内外，并设签名幕次，于庙门外向南。幕内案上供祝版，祝文用纸粘于版上。篚内盛帛，盒内盛香。庙内神位前供神牌，题曰“东海之神位”。前设爵帛案，又前设簠簋案。簠二，盛黍米饭、稷米饭。簋二，盛稻米饭、粱米饭。铏一，盛和羹。又前设笾豆案，笾四，盛枣子、栗子、刑盐、藁鱼。豆四，盛韭菹、醓醢、菁菹、鹿醢，中安香炉，左右烛台。又前设牲案二，陈牲匣二，匣内一载羊、一载豕。又前为祝案，奉祝版。前为饮福受胙处。庙门外稍东，设酒樽案,东阶设盥洗案。丹墀上东西列通赞位。墀下东西列引赞位。中阶设献官拜位,稍后设陪祭官拜位。

就位仪　正祭之清晨,执事者入庙,各以祭物实祭器,洗涤爵罍。献官、陪祭官各着祭服在幕次,请祝签名讫。捧祝版者一人,捧金香盒者一人,捧帛筐者一人。前行,引赞引献官以下依次至庙内墀下立。通赞唱曰:"执事者各行其事!"捧祝及捧香帛者,各先由东入庙,立祝案香几旁。司樽者一人、执爵者二人,各立于门外酒樽案旁。通赞唱曰:"陪祭官就位!"陪官各就拜位。通赞唱曰:"献官就位!"正祭官就位。通赞唱曰:"瘗毛血!"执事者捧毛血,由中阶下,瘗于坎。

迎神仪　通赞唱曰:"迎神!跪。叩头,兴"。献官以下俱一跪三叩头,起立。通赞唱曰:"迎神!跪。叩头,兴"。献官以下俱一跪三叩头,起立。通赞唱曰:"迎神!跪。叩头,兴"。献官以下俱一跪三叩头,起立。

奠帛初献仪　通赞唱曰:"奠帛!行初献礼!"执事者捧起爵,俟于酒樽案旁。引赞唱曰:"诣盥所!"献官至盥洗案前,执事者酌水进巾,献官浴手、拭手讫。引赞唱曰:"升坛!"引献官由东阶至丹墀上。引赞唱曰:"诣酒樽所!"引献官至酒樽案前。引赞唱曰:"司樽者举幂酌酒!"执爵者以爵受酒讫。引赞唱曰:"诣东海神位前,捧帛!"执爵者先至位前右边跪,献官至位前。引赞唱曰:"跪!"献官跪,一叩头。引赞唱曰:"献帛!"捧帛者跪进帛于献官之右。献官受帛、献帛讫。执事者跪接帛于献官之左,起奠于案上。引赞唱曰:"献爵!"执爵者跪进爵于献官之右,献官受爵、献爵讫。执事者跪接爵于献官之左,起奠于案上。引赞唱曰:"读祝!"通赞唱曰:"众官皆跪!"陪祭官俱在拜位朝上跪,读祝者捧祝版跪于献官之左。引赞唱曰:"读祝!"读祝者读曰:"维某年岁次,某某仲春秋某日,某官某等敢昭告于东海之神!曰:惟神灵钟坎德,万水所宗,功利深广,博济斯民。时惟仲春秋,谨具牲醴,用申常祭,尚享。"读毕,供祝于案,一叩头,起立。引赞唱曰:"叩头!兴!"献官一叩头,起立。通赞唱曰:"众官皆叩头!"陪祭官俱一叩头。通赞唱曰:"兴!"陪祭官俱起朝上立。引赞唱曰:"复位!"献官由西阶下,至拜位。

亚献仪　通赞唱曰:"行亚献礼!"引赞唱曰:"升坛!"引献官至丹墀上。引赞唱曰:"诣酒樽所!"引献官至酒樽案前。引赞唱曰:"引樽者举幂酌酒!"执爵者各以爵受酒讫。引赞唱曰:"诣东海神位前!"执爵者先至位前右边跪,献官至位前。引赞唱曰:"跪!"献官跪,一叩头。引赞唱曰:"献爵!"执爵者跪进爵于献官之右,献官受爵、献爵讫。执事者跪接爵于献官之左,起奠于神位前案上。引赞唱曰:"叩头!兴!"献官一叩头,起立。引赞唱曰:"复位!"献官下,至拜位。

终献仪　与亚献仪同。

饮福受胙仪　通赞唱曰:"饮福受胙!"执事者取神案献酒,总归福爵内,又割羊肘一,置胙盘内,俱供祝案上。引赞引献官入庙。引赞唱曰:"诣福胙位!"献官至祝案前。引赞唱曰:"跪!"献官朝上跪。引赞唱曰:"饮福酒!"执事者取福爵跪进于献官之右。献官饮讫,执事者跪接虚爵于献官之左,以退。引赞曰:"受胙!"执事者取胙盘,跪进于献官之右,献官受讫,执事者跪接胙盘于献官之左,由西门出。引赞唱曰:"叩头!兴!"献官一叩头,起立。引赞唱曰:"复位!"引献官下至拜位立。通赞唱曰:"跪!叩头,叩头,叩头,兴!"献官以下俱一跪三叩头,起立。

撤馔仪　通赞唱曰:"撤馔!"执事者至神位前,移下笾、豆、簠、簋等。

送神仪　通赞唱曰:"送神!跪!叩头,叩头,叩头,兴!跪!叩头,叩头,叩头,兴!跪!叩头,叩头,叩头,兴!"献官以下俱二跪六叩头,起立。

望瘗仪　通赞唱曰:"读祝者捧祝,进帛者捧帛。各诣瘗位!"献官以下俱左右分立。俟捧祝帛者由中阶下,出正门去。引赞唱曰:"诣望瘗位!"引献官以下俱登望海亭上。引赞唱曰:"望瘗!"执事者捧祝帛沉于海水。引赞唱曰:"复位!"引献官以下俱回拜位。通赞唱曰:"礼毕。"

卷十一·艺文志·王言二

万历四十八年兴兵运饷祭告东海神文

维万历四十八年,岁次庚申,三月庚辰朔,越十五日癸巳,皇帝遣巡抚山东督察右副都御史王在晋致祭于东海之神。曰:

惟兹海若,浩渺潺湲。普物利济,功冠百川。边疆不靖,军兴急焉。劳劳东人,于役于渊。神之鉴之,昭告重元。百灵呵护,飞挽惆边。宣城助顺,珍息烽烟。巩我皇图,千百斯年。尚享。

顺治八年四方底平祭告东海神文

维顺治八年,岁次辛卯,四月丁未朔,越七日癸丑,皇帝遣督察院右副都御史仍管工部左侍郎事刘昌致祭于东海之神。曰:

惟神润泽千里,淳毓百川。澎湃浮天,沧茫浴日。朕诞膺天命,奄有多方,谨遣专官,代陈殷荐,伏惟鉴享。

顺治十八年感荷神庥祭报东海神文

维顺治十八年,岁次辛丑,九月十八日,皇帝遣翰林院侍读学士加一级左敬祖致祭于东海之神。曰:

惟神润泽千里,浴日沐月。朕诞膺天命,祗荷神休。特遣专官,用申殷荐,伏惟鉴焉。

康熙六年亲政之始祭告东海神文

维康熙六年,岁次丁未,八月十七日,皇帝遣内秘书院学士刘芳躅致祭于东海之神。曰:

惟神润泽万里,淳毓百川。澎湃浮天,沧茫浴日。朕躬亲政务,祗荷神休。特遣专官,用申殷荐,惟神鉴焉。

康熙十五年建立元储祭告东海神文

维康熙十五年,岁次丙辰,二月癸丑朔,越七日己未,皇帝遣宗人府府丞加二级马汝骥致祭于东海之神。曰:

惟神润泽万里,淳纳百川。澎湃浮天,沧茫浴日。朕祗承神祐,懋建元储。特遣专官,用申殷荐,惟神鉴焉。

康熙二十一年平定云南祭告东海神文

维康熙二十一年,岁次壬戌,三月己酉朔,越二十五日癸酉,皇帝遣宗人府府丞加三级李廷松致祭于东海之神。曰:

惟神渐涵万汇,淳纳百川。洪量无涯,神功莫测。朕祗承神祐,疆宇荡平。特遣专官,用申殷荐,惟神鉴焉。

康熙二十三年巡幸山东祭告东海神文

维康熙二十三年,岁次甲子,十二月壬辰朔,越八日己酉,皇帝遣翰林院提督四驿馆太常寺少卿王曰温致祭于东海之神。曰:

惟神沧溟浩渺,川渎朝宗。降雨兴云,沐日浴月。朕兹省方时迈,稽古常经。特遣专官,祗修祀事,惟神鉴焉。

康熙二十七年升祔礼成祭告东海神文

维康熙二十七年,岁次戊辰,十二月乙丑朔,越十七日丙辰,皇帝遣内阁学士礼部侍郎李振裕致祭于东海之神。曰:

惟神百川涵注,万里朝宗。润物滋生,实为东极。朕缵承祖宗丕基,虔恭明祀。兹以皇祖妣孝庄仁宣诚宪恭懿翊天启圣文皇后,神主升祔,太庙礼成。特遣专官,用申秩祭,惟神鉴焉。

康熙三十五年谷荒歉祭祷东海神文

维康熙三十五年,岁次丙子,正月戊午朔,越二十七日甲申,皇帝遣内阁学士礼部侍郎张榕端致祭于东海之神。曰:

神析木流膏,沧溟沛德。涵濡万类,吐纳百川。朕勤恤民依,永期殷阜。迩年以来,郡县水旱间告,年谷歉登。夙夜孜孜,深切轸念。用是专官致祭,为民祈福,惟神鉴焉。

康熙三十六年剿除狡寇祭告东海神文

维康熙三十六年,岁次丁丑,八月戊辰朔,越三日庚午,皇帝遣日讲起居注官侍读学士傅伸致祭于东海之神。曰:

惟神波涵震位,泽润坤舆。百谷朝宗,万川容纳。朕以剿除狡寇,三履遐荒。期扫边尘,乂安中外。今者祗承神祐,塞北永清。用告成功,专官秩祀。惟神鉴焉。

康熙四十二年海宇升平祭告东海神文

维康熙四十二年,岁次癸未,四月丙子朔,越十日乙酉,皇帝遣内阁学士加七级赵世芳致祭于东海之神。曰:

惟神析木含津,□萃吐耀。波涵泽国,膏被九州。朕祗承休伦,统驭寰区。夙夜勤劳,殚恩上理,历四十余载。今者适届五旬,海宇升平,民生安乐。见舆情之爱戴,沛下土之恩膏。特遣专官,虔申秩祭。尚凭灵贶,益锡蕃喜。祐我国家,共登仁寿。神其鉴焉。

卷十一·艺文志·文类五

重修海庙记

明 周如砥

莱之西北十八里有海庙,以祀东海之神。唐宋以来,天子所为署御名以致虔,专信臣而崇敬者也。至我太祖高皇帝，益钦厥典，特以时加葺理，命之有司。盖二百年来，守土之臣罔不祗若。嘉靖而上，诸镌勒之文可考也。

由嘉靖辛丑迄今己亥，又六十年于此矣！日就倾圮，蔑称明洁，而其岁永新龙公适视郡事，乃郡城、庙宇两圮相会，公曰："夫城，吾所守、所保障也。祠庙之事，高皇帝之命，实式临之，两者之重，则均抑季梁，不云乎？先成民而后致力于神。"于是越明年城完，而卢氏刘侯适以最调，自沂水来视掖事，则首奉龙公祗命崇祀之意，以其事请于前守道盛公继，又请于摄道事徐公遂，闻于中丞黄公直、指使赵公询谋金同。

缮修聿始，维时龙公之于营造已再，不啻熟路之轻车。刘侯之于任事方锐，复如发铏之新刃。费出版筑之余，强弩之末，势似诎人，同捐助之心，顺风之疾呼咸应。于是扫除颓规，鼎兴伟构，卑抑振而穹隆，黯黮润而采藻，画栋云飞，周栌星列。可谓金紫照耀，俨天一之奥都，珠贝荧煌，允水宗之灵府矣。而地严气肃，堂明庙清，能令凭依者洋洋来赴，对越之者兢兢改观。斯亦足以达馨香于渤海，而昭盛典于皇王者也。计所修，自正殿而下，堂寝斋厅，扉门坊表，凡百二十楹有奇。其主祀、助祀，自御史台以及藩臬、郡邑，凡有事于此者，咸有止舍。其牺牲之所，供具俎豆之所，收藏以至于庖丁、羽客之所，栖息咸有室庐，为楹八十有奇。而储胥环峙，甬道丽属，危台中耸，新柯外翳，匪盘郁夺岛屿之胜，则葳蕤等扶桑之奇。其更张变置可谓曰劳。其鸠工饬林可谓曰费。而时才匝月，金取诸施者，才二千有五百金，则以刘侯之所为，龙公从事者，其任人得而省试勤，以故为力寡而就效众也。

予惟海自有庙，以至于今，不知凡几，成亏于兹盛矣！乃海之神与开辟，俱罕有真得其情状者，亦宜及兹一考镜之。窃尝读正德中熊直指尚弼之刻，曰祠之所祀者，龙也。意颇不谓然，然犹以为侪俗之论，未足为怪。及观韩昌黎《南海神庙碑》，既以册尊王爵为有唐盛典，其述祀也。又谓海之百灵，秘怪恍惚毕出，蜿蜿蛇蛇，来享饮食。此盖惑于秦人海神不可见，以大鱼为候之说。与夫世名天吴海若二水兽为海神之说，审若是也。是物非神，不得封之以王，且物必不能与人相感格，海必不能去水，而陆以享饮食于庙。又庙非所以处水族也，果若所神，穿龟长鱼踊跃后先，则惟有居之洞窟重渊之底，龙宫鲛室之间，其祭之惟是。如镐池之投璧，汨罗之裹饭，而何至延玄蔡以山藻，娱洞鳞以英韶，饱爰居以刍豢乎？窃意凡物之大者，其真宰必灵。海之为物也，鸿鸿濛濛，浮天而载地，想其太乙之所蕴蓄,元气之所萃聚,灵爽潜含,精英默运,神莫神于此矣!故曰神也者,妙万物而为言者也。鱼龙蓄育,神之所为,非鱼龙即神也,明矣!然则其庙貌之也,如世俗所称海神,见于周武王之世,师尚父因而庙之欤!不然。在礼,四渎视诸侯之礼,加于四渎,不以加于海,此以见海之大,不敢用臣礼礼之也。然四渎既礼之如诸侯,则其庙而貌之不得不如人鬼,礼贯幽明,神歆族类,气故协应,同故感通,貌之如人鬼者人之所起敬,神之所依而礼之所载也。是以我朝之于海祀,尽革其封爵,独从其庙制,礼则然矣。龙公先民后神,其究毕理迹,其昕抚昭循,守倡令和,亦既察于民之故,勤恤其隐,岂其忽鬼神之情状焉?予聊因刘侯之请,而以斯言质之也,敬为之铭。铭曰:

禹告东渐,虞望斯崇。帝命守府,敬其而封。神脉八极,会归震乡。谷日于出,配天称沧。气涣甘霖,波风重译。百嘉栽蓄,蒸萌攸藉。饷帆货舶,兼利公私。钟英储俊,王国是资。德之广矣,清宁作类。庙制罔严,公曰予愧。佥曰王事,大夫独贤。大夫有禄,畴其本然。惟民从义,应如鼓桴。微神之以,惠德有孚。惠公之德,报之于神。诎克举赢,故用鼎新。弈弈创见,二百年来。高皇之命,厥惟钦哉。我公至止,笾豆静嘉。神之锡福,穰其无涯。岛氛尽息,年谷永丰。神歆人悦,世戴公功。靡构弗倾,弗睹蚁穴。我铭斯石,以谂来哲。

清道光《掖乘》"东海神庙"资料点校

卷十三·祠宇·东海神庙

城西北十八里,距海二里许,规制宏廓。创建年月无考。宋开宝六年重修。《齐乘》谓"开宝六年建者",误也。迤东有蠡勺亭,可望海,旧名望海亭,或曰望海楼。

《汉书·地理志》注:"东莱临朐有海水祠。"

《唐书·地理志》:"掖县,有东海祠。"

《元和郡县志》曰:"海神祠,在掖县城西北十七里。"

《太平寰宇记》曰:"海神祠,在县西北十七里。"《地理记》曰:"东莱郡有海水祠",谓此也。又曰:"临朐城,汉故城,在郡北二十三里,临朐故城是也。后汉省。"《郡国县道记》云:"临朐有海水祠,今故城去海二十里,南去海神祠约五六里,与《汉志注》同。"

《齐乘》曰:"东海渊圣广德王庙,在莱州西北二十里。汉以来古庙,宋开宝六年敕建,参知政事贾黄中碑。"

毕拱辰《蝉雪咙言》曰:"海庙左有孙母祠,塑一老妪,杖而立,一白犬蹲其傍。相传,母,五代时人,居庙前里许,家畜此犬,素不闻吠声。母每云:'遇贵人则吠。'宋艺祖微时,过其门,犬忽喑喑吠,母大惊异,因留而饭之,艺祖感荷。比践阼,忘之矣。会海上雨贝三日(土人名海锥),长吏上其事,艺祖急访母所在,已物故。诏祀母于海庙傍,并免其徭役,世称海庙户孙家云。"

《县志》曰:"海庙画壁,旧为八景之一,或云吴道子笔,或云掖人徐青霞写。"虽无定论,然实前朝有数丹青。雍正间重修,被伧父涂粉重描,无复从前生动矣!

毛贽《识小录》曰:"东海神祠,载在祀典。唐宋以还,代有碑刻。康熙初遭回禄,古树、旧碑焚毁过半。乾隆二年夏四月,又火其二门,从前古迹又少如许。其庙门外石坊,康熙四十年添设,即胡封翁相墓门旧坊也。"(案,大殿西堮有石龟碑趺,甚高大。必系古碑遭火焚毁者,又殿后碑亭中有一碑,磨灭不存一字,不知何代物也。)

《识小录》又曰:"嘉靖时,遣官祭东海,颁金盒一具,贮莱州府库。每仲丁祭祀,则取以贮香。相传明季,一守私易之,归舟渡江,舟胶不动。榜人亟讯舟中所载,家人具告,遣人赍还,舟始行。"

万历三十三年,莱州府知府阎士选写安期生、东方曼倩、贺元、苏东坡四人事迹,勒石嵌望海亭四壁间,一写李太白《客有鹤上仙》古风一首,一写《夏侯湛赞》,一写东坡绝句五首,一写《过莱州雪后望三山》诗一首,各有序文。

案,海庙祀典攸崇,历代不废。元遣使代祀,诸记虽碑刻已失,然具载《海庙集》,已录入金石。有明遣使祀海碑刻存者已罕,《海庙集》所收只及嘉靖中年,郡县志又失载,故有明祀海大典自嘉靖以后遂致无考。今据《海庙集》录明祀海年月、并使臣姓名、祀海缘由于左,其祭文不录。至国朝,海岳并重,祀典犹隆,曾两颁御书题额于海庙,已备载郡县志,兹故不书云。

洪武二年正月,遣周原德(官职失载),祭东海(定鼎)。三年七月,遣侍仪司引进使臣张英,今蒙中书省祭东海(时称东海之神碑刻尚存)。十年八月,遣六安侯王志、道士俞公权、秦德纯祭东海(太平报效)。十二年八月,遣道士蔡修敬、刘汝寿祭东海(太平报效)。永乐五年五月,遣道士陈永富、监生王澄祭东海(征安南叛逆,祈降清凉消瘴疠)。洪熙元年,遣工部侍郎许廓祭东海(嗣位)。宣德元年二月,遣工部尚书黄福祭东海(嗣位)。宣德十年五月,遣莱州府知府夏升祭东海(祈佑)。正统元年正月,遣吏科给事中车逊祭东海(嗣位)。正统二年五月,遣莱州府通判蔡诚祭东海(祈雨)。正统九年四月,遣户科给事中李素祭东海(祈雨)。景泰元年,遣礼部左侍郎仪铭祭东海(嗣位)。景泰四年五月,遣刑部尚书薛希琏祭东海(连岁多雨,祈霁)。景泰四年七月,遣工科给事中孙昱祭东海(祈雨)。景泰五年五月,遣太常寺少卿李宗周祭东海(祈雨)。景泰六年六月,遣刑部尚书薛希琏祭东海(祈佑)。天顺元年三月,遣尚宝司司丞李木祭东海(嗣位)。成化四年五月,遣巡抚山东副都御史原杰祭东海(天灾祈佑)。成化六年五月,遣太常寺事礼部尚书李希安祭东海(山东旱,祈雨)。成化八年四月,遣副都御史翁世资祭东海(淮阳、山东旱,祈雨,碑刻尚存)。成化九年五月,遣礼部左侍郎刘吉祭东海(山东旱,祈雨)。成化十三年五月,遣山东左布政使陈俨祭东海(岁饥,祈佑)。成化二十年三月遣山东左布政使戴珙祭东海(天灾祈佑)。成化二十三年六月,遣礼部右侍郎黄景祭东海(祈雨)。弘治元年四月,遣大理寺右少卿李介祭东海(嗣位,碑刻尚存)。弘治四年四月,遣通政司左通政元守直祭东海(祈雨)。弘治六年四月,遣巡抚山东佥都御史王霁祭东海(祈雨,碑刻尚存)。弘治七年十一月,遣内官监太监李兴、太子太保平江伯陈锐、都御史刘大夏,分遣莱州府知府刘玺祭东海(黄河决)。弘治十年四月,遣巡抚山东佥都御史熊翀祭东海(祈雨)。弘治十七年六月,遣副都御史徐源祭东海(祈雨)。正德元年四月,遣光禄司少卿杨潭祭东海(嗣位)。正德五年六月,遣户部右侍郎乔宇敢祭东海(祈雨)。正德六年十二月,遣山东布政司左参议吴江祭东海(宁夏叛逆既平,因水旱,盗贼复起)。嘉靖元年四月,遣尚宝司卿刘锐祭东海(嗣位)。嘉靖十七年七月,遣莱州府知府刘本明祭东海(得储报效)。

案《御定通鉴辑览》,嘉靖三十四年,东南倭患棘,工部侍郎赵文华言七事,首请遣官望祭海神,帝即命文华往兼督察军情。《明史·世宗本纪》:嘉靖三十四年二月丙戌,工部侍郎赵文华祭海,兼区处防倭。自嘉靖以后,明代祭海之见诸史者仅此,余无考矣!

案,官吏因旱私祭者,则弘治五年山东巡抚王霁遣莱州府知府杜源、弘治十二年山东巡抚何鉴遣莱州府同知张地、弘治十八年山东巡抚徐源、正德十年山东巡抚赵璜、正德十年巡察海道牛鸾、嘉靖十六年巡察海道王献、嘉靖十九年巡按山东李复初、嘉靖二十年巡察海道吴道南,俱有祭文,载《海庙集》。

艺 文

登望海楼诗

吕 高

独上高楼望海天,烟波何处接神仙。桑田吞吐云霞结,蜃阁虚无日月悬。
白雉不传洲岛贡,浮槎欲上斗牛边。汉皇秦帝俱黄土,元圃丹丘梦杳然。

海庙重修同诸友恭谒登望海亭诗

赵 燿

蛟龙重构绝尘寰,众妙相将一叩关。乍见楼台疑蜃气,遥瞻衮冕识龙颜。
松巅老鹤窥人立,殿角晴云过雨闲。恭荐瓣香非幸福,顾将丰稔慰民艰。
孤亭一上思茫然,浩荡真堪纳百川。风静鱼龙檐底度,云开岛屿镜中悬。

涛声直拟从天上,槎影还应向斗边。白首幸逢明圣主,忘机好共海鸥眠。

海庙风雨歌

孙 镇

龙宫突兀多精灵,楼台掩映鲸波明。解鞍入庙气惨淡,海风猎猎扬旗旌。

电光一掣雨随至,霹雳数声山欲倾。小鱼乱坠平原里,黑云笼窗见龙起。

魍魉狐狸俱遁藏,对面青山若千里。我欲褰衣一苇航,乘风上下波低昂。

珊瑚明月间琳琅,入探尾闾游扶桑。乘鼋鞭獭谢其王。

呜呼!此事荒唐鬼神妒,世陆空沉宁自赴。高歌一曲酒一壶,风雨百年不知

数。

东海庙诗

施闰章

芙蓉岛畔海波平,绛殿珠宫入太清。实有蛟人来邑里,虚传羽客出蓬瀛。

半天松栢鱼龙影,白昼旌旗风雨声。大祀前朝留宝册,残碑剥落任纵横。

置酒望海亭

邓莱州(叔奇)

海气孤城五月寒,使君樽酒故人欢。雕胡香饭炊云子,鲜鲙银丝出玉盘。

笔札彤庭曾视草,旌旗荒峤忆登坛。只今坐眺扶桑近,万里沧溟云水看。

蠡勺亭观海同贻上第诗

王士禄

何处堪舒目,临高台以轩。杂光摇岛屿,一黛划天根。

澜汗蛟龙没,鸿蒙气象吞。横襟寥廓外,差得健吟魂。

乘高舒远眺,波浪接之罘。紫贝光时见,清瑶浩自流。

灵居千蜃结,孤屿一杯浮。疑逐成连去,洪涛见刺舟。

黏天郁远势,云物共苍然。千里横双目,三山荡一拳。

波涛缠赑屃,光气抱蜿蜒。思更诠灵怪,元虚赋已传。

海国神灵窟,遗踪杳尚存。八祠荒汉祀,一石勒秦樽。

波路通殊域,仙人号羡门。悠然怀古意,慷慨向乾坤。

鑫勺亭观海诗

王士禛

登高邱而望远海,坐见万里之波涛。长天寥廓云景异,春阴偃蹇鱼龙高。

怒潮乘风立千丈,沐日浴月纷腾逃。群灵潜结万蜃气,一痕未没三山椒。

须臾势尽潮亦止,波淡天晴静如绮。菱苔沈绿纷塘坳,螺蚌摇光散沙汭。

参差岛屿罗殊域,纷如星宿秋天里。

击我剑,听君歌,有酒不饮当奈何。日主祠前水萧瑟,仙人台上云嵯峨。

羡门高誓不可见,秦皇汉武空经过。只今指顾伤怀抱,黄腄罘瓶尽荒草。

人生快意无几时,明镜朱颜岂长好。吾将避世女姑山,不然垂钓浮游岛。

(浮游,原作蜉蝣。)

和家兄鑫勺亭观海诗

春浪护鱼龙,惊涛与汉通。石华秋散雪,海扇夜乘风。

徐市荒唐后,秦台灭没中。扶桑试晞发,朝日万山红。

归墟吞吐处,终古混虚无。日月光何极,乾坤气尽孤。

樊桐天地宅,扶木羽人都。搔首空寥廓,青山但一隅。

吾庐临少海,及此更空苍。飞观图云气,灵槎著日傍。

十洲真浩渺,六博足翱翔。乘蹻何年去,重来览下方。

康熙丙子奉命祀东海诗

张榕端

秩祀来东海,益惊海若雄。波涛天地动,潮汐古今同。

善下知王德,朝宗念禹功。还期润物泽,早为致年丰。

暮春登望海楼诗

危楼临海岸,极目杳冥冥。风激无边浪,云蒸不断青。

鱼虾腥岛市,斥卤坼沙汀。观止应长叹,无劳读水经。

莱州谒海神庙诗

劳之辨

古庙丹青半画龙,百川东注此能容。燔柴大典伴苍帝,沉璧常经并岱宗。

千祀长松寒雪冻,历朝遣碣旧苔封。蜃楼气象无边幻,直等江河作附庸。

登望海亭诗

王朝佐

心目划然异,初登望海亭。半环空似璧,大地忽如汀。

骇浪千堆白,浮山数点青。愧无摇岳笔,何以赋沧溟?

登望海亭用刘荻江韵

海雾蒸云日易昏,飓风鼓浪一惊魂。绿莎界地分潮信,碧水浮天见岛痕。

蜃气乍凝应立国,桑田未变尚为村。蓬莱有境终何处,便欲乘槎问羡门。

东莱陪张学士朴园致祭东海诗

刘谦吉

得侍瀛洲客,宣麻海若尊。斋宫依蜃室,道院肃犀轩。

不信长风吼,偏求断碣痕。北窗分一榻,明月乱参昏。

广乐才开献,芙蓉一点孤。惊涛争砥柱,初日澹天吴。

矗矗苍髯塞,盈盈翠带纡。骞槎当此际,真欲写瑶图。

四月游海庙登台望海诗

孔尚任

海气昏昏卯接酉,客驾双轮向海走。白沙红垣十亩宫,古殿苍凉槐根朽。

七级巍台上头观,十分天地水八九。滚滚绿沈自写缸,卷卷白雪谁拖帚。

地与海抗常颤摇,风与水遭思叫吼。一潮一汐莫能猜,呼吸应随巨鳌口。

在水忘水鱼已奇,在咸忘咸物更有。海如平地行百川,淡咸交界味分剖。

鸟居海中有淡浑,云起海面有咸溲。郊居苦寒海雨多,雨为妄施海妄受。

欲穷海际拼白头,乘桴难载十年糇。可怜行行雁飞来,无歇翅处饿已久。

三五黑豆浮绿波,坐客争论击响手。一豆不动一豆移,乃是舟浮岛之右。

大岛小岛皆海环,中国亦是海中阜。岛里耕田人似山,却来郡县纳升斗。

舟可通处非蓬莱,高亭怅望空搔首。

海庙诗

李因培

海庙雄山北,崇祠枕大溟。蛟螭盘古角,蚌蛤补虚楹。

夜久金枝灿,朝晴火伞荧。苍波连灏气,粉壁绘群形。

乐奏爰居泣,楼成老蜃灵。钓鳌投牺饵,烧燕引龙腥。

日月从嘘吸,云霞助杳冥。神鸦排阵下,怪雨散鲦零。

仙峤三壶见,春潮万里听。苹繁通望秩,牢醴考前经。

碑压趺龟蠹,香飞篆鹤声。高堂凝衮冕,后寝侍娥婞。

仿佛帷将动,往来户不扃。先声风习习,胗釁水冷冷。

击鼓冯夷至,求珠罔象停。阳侯肩弩矢,飓母御辎軿。

禹鼎惭窥豹,齐谐讶撞莛。光辉旗闪烁,杂还佩珰玎。

羊胛烹才熟,鱼膏照更腥。珊瑚明宝炬,玳瑁贮芳醽。

天黑谷王醉,烟锁川后醒。岁时趋令尹,典册耀宫廷。

坎险元精注,谦卑地轴宁。润原殊洞酌,泽岂待嬴瓶。

有渚夷吾策,无踪徐市舲。沧胥思碣石,广斥叹淄青。

曩昔饥逢术,黔黎稼若螟。画图传置驿,赈贷起伶俜。

未返嗷鸿影,空瞻挹酒星。兹培劳剪雪,啸命忽鞭霆。

济旱凭涓滴,驱蝗伏甲丁。丰收邮国稻,运启帝阶蓂。

持节烦卿士,分圭出阙廷。百祥归庇翼,四渎愿观型。

树外浮游岛,花开翡翠屏。隔墙看估舶,推槛俯寒汀。

远色横东表,秋怀集晚亭。徒悲秦政诞,谁纪羡门龄。

展谒心如发,遨游迹类萍。他年槎上客,拟勒十洲铭。

陪祀东海神庙诗

沈廷芳

东海洋洋表大风,神祠肃穆仰龙工。千秋特重浮沉祭,万派群归雨泽功。

番国版图长在驭,圣朝清晏庆攸同。遥天斗转潮初落,庭燎光争绮旭红。

望海楼

沈廷芳

高台峙渤澥,云亦秦时筑。

长风激怒潮,野云展平陆。

望望一怀古,莱夷昔作牧。

二月祀海庙诗

刘　柏

曲城古号莱子国,环瀛三面势奇绝。海滨神庙郁嵯峨,冥漠感通难具说。

圣朝有道大怀柔,洒润分甘神所锡。时维二月届仲丁,鹭序虎臣辐辏集。

抠衣再拜展明禋,赫赫洋洋冀来格。牲牷酒醴荐馨香,代鼓铿钟响激越。

一献五献礼具陈,五声八音器并列。从兹降福岁穰穰,比栉崇墉开百室。

四郊民物乐恬熙,含哺鼓腹歌帝力。登临直上小蓬壶,灏气排空神恍惚。

乍听喧轰走万雷,动天惊地心胆裂。又疑白象走千群,骇跃狂奔人辟易。

须臾波静洲岛明,上下天光一抹碧。仙翁蝉蜕人茫茫,俯仰遗踪犹历历。

残碑读罢思飘然,安得凌风奋六翮。

祭告海神庙颂

李振裕

望大壑兮渺无际,洪涛汹兮烟雾翳。状杳冥兮舞澎濞,天轮转兮地轴捩。

晋舆舆兮普德施,岳效珍兮海贡瑞。诏有司兮供岁事,春秋举兮享不匮。

明察尽兮广孝治,敕尚官兮虔致祭。扶桑暾兮朝气霁,灵之来兮光仿佛。

云为车兮星为驷,风萧然兮左右至。翠龙夹兮苍虬侍,躬再拜兮奉圭币。

嘉栗荐兮神其醉,灵之云兮忽而逝。贝阙遥兮珠宫闼,绮萝静兮销霾曀。

海童潜兮马衔避,皇威畅兮百禄萃。物惟错兮夥厥类,奉鲜食兮民物备。

华楼泛兮纷踔厉,南金邻兮比百济。王命宣兮无阻滞,鱼商乐兮歌舞枻。

降福襄兮神哉沛,于荐享兮永世之。

清光绪《掖县全志》"东海神庙"资料点校

坛 庙

东海神庙

城西北十八里,《汉志注》云:临朐有海水祠。宋开宝六年重修。中为正殿,前为庙门,门前翼以碑亭,左右列钟鼓楼,又前树白石坊,曰"朝宗",俱重檐累拱,五彩绘画。左右廊庑各九楹,塑"海山云龙"之像,饰以金碧。至寝殿、府库、斋宿、道流栖息之馆,无不完备。历代修葺、封号不一。明洪武三年,改定岳渎神号,尽去封爵,止称东海之神。每国家大事辄遣官祭告。洪武八年,宣德元年、九年皆重修。成化二十一年,知府戴瑶重修。固坚易圮,缮完者六十楹及大小碑亭四,更新者四十二楹,及钟鼓楼、石碑亭、御书亭凡五。缭垣坚厚,涂以朱。植杨、柳、椿、榆一千四百四十余株。规制宏大,轮奂精工,杰立于东海之上,称为巨观。大学士刘翔为记。正德七年毁于寇。嘉靖十九年,海道副使吴道南重修。万历二十八年,知府龙文明以修城余资大事修建,自正殿而下,堂寝、斋厅、扉门、坊表,凡二十楹有奇。其主祀、助祀,自御史台及藩臬、郡邑,咸有止舍。牺牲之具,俎豆之库,庖丁庙祝之室庐,凡为楹又八十有奇。若升降之阶墀,眺望之台榭,碑亭、树栅、鼓架、钟楼,俱加坚赠丽,庙貌规式从此大备,中允周如砥为记。雍正四年,诏封东海显仁龙王之神。六年,发帑重修。乾隆二年,大门、仪门毁于火,知府严有禧详请动项修葺,仪模阆整。乾隆庚午至丙子,知县张思勉屡修增加。

嘉庆二十四年,登莱青道胡祖福重修。道光十九年,登莱青道王镇重修寝殿及诸神小祠。二十三年,登莱青道王镇详请于海防经费内拨款重修。莱州府知府王沄、掖县知县杨祖宪承办,自寝殿以前,旧有殿亭、廊庑、门垣及大小官厅,概为修整,并补立旗杆。

光绪二年,山东巡抚丁宝桢筹款重修,并建风云雷雨祠。

民国十四年,县知事张蔚南重修庙内蠡勺亭。(此则录自民国《四续掖县志》)

艺文·碑记

重修东海神庙碑记

东海神庙自雍正五年重修,迄今百有余年。栋宇敧斜,柱梁朽坏,非速加修整,势必渐至倾圮。余于道光己亥展祀之余,见寝殿后面坍塌,神像已在风雨中,而正殿亦瓦脱脊倾,上漏下湿,余筹库内闲款,交本邑谙练绅士拆建寝殿,修补正殿罅漏,余以经费无措而止。庚子七月,英夷赴朔津门、八月得旨,起碇回南,过砣矶,泊庙岛,夷酋遣武弁驾舢板船载黑夷数十人,破浪入内洋,欲由西山口登岸,窥探城市。维时风浪忽作,舢板船随风飘没,夷弁等凫水得生。自是大小夷船皆不敢傍岸,在外洋驻留五日,洪涛颠荡,时有覆溺之虞。岸上观者如堵,咸庆为海神之灵。盖夷酋初欲通商求码头,首在津门。津无山岛,拟以庙岛、砣矶为驻船之所,及受抚定约,立码头不请津门,皆由海神显应,早已默戢其觊觎矣。撤防后,中丞以防堵军需,奏准摊廉。余因请于军需项下拨修庙工,中丞亦感海神之护佑,允所请。余前在登,曾令莱州府王守、前掖县杨令,仍延监修寝殿之绅士,确实勘估,约需工料银陆千陆百两。嗣即照估具禀,请由府存贮军需银内支领,尽交绅士经理,不涉胥吏之手。自道光癸卯四月间开工,至十一月告竣,前修正殿,仅属补苴。兹后拆旧更新,规模大备。其东西旧庑存无其半,现已照基重建。前后御碑亭、历代碑亭、钟鼓楼、马殿、大门以及别院之大小官厅、蠡勺亭,或拆或存或补或换。总期料实工坚,足绵久远。庙前旧有旗杆,久为海风吹折,余在登购得坚硬桅木二支,斫成建树,深栽厚筑,以复旧制。而肃观瞻,统计房宇百余间,周围垣墙百八十余丈,修平道路,扫除沙砾,丹青黝垩,壮丽辉煌。惟正殿画壁不动,俾存故迹。此事前后,虽余总事成,亦幸中丞不靳,余请府县同心赞助,而诸绅士又能认真督率,不惮勤劳也。夫自英夷不靖,薄海震惊,而东洋据江浙诸省上游,为盛京天津门户,倘任夷艘出没,曷以安岛屿而固金汤,乃明神之殛,捷于雷霆,英夷远遁,巨浸安澜,鱼盐之饶富依然,商旅之往来无阻,所谓连四海之外以为带,安于覆盂者皆我皇上,震叠及夫遐荒,怀柔通乎溟渤,故得群灵效命,百物阜安。而职斯土者,修举废坠,分有当然,又岂余与守令所能仰答神庥于万一哉？是为记。

钦命山东分守登莱青整饬海防兵备道兼管驿传水利事务加三级记录十次大兴王镇撰。

道光二十四年岁次甲辰春正月壬午造

掖县进士翟云升　书丹并篆额

艺文·诗

海神画壁

孙扩图

的是天池物，谁云只似龙。樯楹纷窜匿，头角互奔冲。
未洒三春雨，空嘘九夏峰。雄心终破浪，寂寞笑尘封。

蠡勺亭观海

翟晃

海天沆漭开灵源，高亭极目欲消魂。天吴海若走复奔，云涛激荡包乾坤。
忽然风静破霾昏，岛屿霏微留一痕。蜃楼陡起连山村，复有宫观列重□。
须臾开朗洗纷烦，依然碧浪浮朝暾。谁泻银河混一元，奚啻八九云梦吞。
黄河犹假导昆仑，班位总超四渎尊。侧闻蓬莱仙迹存，方士赍粮谒洞门。
此事荒唐不足论，秦桥汉柱任波翻。何如快意临朱轩，鼓鬣纵观北溟鲲。

蠡勺亭观海

魏起鹏

庚寅秋八月，敬谒海神庙。禋祀礼既成，登亭试凭眺。
纵目水天宽，荡胸波涛摇。万派尽朝宗，百川如举醮。
潜蟠多虬龙，飞渡绝隼鹞。微茫蓬莱宫，浩渺芙蓉峤。
澜回紫气来，潮涌雪山啸。涵空色沧溟，浴日光晃曜。
惟大乃能容，极深斯更窅。孰泛河源槎，谁凿尾闾窍。
蠡测亦何愚，蛙跳殊堪笑。景纯经可读，元虚赋难肖。
秦皇舟且回，汉武仙莫召。渔帆收残雨，蜃市映斜照。
鱼盐富国储，萑苇供民烧。方今际升平，冯夷正奉诏。

97

丕冒率土滨，威德服荒徼。重译献珠贝，边防靖烽燧。

小臣沐恩波，幸免旷职诮。愿持青玉竿，坐把六鳌钓。

海庙画壁

张正谅

吴生画壁几千载，变相争传海庙灵。

形貌仅存优孟似，稜威犹足镇沧溟。

（此则录自民国《四续掖县志》）

志　余

海庙左有孙母祠，塑一老媪，杖而立，一白犬蹲其旁。

相传母五代时人，居庙前里许，家蓄此犬，素不闻吠声。母每云：遇贵人则吠。宋艺祖微时，过其门，犬忽唁唁吠，母大惊异，因留而饭之。艺祖感荷，比践祚，忘之矣。会海上雨贝三日（土人名海锥），长史上其事，艺祖急访母所在，已物故。诏祀母于海庙旁，并免其徭役。世称海庙户孙家。（《蝉雪集》）

清乾隆纪润
《崂山纪略》点校

清乾隆三年（1738）　纪　润　撰

民国十八年（1929）　丁锡田　识

作者简介

纪润,生卒不详,字梅林,即墨大北曲村(今属青岛市城阳区城阳街道)人,清康熙至乾隆年间(1662—1795)诸生。其画入逸品,诗致清远。纪润与百福庵道长蒋青山、流亭儒仙胡峄阳为友,曾屡次一起游览崂山,并写有《八仙墩》《劳山头》等诗篇。另著有《劳山记》,记述了巨峰、上清宫、太清宫、华严寺、太平宫、王哥庄和小蓬莱等景点之游程,是一篇周游崂山的游记。更为珍贵的是,其中摘录了崂山大量的楹联。蓝水先生称赞说:"该书在清代初期游记中,记载全面,且所记系创见者。如憨山与赵䃶作对、憨山来劳原因、东海岛中多耐冬、各处门联等,皆赖以传。"纪润之《劳山记》曾于1919年由青岛墨林印书社印刷出版,书名为《最新崂山记》。另著有《东园诗草》一书。

丁锡田(1893—1941),字倬千,号稼民,著名文人,潍县(今潍坊市)人。少年时爱读史书,并致力于古文和舆地学的研讨。丁锡田博览古籍,对乡邦文献及山东学者著作广为搜辑,已刊印成书的有《潍县文献丛刊》3卷、《小书巢》2集,以及《十笏园丛刊》《习盦丛刊》《韩理堂先生年谱》《后汉郡国令长考补》,还有个人著作《稼民杂著》《崂山记略》《赴燕记游》等。

丁锡田酷爱地方史志,广泛搜求地方志书,以收购、互换、抄录等方式,将山东各县志全部搜集齐全。如明万历《潍县志》,便是托人从平京图书馆花费较长时间抄录的。1937年,丁锡田随侍继母寓居北京,以全部精力整理文献资料。1941年,丁锡田在北京病逝,终年49岁。丁锡田藏书甚多,分存于北平及潍县。新中国成立后,其子女丁伟志、丁志萱、丁志襄将全部藏书捐献给国家。

原　序

　　即墨崂山者,洵二东之奇观乎! 跨洋海,镇莱登,幽秀层折,崎岖万状,殆未一二指数也。好游者每动言琅邪、泰山,然泰山得其大而不如其秀也,琅邪得其秀而不如其深也。使游者而不游此,即未谓之未尝游也。可顾游又非易,言或则绌于财矣,或且牵于事矣,所以有寤寐怀思而终身未能一至其地者,惶惶而然。今得《崂山纪略》,历历而言,燎若指掌。人纵不得身游,宁不可卧游乎? 爰是急付梓人,公诸同志。倘于诵诗读书之暇,展卷数过,未必非骋怀娱意之一助云。

　　时在乾隆三年岁在戊午孟冬谷旦。

即墨南村梅林纪润著于赏静书屋

　　《崂山纪略》,娱意开怀,其缠难略,其言弥殷,可以快寂寞之心目,长愚昧之见识。况山水曲折、人文真实,无少假借,岂非一大观也! 噫! 辞义粗俗,贻笑大方,而脱稿荒谬,不计工拙,俟高明哲士,尚期教我刍荛之言,幸毋谓其琐屑耶!

南村梅林纪润　著辑
曲巷应召官利宾　参校

崂山纪略

《崂山纪略》，信笔拈出，兀坐静室，开卷一阅，真所谓：

不出户（户，一作门）庭三五步，观尽山川（山川，一作江山）千万里（里，一作重）。

予性癖山水，幼时（时，一作年），从王师肄业黄石宫，后迁于山（山，一作上）下华楼。昼听松风声、百鸟声，夜听（听，一作闻）钟鼓声、讽诵声。耳得之而成声，目遇之而成色，大是（是，一作足）快心。一朝师弟（弟，一作徒）早起，挑灯共读，业师王公尝出，观天色，触景成诗曰：

林深人静夜森森，清早犹寒起拥衾。何处晓钟催老衲，满前古木叶幽禽。

千山障曙天初动，百道飞泉月未沉。长啸一声空谷应，浮生多少隔云岑。

兴言及此（兴言及此，一作每一念及），不胜今昔之感，及后师弟（弟，一作徒）之伤。光阴如电，不信然乎？余年二十四岁后即遍游诸山，酣沽不倦。嗣后（嗣后，一作既而），偕友重游，大略境况，颇印心版。今笔之于后（后，一作书），奉高人韵士，果有佳兴，问途一经，想不娱耳。

自南而进至神堂口，则渐入佳境（境，一作景）。新建草庵一茶即行，劳一道童引至东北慧炬（炬，一作矩）院，又一（一，一作名）石竹涧，大殿内有憨山大士所请《藏经》并檀香佛。有一老僧月心，写作颇通，除此别无可观矣。转而（而，一作而至）东，由王宦楼后登黄石宫，有奇壁流泉，北据（据，一作有）高山，前面大河，河南即华楼大顶。举目一望，四面山色令人神清气爽，目空天地，不知有人世间矣。仍有中宫、上宫，不暇领略。下而过王宦园林，亦尽堪观（亦尽堪观，一作亦堪稍观），大门一联云：

十亩绿野渊明稼，一带青山中立图。

楼上一联曰：

清狂客至无兼味，老病人扶有远山。

前有华阴小集，停骖片息。饮酒数杯，即过河，南游西莲台，是周宦所施荒山，

僧人新建佛殿也。老僧子华坐化时留偈,刻石塔云:

匜耐这个皮袋,终身惟作患害。

撒手抛向尘埃(埃,一作沙),一轮明月西迈。

现刻塔石。一游即转而至东。由响石涧过下华楼,即登上华楼,宿。晨起(晨起,一作明晨谒庙),看洞中刘真人蜕壳,登老师傅坟,路其险窄,非胆大力强者不敢行也。回而至南天门,聊一坐望(聊一坐望,一作一坐一望)。即之东,仰观梳洗楼,孤峰峻顶,上有一洞,洞中有一神像,从无能登其巅者(从无能登其巅者,一作从无人能登其顶者)。六十年前,山灵泄机,有一姓矮子刘道人,值云雾寂静时,闻山坡有笙管声,即信步徐行。路虽崎岖却甚分明。及至顶,云散雾收,风清气(气,一作日)朗。刘道人大叫大笑,跳跃于顶上。山下左近村落并赴华阴赶集人,互相讶疑,以谓是神仙现化,齐奔至山根,翘望刘道人从容而下,手持琉璃绿杯,此洞中仙物也。云佛像(像,一作物)亦是白琉璃,别无他物。地方人即报至县(县,一作邑),邑宰(宰,一作侯)张公,得此杯去,自此道人重欲登游(道人重欲登游,一作再有欲登者),已迷津矣。闻有强攀而上者,真所谓刘郎(郎,一作阮)误入天台,岂可再乎?尚有金液泉、玉女泉(泉,一作盆)、天液泉、高家崮,皆华楼景也。

观毕南(南,一作而)下,过外祖蓝宦书院,亦堪进歇。即过蓝宦祖茔,一坟面东,西一大山,东朝椎儿崮(崮,一作岗),风水甚佳(甚佳,一作妙甚),古松如龙,皮如鳞甲,游者无不盘桓赞美。再东过毕家村,村南有外祖蓝宦新茔,亦可玩赏。即至晋生杨公之乌衣巷,大门一对联曰:

十日大都留客醉(醉,一作事),一春多半为花忙。

过河南看红杏石崖,颇堪流连,直登上庵,一名神清宫,景虽隘却极精,即下过大劳观一茶。东游九水,由山后牵骑至七水庙子。自一水至九水,一路鸟音树色,两岸峭壁奇峰,水中磊落怪石,曲折万状,幽雅绝伦。游客脚脚挑(挑,一作跳)水,步步踏石。为路真所谓:

水向石边流出冷,风从花里过来香。

桃源仙径(径,一作境),不过如是。予恍然大悟,讶刘郎之误入天台欤?凡游至此者,名利念淡,万缘俱空,真崂山第一佳景也!

更有可羡、可赏、恋恋而难舍(恋恋而难舍,一作诧诧而堪奇)者,北有峻石有名"骆驼头"者,乾坤幻象,古怪异常。予昔与知友宗万(万,一作方)侯游此,题诗曰:

秦桥万里筑（筑，一作逐）东流，疑是当年鞭石游。

力殚五丁驱未尽，山灵幻结骆驼头。

山下一村，新创茅庐（新创茅庐，一作新建草庵），骚人韵士过此者，题三联于门上，其一：

山光悦鸟性，潭影空人心。

其二：

有山有水区处，无是无非人家。

其三：

茶熟香清（茶熟香清，一作茶香酒清）有客到门可喜，

鸟啼花笑无人亦自悠然。

居此地者，不知此景之妙；享此福者，不知福中之趣。可惜人间天上，为庸愚蠢夫得之耳！

再过七水庙子，南至九水庵，西山有"仙古（古，一作姑）洞"三字。明武进士周鲁所书，宗方侯又题曰：

迢遥仙洞辟灵区，题者何人周鲁书。

看得古今只一瞬，摩崖丹嶂是吾庐。

东面有"三清草殿"，是予昔年领袖所建者。不知费几许焦劳，今一旦被豺狼破坏，徒切忿恨，良可浩叹。游毕至韩（韩，一作旱）河庵，新建玉皇大殿，规模宽宏，尽堪一宿。

次日，直抵登窑村，一路山色环绕可观。此村三面皆山，前面大海，山水环绕，风景绝佳，昔有一避世高人，埋名居此，酷好结友（友，一作客），谈论豪侠。静室对联曰：

无钱结客能倾胆，有剑酬知未为贫。

后不幸丧子，大门一联云：

子去花为伴，友稀鸟作宾。

览者潸然（览者潸然，一作令人读之潸然）。东北峻岭，有一古刹，名"上玄（玄，一作元）石屋"。因路险地偏，是以不得受名人之玩赏（此句，一作所以不得受名人之玩赏也）。由登窑至韩豸观，内有大耐冬花、大白果树，其余不足观也已。即止宿于烟云涧，乃巨峰之角（角，一作脚）庵也。倘日光未落，穷力而至砖塔岭亦可赏。里人相传，山外有双塔口，唐王征东所建双塔。有夫妻二人，塔旁收田，

其母午馌时（本句，一作老母送午饭至），值风雨骤作，其夫正负妻向塔中避雨，触天大怒，雷龙连塔将夫妻（夫妻，一作不孝夫妇二人）一总抓离（离，一作起），摔至下巨峰，相隔数里遥也，砖迹尚存，故名曰砖塔岭。而后坡（后坡，一作顶后坡）又有骷髅花，五月方开，有头有口，传者云，即此夫妻之遗迹也。噫！为人子者，不可不孝乎哉！此处有一张道人，打坐悟道（道，一作禅），山中第一人也，大可谈论。

东南有一金壁洞，宽大明亮，凡读书其中者，未有不发达者也。再上中巨峰，有（有，一作系）铁瓦殿。举目南望，面前一小山，势如插屏，屏外汪洋浩漫（浩漫，一作漫漠）者，即碧波万顷也。令人神骨皆清，真别有一洞天矣。殿旁之磁光洞、金刚崮、仙人桥，山后之自然碑及种种奇泉，一经目者皆恋恋难舍也。更上一层是上巨峰，不可不到，不堪久住。然巨峰为万山之祖，其极顶有诗刊于石，诗曰：

鸟道悬岸郁翠微，半翁高敞逼云隈。

坐观沧海空尘世，回首人间万事非。

在山外遥望山内，近瞻顶之两旁，各一流（流，一作带）长山，其顶皆向北欹，俨然群臣阶下，执笏班立，伏（伏，一作俯）首朝阙。造化之妙，唯会人心（人心，一作心人）。巨眼人看出此景，而冒冒粗游者不知也。在此若住数日者，真有仙风道骨之福量也矣！

次日，下转东登天门后，脚底是海，头上是山，十余里路，坎坷陡险（陡险，一作险峻），可谓崂山之极难行者也，须用柱杖扶人。回望碧波无涯，群岛星列。听水声浩荡，看山色参差，令人心旷神怡，倏动缥缈之思矣。天门后之大殿，墙皆石条，是一齐道人名本守者，独手凿石，三年成功，一旦无踪，时人寻至八仙墩，得一衲衣，留偈曰：

道名齐本守，功夫从来有。

打坐二十年，用功下苦修。

若问归何处，仙台阆苑游。

此万历年间事也。

北至上清宫，两旁大山，面前大海，中间皆奇怪瓮（瓮，一作峻）石，余与知（知，一作挚）友宗方侯游此，适水（水，一作海）落石出，持竿钓毕，漫吟曰：

钓罢归来意自如，晚烟倚树遍村墟。

谁家老酒新开瓮，换我金鳞尺半鱼。

北(北,一作半)顶有名烟霞洞,是吾邑马山东刘仙姑修行处也。一派秀色,胜下(下,一作上)清宫多多矣。更奇者,殿前有白牡丹一墩(墩,一作丛),道人相传,吾邑蓝侍郎游此,值花方开,爱之甚,至秋即遣人移取。是夜,道人梦一白衣美人告曰:"师傅,我今要去,至某年、某月、某日方回。"天明,蓝宦(宦,一作官)持帖来取,道人详记壁上。届期,道人又夜梦白衣美人告曰:"师傅,我今回矣。"晨起趋视旧窝,芽萌(芽萌,一作发芽)皆带花蕊。道人即奔县诉之蓝公,同至东园,所取之花,果然槁矣。二百年来,此花尚存,花之神也、仙也,千古流传也。

再转东南至下清宫,三面大山,前面平滩巨海,风水佳景。昔有憨山和尚居此,年方二十余,写作全才(本句,一作善写作),称海内名家,曾送胶州进士赵仞一联云:

去路还从来路转,粗心须向细心求。

后将三官殿拆毁,葬神像于海,逐道招僧,建大佛殿,劈山取石,日费万(万,一作百)金。惜乎崂山无福,有妖道耿一鸾(一兰,一作衣蓝)等,疏奏万历皇帝,将憨师充发广东卫。去后,众道方复业,重修三官大殿,佛殿之基址尚存。

此时,三殿内皆有耐冬成树,自十月开至来年三月。予昔冬游,遇雪压花枝,见夫白者雪也,红者花也,黄者花之心也,绿者花之叶也。真一径一花色,无处无鸟音,令人终日对赏,实恋恋而不忍舍也(本句,一作忘却春去秋来也)。然福薄人焉得长消受哉?可笑妖道,守此景而不知此趣也。再说,憨山至广东,立一大丛林,门徒无算,后坐化而成七祖。吾邑有广东道周天近太翁,在日与憨山甚善。天近幼时,常在座前后。天近任广东,洁诚拜谒。其面如生,肉胎如漆,用指一弹(此句,一作指弹之),打珰有声,衣钵辉煌,题其匾曰"因果非偶"。至今追忆。设憨山坐化崂山,名扬天下,至今游仰者络绎不绝,崂山之享名也,更当何如?

东南山之尽头,有一小土山。由猎泊涨(猎泊涨,一作拉塌张)而进,一带(带,一作流)海滨,有试金汪,水中有试金石,大者可作砚,小者试金银,黑坚堪赏。土山之下有八仙墩,五色缤纷,上有云岩笼罩,大小圆窝,光彩陆离。前有海波潮荡,吞吐奔腾,真(真,一作不让)瀛洲(瀛洲,一作十洲)仙界、蓬莱瑶岛,天之生物也,奇哉!观罢(罢,一作毕)复回,向东坡往西转,观张仙塔三座,系邋遢张(邋遢张,一作张三丰)碎石所砌。近(近,一作一塔)在海岸,峭壁数丈,顶上紧贴南崖,向南出首(本句,一作往南探头)。北边又有一小碎石塔,塔旁有一大耐冬花,至今几千百年,而碎石塔安如磐石,自是神物(本句,一作非神物而何哉)。一小小土山,乃有此二大佳景,诚崂山第一奇观也。

回至青山,昔年有一埋姓奇人隐于此山,结茅庐,小门短联云:

晦朔潮为历,寒暄草记辰。

又一联云:

何处是秦宫汉阙,此间有舜日尧天。

静室长联云:

老去自觉万缘都尽,哪管闲是闲非,

春来尚有一事相关,只在花开花落。

数年后,不知所(所,一作何)往,抑此高人也哉?由此北上,过大小黄山,举目东望,碧波无涯(无涯,一作郁岛),气象万千,群岛星列,耐冬成林,海鸥聚鸣,向非(向非,一作别有)人间。予避东兵,触景兴怀,漫吟二句云:

闲来检点平生事,谁似悠悠(悠悠,一作优游)水上鸥。

过窑河底至华严庵,是吾邑(吾邑,一作即墨)黄朗老所施创建者。有慈霑和尚塔。塔前有四柏,是予所施而命伊徒栽者,面东佳城,福薄人不能得也。西南二三里,有那罗岩佛(佛,一作神)窟。其门北向,窟顶明亮,如日似月,真乾坤幻象。憨山看经中注:"那罗岩佛出自东莱国。"故寻至崂山,遍问僧道得窟名,心中了然,故在下清宫建庙修行。里人相传,佛在窟中打坐,到该飞升时,值徒不爱供给,遂用柴杜门发火,而佛借此火力,飞冲腾顶,故有此名。而顶旁尚有石盖存焉,真耶幻耶?不可得而考也,乃崂山之一大奇观也!

此庵有胶州秀士赵安期出家涅槃偈语:

口说无挂碍,今朝挂碍无。

风光随处好,净土不模糊。

由此而至太平宫一宿。黎明,上狮子峰看日出,再看槐树洞。明朝远年,有文宗来游,登临时告诸生曰:"此所谓在明明德也。"取其一时谨凛万缘皆静意耳。因铭石门上曰"明明崖"。

昔避东兵者,几百人而未伤其一也。东兵(东兵,一作土人)以为窟窿山,真仙地也。西转而至王哥庄集,街南有一修真庵,是远年李太监修创者。有胶州西张天老常居此避静(避静,一作习静),门联云:

野草(草,一作菜)连根煮,生柴带叶烧。

又一联云:

拨云寻路出,待月叫门开。

诚高人也,得享清福而去矣。自此北行,直抵外祖蓝宦之小蓬莱。外边路口一碑,镌"渔樵一径(径,一作经)"四字。面东一楼,楼后峭壁,楼前大海,楼门一联云:

柯斧青山担出白云将换酒,

纶竿沧海钓来明月却忘鱼。

又一联云:

秀色可餐坐客多情分不去,

白云入卧野人无意得秋来。

苍松盘曲(盘曲,一作龙形),状如龙蛇,赏之不倦,是地虽小而景最大。如王嵒之文章,实(实,一作势)短而绝伦也。由是而西,乃峡口庙,明文宗至此,车上仰面视天看云,口占云:

峡口云连海,

有流亭周杏浦独对曰:

麦窑水接天(一作,峰腰浪接天)。

遂称善。再西北(西北,一作东北)而到鹤山,有滚龙洞、仙鹤洞、朝阳洞、七磴(磴,一作星)楼、梧桐金井,庙前乘夜观海月。仙人盆前,有邑侯许铤来游,题仙鹤洞诗云:

孤鹤飞来几万秋,因餐白石化丹邱。

回翔似顾三标秀,振翮疑登七磴楼。

流水桃花云片片,青天碧(碧,一作白)海日悠悠。

兴来跨鹤扬州去。海畔苍生为勉留。

又有吴旦昌山氏来游,题诗其一曰:

放情随所适(适,一作过),幽兴自婆娑。

踏月听僧梵,穿云入薜(薜,一作碧)萝。

潭空鹤影瘦(瘦,一作度),松老茯苓多。

灵境堪长往(往,一作住),浮生能几何(何,一作过)。

其二曰:

结构傍清溪,拥书午梦迟。

窗间人作字,花外鸟啼诗。

听水思垂钓,看山羡茹(茹,一作落)芝。

年来无一事,林下学弹棋。

昔有闺媛左灿楚卿氏,游此题《鹤山诗》云:

桑柘围茅舍,荆扉逐地偏。

豆熟(熟,一作黄)村路(路,一作落)静,芋紫岸蟹鲜。

山水自春臼,邻鸡午梦天。

荒陂苍耳路(路,一作绿),残照一樵还。

又诗云:

拨荞寻幽路转艰,乱藤苍翠斗潺湲。

阴崖雪挂园边树,晴日霞飞海上山。

云覆松巢双鹤返,竹深沙路一僧还。

石龙有意藏云(云,一作灵)雨,洞口无人明月闲(闲,一作间)。

《在鹤山避乱诗》云:

避地远人烟,山深太古天。

潮回沙路出,树老石根穿。

落日收渔网,望洋跨鹤山(一作寒风护稻田)。

故园隔烽火,客里(里,一作程)欲经年。

《乱已送表弟东归诗》云:

同客沧州畔,君装先我归。

故园虽有地,八口却无依。

桐叶含风怨,杨花作雪飞。

登高望不见,强(强,一作独)自掩荆扉。

《在鹤山早行诗》云:

暗数垂杨志去堤,微茫烟树望中齐。

晨风未荡千山雾,斜日(日,一作月)先开一道迷。

钟尾韵残鸦语续(语续,一作续语),马头梦入塞鸡啼。

萧条已有渔竿叟,蓑笠寒云渡口西。

《在鳌城观海赋》曰:

商音乃金竹(竹,一作刑)而肃杀,万木(木,一作物)始脱于山川。趋(趋,一作趁)凉飚(飚,一作风)之乍起,登荒城而留连。东抵扶桑之域(域,一作隅),南通紫竹之巅。维缆偎帆于岛末,烟楼蜃市于云(云,一作海)边。涛响信鼋鼍之怒,浪翻乃元气之旋。日月升沉不出乎其外,蛟龙变化难逃乎其间(间,一作渊)。天地包藏乎玄奥,百宗(宗,一作川)聚会于自然。千年思禹功之浩大,我曾得平土而桑田。

滚龙洞后,石壁上有明朝武进士周鲁从按台游此,题诗曰:

数数频来似有情,青山与我久要盟。

战(战,一作征)袍脱却浑无事,一曲瑶琴乐太平。

有登州高出《游鹤山观海市》作赋(本句,一作有登州才子高书来游,作《观海赋诗》),曰:

海水悠悠,风浪(风浪,一作潮风)飔飔。三山岛里,或(或,一作忽)烟村而树木;蓬莱阁下(下,一作外),乍城市而台楼。千丈蜃气,凌霄蔽日;百端幻景(景,一作影),变马成牛。波浪排空(此句,一作波溢浪涌),凭虚而建墙屋者,谁舍谁宿?岛屿远近(此句,一作岛远屿近),悬空而架桥梁者,焉往焉求?若有而若无,杳同姑射;可望不可即,鲛室蜃楼。神似瀛洲隐隐乎,虚坐(虚坐,一作卢生)归来;将迷归径几几乎,渔父出游。应失钓舟,此幻化而更幻,似浮云之犹浮;鲸鲵远望,疑是水晶宫阙,反覆而不定。蛟龙惊走,将谓城郭(郭,一作阁)人民,出没以无休。岂知水天一色之中,可以参消长之变化;而波光千里之内,即以悟进退之优游。大抵物无可滞,景无可留。瞬息变态,而或人或物,逐波涛以上下。俄顷改观,而为山为谷,随鱼虾以沉浮。来不知兮何故,去不知兮奚留(奚留,一作何由)。东风飘兮,云垂而烟起;北水流兮,阵卷而兵收。海阔兮天空杳杳,鸢飞兮鱼跃休休。悄悄兮一梦觉,滚滚兮水乱流。徘徊兮满目滔滔,独上扁舟兮独垂钓钩。

又有摸钱涧。里人相传,前朝有一李道名灵仙,收瞽目徐复阳为徒,掷钱九文(文,一作枚)。令复阳每日山涧去摸,一年得三文(文,一作枚),三年摸完,目睛忽开而明矣,功果圆满,飞升挂号(此句,一作遂得飞升)。因灵仙道传废人,上触天怒,罚灵仙刀下飞升。灵仙即晓天机,值墨邑有解因犯至省处斩者,从之中途。夜间,酒醉解役,放因,自缚替犯赴斩。及斩时,白气冲天,天鼓忽响(忽响,一作响鸣),复阳云中大叫曰:"师傅随我来!"监斩官疏奏误斩神仙。自此,墨邑明朝犯人拟斩者,只陪决而不处决也(一作,只处决而不陪决也),相传是说者不妄也。

东面有大管岛,洞壁石二景甚佳,北有田横岛,有五百义士之墓,是予明崇祯甲申年避土寇逃难之处，地阔而土肥。岸西有巘山，南北二十余里，皆玲珑隙孔（孔，一作空），避东兵者，有自南头穿至北头者数千人，皆得全而无恙也（此句，一作悉得无恙）。惜乎！未往一游耳。

鹤山之前，有户部黄振侯山庄，即鹤亭养鱼池，客庭匾题曰"快山堂"。茂竹幽亭，可堪坐赏，不可舍此而过焉。西转而有郑康成书院，道行于此，有篆叶楸、书带草，古迹尚存。相近而有朗生黄先生之山庄，名邋遢石者。楼台四面不过人功，而秀山古松不可胜数，是吾邑第一山庄也。

观此毕矣，仍归儿女孽障、名利苦海、是非场中矣。何不居深山之中，与木石居，与鹿豕游，无荣无辱，付理乱于不闻，以终天年也哉！

游崂山客作

山窦山路靠山埃，山客山僧迎山来。山花山果山景好，山桃山李满山开。

再续景于后

夫人幼而闭之一室，长而不能名一物，可谓枉生一世矣。予生山陬海隅，未出而游名山大川，诚井底蛙也。诚齐人也，知有管仲、晏子而已，知有崂山、东海而已。然崂山一带，皆笔架尖峰，巍秀爱人。太平宫之东南有名棋盘石者，路远而地僻，闻其景甚佳，今生或不能到矣。更有梯儿石等处，皆有好景，未到焉。三标山，亦望之而未近前焉。又华楼之东南，有石门山，景致甚佳，未去一瞻，予心有憾。南海边有一浮山，面前有古迹岛，耐冬树有合抱大者。渔人常砍花枝为柴，满船载来，真打杀麒麟之辈也。浮山从未一登，亦予生之缺玷焉。面东海滨有一石老人，酷似人形，奇怪异常，文人墨士一见未有不题咏赞赏者。惜乎，诸公兴短日长，而未得往。

附游崂山程

自即墨城四十里至华阴，东北二里至黄石宫，约二里至中□□宫，又二里至老君堂，自北而南十里至华楼，上有南天门、金□泉、老师傅坟、仙人壳、玉女盆、天液泉、梳洗楼、高家崮皆华阴景。□□六里许至神清宫，二里至大崂观，自一水约十里至九水，十□□石龙口，回至七水，由土堑岭二十里至王哥庄。自王哥庄修真庵六七里至太平宫，又十五里至华严庵，至那罗岩窟，复回庵，三十里至青山，十五里至八仙墩、张仙塔。

又一路

自县城四十里至石门莲花庵、旱河、登窑、烟云涧、砖塔岭，上有金壁洞、铁瓦殿，上有慈光洞、老君洞、白云洞、上庵、自然碑、七星楼、元始台、绝顶、午山、浮山。

民国二十年五月依安丘传抄本校补 丁稼民 识

清乾隆
《山东海疆图记》点校

中国国家图书馆藏本

说　明

据《中国古籍善本书目》记载,《山东海疆图记》有两个版本。《山东海疆图记》(五卷首一卷),清乾隆时期胡德琳、王尚珏辑,清抄本,现藏于南京大学图书馆。《山东海疆图记》(九卷),作者不详,清抄本,现藏于中国国家图书馆。因南京大学图书馆藏本不易见,且仅余卷首一卷,内容不全,因此以中国国家图书馆藏版本进行编校研究。

对照两版本后发现,南京大学图书馆所藏的《山东海疆图记》(五卷首一卷),其凡例前半部分与国家图书馆所藏的《山东海疆图记》(九卷)凡例内容一致。因国家图书馆所藏的《山东海疆图记》(九卷)一书,凡例部分仅余八列,后面注明"原书缺页",故根据南京大学图书馆所藏的《山东海疆图记》(五卷首一卷)的凡例内容予以补齐。

同时,根据国家图书馆所藏的《山东海疆图记》(九卷)卷三《地利部·鱼盐志》所载"今就四十六年登郡各县牒所列之船筏书之"等内容,"四十六年"系"当朝四十六年"之缩略,而清代各年号中,多于"四十六年"的仅有康熙、乾隆两朝,而文中又多载康熙之后的事件,故此处"四十六年"为乾隆四十六年(1781)。

作者简介

　　胡德琳,生卒不详,字书巢,祖籍安徽休宁,迁居广西临桂(今广西壮族自治区桂林市临桂区),清藏书家。乾隆十七年(1752)进士,授四川什邡知县,补山东济阳知县、历城知县,擢济宁州知州、东昌府知府、莱州知州、登州知州、济南知府,署山东粮储等职。后被罢官,执教于曹州书院,培养后进无数。喜以诗文会友,为官每至一地,搜罗当地文献,聘任地方文人编修地方志,先后主持编纂有济阳、历城、济宁、东昌等地地方志。与李文藻等人为知交。爱好藏书,编纂方志时,收集了大量地方史料,私人收藏亦具规模。有"碧腴斋"藏书处,家所蓄书籍堆满房间,因无暇整理,以至于来访者无坐立之地。自己自嘲为"书巢"。曾取杜甫诗句刻有一藏书印为"安得广厦千万间,大庇天下寒士俱欢颜"。著有《碧腴斋诗》《东阁闲吟》《书巢尺牍》《西山杂咏》《燕贻堂诗文集》等。

　　王尚珏,字若宋,生活于清乾隆嘉庆年间(1736—1820),嘉兴人,曾长期流寓广西,任太平府(今广西崇左)县丞,寓柳州,复于桂林等与李宪乔、李秉礼等多有交流,为广西诗会一重要人物。

凡　例

一、旧时诸志中,皆列"海防"一门。予谓"海防"一名,盖为明时御倭而设。今当海不扬波之盛世,既合中外而为一家,尚复何事于"防"？况山东海上无潮汐冲决之虞,非若两浙时有筑塘捍御之役,盖江河皆可云"防"。两浙之海,亦可以"防"目之,而东海之"防",可以不设,故以"海疆"名篇。

二、近来志州、郡之书,前后叙次皆可互易增损。阅者茫不知其意绪所存,盖立言贵乎有序。今窃用孟子"天时、地利、人和"之说而稍变其序,分为三大纲。盖方书必详地势,故"地利"为先;"天时"则因地而异者也,故次之;"人事"则又酌乎天时、地利以致其宜者,故又次之。至于纲中之目,备详小序,虽不敢自谓纲明目张,或亦可免于杂乱无章之诮云。

三、旧时序次,海道皆南自安东,北迄海丰,盖元代海运实自南而北。明时倭寇最重安东,为东境第一门户。防御之法,宜自南始,故序次如此。今既不能设备,只言形势,则地气自北而南。且王畿在北,自宜由内以及外,故序次海道悉由北始。

四、历代建议海疆利弊,计周虑远,卓卓可传也。他志往往别立"艺文"一目,胪载之。予不另标明类,凡有关于海上之事者,即分系于诸志之后,至于名山、旧迹、诗文、纪胜,虽无□于治体,然地以人重,有不可尽没者。故凡前人诗、赋、序、记,悉附著焉,非徒资考挽,且以广多闻阅□,幸毋谓其择焉而不精也。

（注:原书自第二条"孟子"二字后皆缺失,今根据南京大学图书馆藏本补之。）

《山东海疆图记》目录

《山东海疆图记》卷一

地利部

　　自来志州、郡者，皆详地域。若夫渤澥，沧溟茫洋，不见端际，安所得言地利？然或指为北海，或指为东海，岂不以地有可凭，斯疆域攸判乎？故先之以水口、山岛之目，以定其形势；继之以道里、延袤之数，以便夫往来；终之以鱼盐之利，以见其生殖之繁；而总目之为地利志；庶使防海者得因是施其区画。盖亦所谓行政，必自经界始也。

水口志

　　刘熙《释名》云：海，晦也。主承秽浊，其水黑如晦。一曰天池，以纳百川者也。盖海之承纳者，广矣。志海而不及所承纳之水，是沿流而忘其原矣。况原流备悉，则通塞之因度有方；而出入之防御，亦得其宜因。就海道所经之地，举凡川泽委输水，一一循其方位，次第书之。至于支流、细港，固不能无遗漏云。

　　山东，固表海之国也。东北、正东、东南，凡三面滨海，经武定、莱州、登州、青州、沂州五府，于汉郡国时为渤海、北海、东海之地，古称小海，又曰少海。《博物志》云：东海之别有渤澥，故东海共称渤海，又通谓之沧海。他处之海，色多浑黄，此独望之澄碧。殆《十洲记》所谓东有碧海者耶！其西北与直隶之庆云相接，南则与江南之赣榆交流，北达奉天，东为大洋，直抵朝鲜诸国。

　　海水自直隶庆云县祁河口以东入山东境，为武定府海丰县之大沽口，是为黄河故道，即唐永徽元年刺史薛大鼎请开之无棣沟也。其上流则自直隶元城县入山东冠县境，至乐陵复由直隶盐山来注。旁有自然泉，海水味咸而此井独甘洁，舟行者取给焉。《齐乘》引《元和志》谓：海浦旁有一沙埠，高丈余，俗呼斗口淀。济水入海，与海潮相斗，故名。淀上有井，极甘。海潮不能没，未知即此否？由大沽河而东则有鬲津（九河之一）、笃马（亦名马笃，见《汉志》）、马颊（唐时黄河故道，因导水笃马河，故亦有马颊之称。非禹迹也）。诸水会注之，其地曰沙土河口。又东南经沾化县东北之大洋堡口，一名绛河口，盖漯水故道，今名徒骇河者是也。水自朝城县西南诸陂，导流东北来注之。又东南历滨州，经利津县东北之牡蛎嘴，即大清河口。汉时，河水经流至于千乘者，是也。《省志》谓元、明海运皆由此出口。又东南经蒲台县东北，又东为青州府博兴县、乐安县，东北有小清河口，即古济水入海处（阎百诗曰：自汉至隋唐，惟有济水，杜佑始有清河之名，宋南渡后，始有大、小清河之分）。而淄河（原出莱芜县原山）、北阳河（原出益都县九回山）、孝妇河（原出博山县颜文姜祠下），诸水同会于马车渎来注之，今其地曰淄河门。又东南经寿光县东北七里庄，为巨弥河口，一名唐渡河。水出临朐县南沂山，东北流来注之。又东南至莱州府之潍县，为大于河口，为白狼河口。大于河则上承大、小二丹河，尧河、跪河诸水同入。白狼河，有小于河水入之。又东昌邑县北，为潍河口。水出莒州西北箕屋山，合百尺水、浯水来注之。潍，《汉志》或作淮，盖古人省文。潍字，或作维，或作淮，总一字也。土人名为淮河，谬矣！自淄河门以东，皆小港口。惟潍河口为大。《禹贡》所谓"潍淄其道"，盖指此二水也。今曰下营口，旧为商船出入之所。乾隆三十七年，议令封禁，渐已淤塞。又东经莱州府治掖县西海沧口，即北胶莱河口也。水出平度州分水岭西流，折而北来，注其南流，由胶州之麻湾口入海。元至元初，莱人姚演议凿岭通漕，即此。时疏时止，聚讼纷纷，其说具载《海运志》中。又东为掖河水口，水自掖县南寒同山，西北流来注之。又东北为三山口，有万岁河水来注之。万岁河，在掖县城北三十五里，其北岸有万里沙祠。《史记·武帝纪》"祷万里沙"即此。《三齐记略》云：曲城（今属招远）东有万岁水，水北有万岁祠，即万里沙祠。又东朱桥河口，又东北经登州府之招远县西北，有界河口。一名东良口，水出莱阳县北芝山，北流来注之。又东北经黄县西北龙口，白沙河水注之。又东北为黄水河口，水出栖霞县蚕山，西北合绛水河及蓬莱县之大沙河水来注之。又东经登州府治蓬莱县之西北，有孙家、栾家、西望庄、西山四口。又东经丹崖山下，为石落口，一名新开口，北与奉天之旅顺相望。新开口在备倭城内，为北汛水师营。宋庆历二年，郡守郭志高奏置刀鱼巡检，水兵三百戍沙门岛备御。每仲夏仍居鼍矶岛，以防不虞。秋冬还南岸，相传新开口即旧屯刀鱼战棹之所。明洪武九年，知州周斌奏设登州卫置海船运辽东军需指挥使，以河口浅隘，奏议挑浚，绕以土城，北砌水门，以抵海涛。南设关禁，以讥往来(《明史·水利志》:洪武八年,开登州蓬莱河。正统十一年,筑登州河岸,当即指此)。其外为沙门岛,往来直沽者,必于此泊舟。盖海道咽喉之地(《太平寰宇记》云:登州西北至大海,当中国往新罗、渤海大路)。迤东有黑、密二水,从府治西北水门,合流注之。又东北为抹直口,相传,唐张亮伐高丽,南还,于此登岸。而西元为商贩渔捕出入之所。又东为湾子口,有安香河水来注之。又东为刘家旺口,为平畅口,为芦洋口。又东南经福山县北八角口,《宋史》:淳化四年,遣陈靖等使高丽,自东牟趋八角,即此。又相传有辽东孙氏兄弟八人,避难来此,分为八家,故亦名八家口。明神宗时,副使陶朗先开辽东运道,由此放舟。又东经县城东北为大姑河口,水出莱阳三螺山,合清洋、流子二河水来注之(原出巨齿山)。又东北有地悬入海中,曰之罘岛口。又东南经奇山所东北,又东南经宁海州城北清泉寨口,又东为龙门港口,有辛安河水来注之。又东为养马岛口,为金山寨口,有金水河入焉(齐召南云,尚有戏山、郝庆二港口)。又东经文登县北之双岛口,又东南威海司之龙王庙口,又东经荣成县之长峰口(一云在威海卫南)、朝阳口。又东经成山。成山地一线,北、东、南三面悬居海中。《省志》谓:此处怪石嵯峨,巨波汹涌,潮涨南流,潮退北流,水势湍激,涛声如雷,其海口名骆驼圈。海自成山之东折而西南,经山边西,至县城南之里岛口。始折而南,经龙口崖。距龙口崖五里,为始皇桥。又南养鱼池口,东汛水师驻此。又折而西而南为寻山所,东之青鱼滩口、家鸡旺口,又南而西为宁津所东北之桑沟口。又东北而南而西南,经斥山寨东南之石岛口。又西南为马头嘴口,为朱家圈口,为柳埠口,为靖海卫南之龙王庙口。又西折而北为文登县南之望海口、长会口,有高村河水入焉。又西为五垒岛口,有郭家河会母猪河水来注之。又西经海阳县境为窑头口。为□□口。有薰河水来注之。又西为黄岛、为南洪、西洪、乳山四口。乳山口,一名琵琶口,有大河水自宁海州西南山来注之(大河水与辛安河水同出一山,其北流则为龙门港口,与南北胶河形势无异)。又西南经海阳县城西之徐家口、羊角盘口、朝里口、鲁家口、丁字嘴,又西折而北为迟家嘴,为大山所。又西经行村口,旧名高丽戍。《寰宇记》曰:魏司马懿讨辽于此置戍,故名。金时筑以防海。又南有地悬入海,曰何家口。又西经莱阳县之李家口,北为羊圈口,五龙河水注之。五龙河上承栖霞县艾山南麓之西大河(其北流即黄水河,至黄县入海。与此河仅隔一冈,亦分水岭也),合九里河、莱阳县河、陶章河、昌水河之水而五,故名五龙。又西曲入为金家口。旋折而南为齐家口,又东南经雄崖所,又南经即墨县王村岛之坡子口东,又西有渚曲入曰巉山口,曰臧村口。又西南经鳌山卫东南,又南经县东南境劳山东登窑口。又折而西经浮山所南,有青岛口。又折而北至县西南之女姑口,墨水河注之。自雄崖所西南来所历之巉山、鳌山卫、劳山,皆三面悬居海中。水程屈曲,湾环盖如螺旋,而波涛又险恶。又西北经东南之会海口、麻湾口,水出平度分水岭,东南流至胶州之夹河套,会大小姑河来注之(大姑河,发源黄县蹲犬山;小姑河,发源掖县马鞍山,即《左传》所谓姑尤以东之姑水也),即南胶河也。又西北经州城南之小河、大河、头营子、洋河四港口,其东南曰古积洋,即东海大洋也。头营子,今为南汛水师游击驻扎之所。又南经大珠山,有古齐长城。环临海崖旁为小珠山,有错水来注之。又南经灵山卫之唐岛口,又西为大湾、古镇二口及夏河所。又西经琅琊山,则为青州府境。又西为龙湾、董家、宋家三港口。又西南经沂州府日照县县东南之龙汪口、石臼所。又西经县南夹仓口,有固河、传疃河水合流来注之。又西为涛雒、涨雒二口,涨雒口有竹子河水来注之。又西南为岚山口,经安东卫西南之荻水口,以达于江南海州之赣榆县境。

凡历州县所辖之境二十有五,计水程二千四百里有奇。其现为商船出入稽查税务之口,则有海丰之大姑河口(县东一百五十里),利津之牡蛎口(县东北一百二十里),掖县之海庙口(县北十八里)、小石岛口(县西北九十里)、三山口(县东北八十里),黄县之龙口(县西四十里)、黄河营口(县北二十里),蓬莱之天桥口(县北三里),福山县之八角口(县西四十五里)、之罘口(县东五十里。又有大河海口,距县十五里,近因沙淤水浅不可通,或水涨时间有停泊),宁海州之清泉口(州西北五十里)、养马口(州正北十里)、戏山口(州东北十五里)、金山口(州东北四十五里,又有龙门港口,在州西北二十里。浪煖口在州东南一百四十里,久经淤塞),文登县之双岛口(县北九十里)、威海口(县北九十里)、长峰口(县北八十里)、马头嘴口(县东南一百里)、朱家圈口(县南一百里)、龙王庙口(县南一百二十里)、望海口(县南五十里)、张家埠口(县南五十里)、长会口(县南六十里)、五垒岛口(县南七十里),荣成县之石岛口(县南一百三十里)、里岛口(县南三十里)、养鱼池口(县南十里。又有青鱼滩口、倭岛口、龙崖口,间有船只,采取薪水,无停泊者),海阳县之桃林口(县西七十里行村乡)、乳山口(县东八十里),莱阳县之蠡岛口(县南九十里),即墨县之金家口(县东六十里)、女姑口(县西南五十里),胶州之塔埠口(州□□□里),诸城县之宋家口(县南一百二十里)、董家口(县东南一百二十里),日照县之龙汪口(县□□□里)、夹仓口(县东南二十里）、岚山口（安东卫东南二十里），凡四十所。其仅可为渔筏往来者，水口既小，礁沙填塞，或偶遇水涨，间可停泊及可避风者，不能一一详考备记。

晋 木华《海赋》：

昔在帝妫臣唐之世，天纲浡潏，为涧为瘵；洪涛澜汗，万里无际；长波涾𣸣，迤涎八裔。于是乎禹也，乃铲临崖之阜陆，决陂潢而相浚。启龙门之岩嶺，垦陵峦而崭凿。群山既略，百川潜渫。决澘澹泞，腾波赴势。江河既导，万穴俱流，掎拔五岳，竭涸九州。沥滴渗淫，荟蔚云雾，涓流决瀜，莫不来注。

于廓灵海，长为委输。其为广也，其为怪也，宜其为大也。尔其为状也，则乃浟湙潋滟，浮天无岸；浟溶沆瀁，渺弥淡漫；波如连山，乍合乍散。嘘噏百川，洗涤淮汉；襄陵广舄，浽瀁浩汗。

若乃大明摙辔于金枢之穴，翔阳逸骇于扶桑之津。晷沙礜石，荡飏岛滨。于是鼓怒，溢浪扬浮，更相触搏，飞沫起涛。状如天轮，胶戾而激转；又似地轴，挺拔而争回。岑嶺飞腾而反覆，五岳鼓舞而相磓。涓渍沦而淈漻，郁㶇迭而隆颓。盘盂激而成窟，㵫㴔溁而为魁。泂泊柏而迤飔，磊匒匌而相豗。惊浪雷奔，骇水迸集；开合解会，瀼瀼湿湿；葩华蹙沑，浽泞溇溞。

若乃霾曀潜消，莫振莫竦；轻尘不飞，纤萝不动；犹尚呀呷，余波独涌；澎濞灪礚，硙磊山垒。尔其枝岐潭瀹，渤荡成汜。乖蛮隔夷，回互万里。

若乃偏荒速告，王命急宣，飞骏鼓楫，泛海凌山。于是候劲风，揭百尺，维长绡，挂帆席；望涛远决，囘然鸟逝，鹬如惊凫之失侣，倏如六龙之所掣；一越三千，不终朝而济所届。

若其负秽临深，虚誓愆祈，则有海童邀路，马衔当蹊。天吴乍见而仿佛，蜮像暂晓而闪尸。群妖遘迕，眇睞冶夷。决帆摧橦，戕风起恶。廓如灵变，惚恍幽暮。气似天霄，嗳䨴云布。霪昱绝电，百色妖露。呵嗽掩郁，曛睞无度。飞涝相磢，激势相沏。崩云屑雨，浤浤汩汩。跳踔湛藻，沸溃渝溢。濩洟濩渭，荡云沃日。

于是舟人渔子，徂南极东，或屑没于鼋鼍之穴，或挂胃于岑崴之峰。或掣挈泄泄于裸人之国，或泛泛悠悠于黑齿之邦。或乃萍流而浮转，或因归风以自反。徒识观怪之多骇，乃不悟所历之近远。

尔其为大量也，则南瀹朱崖，北洒天墟，东演析木，西薄青徐。经途瀇滉，万万有余。吐云霓，含龙鱼，隐鲲鳞，潜灵居。岂徒积太颠之宝贝，与随侯之明珠。将世之所收者常闻，所未名者若无。且希世之所闻，恶审其名？故可仿像其色，礧礧其形。

尔其水府之内，极深之庭，则有崇岛巨鳌，岊峴孤亭。擘洪波，指太清。竭磐石，栖百灵。飑凯风而南逝，广莫至而北征。其垠则有天琛水怪，鲛人之室。瑕石诡晖，鳞甲异质。

若乃云锦散文于沙汭之际，绫罗被光于螺蚌之节。繁采扬华，万色隐鲜。阳冰不冶，阴火潜然。熺炭重燔，吹炯九泉。朱燉绿烟，瞹眇蝉蜎。珊瑚琥珀，群产接连；车渠玛瑙，全积如山。鱼则横海之鲸，突抏孤游；戛岩嶅，偃高涛，茹鳞甲，吞龙舟，噏波则洪连踧踖，吹涝则百川倒流。或乃蹭蹬穷波，陆死盐田，巨鳞插云，鬐鬣刺天，颅骨成岳，流膏为渊。

若乃岩坻之隈，沙石之钦；毛翼产鷇，剖卵成禽；凫雏离褷，鹤子淋渗。群飞侣浴，戏广浮深；翔雾连轩，泄泄淫淫；翻动成雷，扰翰为林；更相叫啸，诡色殊音。

若乃三光既清，天地融朗。不泛阳侯，乘蹻绝往。觌安期于蓬莱，见乔山之帝像。群仙缥眇，餐玉清涯。履阜乡之留舄，被羽翮之襂纚。翔天沼，戏穷溟；飘有形于无欲，永悠悠以长生。且其为器也，包乾之奥，括坤之区。惟神是宅，亦只是庐。何奇不有，何怪不储？茫茫积流，含形内虚。旷哉坎德，卑以自居；弘往纳来，以宗以都；品物类生，何有何无。

唐太宗《春日望海诗》：

> 披襟眺沧海，凭轼玩春芳。积流横地纪，疏派引天潢。
> 仙气凝三岛，和风扇八荒。拂朝云布色，穿浪日舒光。
> 照岸花分影，迷云雁断行。怀卑运深广，持满守灵长。
> 有形非易测，无原讵可量。洪涛经变野，翠岛屡成桑。
> 之罘思汉帝，碣石想秦皇。霓裳非本意，端拱且图王。

唐 白居易诗：

海漫漫，直下无底旁无边。云涛烟浪最深处，人传中有三神山。
山中多生不死药，服之羽化为天仙。秦皇汉武信此语，方士年年采药去。
蓬莱今古但闻名，烟水茫茫无觅处。海漫漫，风浩浩，眼穿不见蓬莱岛。
不见蓬莱不敢归，童男丱女舟中老。徐福文成多诳诞，上元太乙虚祈祷。
君看骊山顶上茂陵头，毕竟悲风吹蔓草。
何况玄元圣祖五千言，不言药，不言仙，不言白日升青天。

宋务光诗：

旷哉潮汐池，大矣乾坤力。浩浩去无际，沄沄深不测。

崩腾翕众流，瀸浃环中国。鳞介错殊品，氛霞饶诡色。

天波混莫分，岛树遥难识。汉主探灵怪，秦王恣游陟。

搜奇大壑东，竦望成山北。方术徒相误，蓬莱安可得。

吾君略仙道，至化孚淳默。惊浪宴穷溟，飞航通绝域。

马韩底厥贡，龙伯修其职。粤我遭休明，匪躬期正直。

敢输鹰隼威，以问豺狼忒。海路行已殚，辀轩未遑息。

劳歌元月暮，旅睇沧浪极。魏阙渺云端，驰心附归翼。

高适《和贺兰判官望北海》诗：

圣代务平典，辀轩推上才。迢遥溟海际，旷望沧波开。

驷牡未遑息，三山安在哉？巨鳌不可钓，高浪何崔嵬。

湛湛朝百谷，茫茫连九垓。把流纳广大，观异增迟回。

日出见鱼目，月圆知蚌胎。迹非相像到，心以精灵猜。

远色带孤屿，虚声涵殷雷。风行越裳贡，水遏天吴灾。

揽辔隼将击，忘机鸥复来。缘情韵骚雅，独立遗尘埃。

吏道竟殊用，翰林仍忝陪。长鸣谢知己，所愧非龙媒。

独孤及《观海》诗：

北登渤澥岛，回首秦东门。谁尸造物功，凿此天池源。

濆洞吞百谷，周流无四垠。廓然混茫际，望见天地根。

白日自中吐，扶桑如可扪。迢遥蓬莱峰，想像金台存。

秦帝昔经此，登临冀飞翻。扬旌百神会，望日群山奔。

徐福竟何成，羡门徒空言。唯见石桥足，千年潮水痕。

李峤诗：

习坎疏丹壑，朝宗合紫微。三山巨鳌涌，万里大鹏飞。

楼写春山色，珠含明月辉。会因添雾露，方逐众川归。

元 于钦《齐乘》：

海岱惟青州。谓东北跨海，西南距岱。跨小海也，本名渤海，亦谓之渤澥，海别枝名也。盖太行、恒岳、北徼之山循塞东入朝鲜(今高丽)。海限塞山,有此一曲。北自平州碣石,南至登州沙门岛,是谓渤海之口,阔五百里。西入直沽几千里焉。汉王横乃谓九河之地,沦为小海。然则唐虞之时青州跨海者,跨河海耶?且海溢出浸数百里,河自秦汉以来,青、兖、营、平郡县不闻有漂没去者,足证横失海溢者有之。横言之过也。近世《蔡氏书传》、金履祥《通鉴前编》皆祖横说。又谓小海所谓沦青、兖北境,悉非全壤,岂二州北境有荒漠,弃地为海,所渐而历代信史不之书耶?无是理也。盖因委九河于海中,指碣石在海外,遂有此说。今青境无缺,兹不必辨。古兖之地,自今济南以西,北包滨、棣、沧、瀛,带雄、鄚,西襟深、冀,南绕曹、濮,东括鲁、郓,四至亦不狭矣。在春秋战国其地瓜分,后世从而小之未详考也。金氏又云,碣石有二:在高丽者左碣石;在平州者正《禹贡》之右碣石也,乃今沙门岛对岸之铁山,正当渤海之口。果为右碣石,则唐虞之时青、兖东北直岸大海,无渤海矣!此又可信耶?今齐境东南则日照、即墨、胶州,正东则宁海、登州皆岸大海;东北则莱、潍、昌邑,正北则博兴、寿光,西北则滨、棣二州,皆岸渤海云。

明 薛瑄诗：

骢马晓辞莱子国,北上高岗俯辽碣。辽碣万里天风寒,山溪二月凌澌结。
空濛极目春无边,春涛涌涌含春烟。还从绝顶下长坂,高城忽起沧溟前。
沧溟倒浸红楼影,通衢四达尘埃净。已应持节是明时,况复观风得佳境。
天空海阔霜台高,霜台逸思何飘飘。巨鳌负山真浪语,大方见笑非虚谣。
乾坤俯仰高歌起,有物无名大莫比。瀛海茫茫何足夸,直是人间一泓水。

王世贞《与僚佐观海诗二首》：

携君跃马最高峰,海色苍然尽汉封。落日层波明玳瑁,青天孤屿削芙蓉。
洲边大海仙人口,浦外灵槎使者逢。起看白云出天矫,不知何事但从龙。
悬梯阁道倚蓬莱,地尽山空鸿雁回。日似海珠人捧出,山疑秦帝石驱来。
千秋未假徐生药,六月长留袁绍杯。为语异时陵陆改,始知尘世有仙才。

国朝 施闰章诗：

苍茫登海峤,恍惚异人间。岛屿浮天碧,珊瑚照日殷。
鲸波横作岸,蜃气或成山。的的群仙见,蓬壶不可攀。

刘以贵诗：

纵观东海与天通，岂容蠡测量神功。地比中国还有九，环以大瀛水色黝。

鲸鱼身长二千尺，怒随潮上离窟宅。扳取鲸牙大于橼，骨节专车今犹昔。

齐谐志怪何足怪，海上异闻迭有获。虾须如竿惊舟子，夜起火光照水赤。

大块噫气自喷薄，呼吸潮信雪浪拍。视月盈虚磁引针，子母相从无改移。

海涌旭曜人浪说，直凭目力决黄雌。日广坤维六千倍，海底难容伊谁知。

骨利干脾熟即曙，雪山三更见朝曦。坎水常流兑刚卤，润下作咸演自箕。

日行周天绕地走，岛民攀屿漫相窥。鼍吼波涛撼山陵，芃芃禾黍畏咸疑。

万壑宗兮百谷纳，鱼饮海水人不能。物性差异原如此，莫效夏虫诧疑冰。

赵执信诗：

洗眼见云海，前期未参差。心目忽一豁，神情恍四驰。

大地直前赴，高天欹下垂。颠波从东来，神山竞西移。

斜日万里碧，寒风十月吹。半生在坎井，跬步临津涯。

蠡测亦云妄，桴泛将安归。玄虚倘可作，词赋犹能追。

前人《泛海言怀》诗：

忽登万斛舟，如蹑长鲸背。寄身入无涯，旷览乾坤态。

潮动风色遒，棹急云光碎。潜随元气游，迥出人境外。

千山相簸扬，六合欲横溃。顿觉丧吾我，何知齐小大。

幼安漂泊久，谢傅襟情在。谁发小海讴，回帆引雄概。

《山东海疆图记》卷二

地利部　山岛志

蟠峙于海涯者,有山。孤悬于海中者,有岛。皆海邦所恃以自固而亦舟行者,所借为表志者也。山东之海,自海丰以至莱州,不临大洋,皆沙港平衍,无大山为限制。惟沾化有久山,特培塿耳。逾莱以东,则山岛参错,礁沙危暗,所在皆阨塞险要之区。内可以自守,外可以御敌,是不特舟行者,所当备考而知其趋避之宜。抑亦任海疆者,所宜烛照焉,以为筹备者也。

久　山　在沾化县东北七十里大姑河口。相传秦始皇筑此以镇海口,旧设巡检司,今裁。

禄　山　在掖县西北五里。《莱府志》谓:峰岭高峻,北凌沧海,常有烈风暴雨之异。上产温石,可为器。

三　山　在掖县北六十里海中。《史记·封禅书》:八祀,三山为阴主,即此。祠址尚存,临海有盘石,方圆五步,上有污樽,状若石盏。故老相传,秦始皇于此凿盏,以盛酒醴,祈祭百神。《齐乘》云:在郡治北二十里。《汉志》:秦祠八神,四曰阴主,祠三山。《寰宇记》曰:在掖县北海之南岸。颜监谓即三神山者,非也。《汉志》曰:蓬莱、方丈、瀛洲,此三神山者,其传在渤海中。则三山乃蓬莱、方丈、瀛洲之总称,岂海岸之三山也?

宋　苏轼《过莱州雪后望三山》诗:

> 东海如碧环,西北卷登莱。云光与天色,直到三山回。
> 我行适仲冬,薄雪收浮埃。黄昏风絮定,半夜扶桑开。
> 参差太华顶,出没云涛堆。安期与羡门,乘龙安在哉。
> 茂陵秋风客,劝尔挥一杯。帝乡不可期,楚些招归来。

虎头崖　在掖县西二十里。每春夏间,天津各处渔船皆在此捕鱼。崖东西有碎石，舟行宜避。

国朝 王士禄《虎头崖观奇石歌》：

虎头之崖渤海隅，共言奇绝天下无。我闻数思褰裳去，风尘羁绁空嗟吁。

昨者得暇事幽讨，海风十里吹眉须。到来拄杖沙侧侧，周顾果尔形模殊。

横堆数拳紫靺鞨，斜进寸丈黄珊瑚。更有怒猊如雷势，欲突壁者翡翠苍。

鹧鸪宛然杨氏五，花队纷然奇错丽。

且都又如夫差黄池阵，如火如墨还如荼。

侧闻嬴皇鞭石渡海水，秦桥如指通瀛壶。

如何此石偃蹇龙宫蛟室侧，咫尺不受神人驱。

吾家游囊岳图旧阔幅，署名记是蓝田叔。

岳色各各随其方，青元朱白中黄簇。无乃妙画果通灵，风雨奔腾向山麓。

野人有圃郊郭东，残山碣石开玲珑。安得愚公移此去，斑然互峙荒庭中。

峿屺岛 在黄县西北四十里。虽以岛名，然有沙路可通。根连陆地，上有淤田茅屋。《登府志》谓：莱人作牧之地。相传为明勋臣牧马场。

田横山 在蓬莱县西北三里。汉韩信破齐田横，与其徒五百人退保海上，栖此。即墨县亦有田横岛，盖奔窜非一处耳。明神宗癸巳，因倭警，调浙兵戍登州，置城垣、廨宇，今废。

明 陈凤梧诗：

苍山迢递白云间，高出丹崖迥不凡。西北天空浮海水，东南地尽送风帆。

层台上倚田横寨，峭壁下临珠子岩。欲构孤亭撑绝顶，烟霞深处可能攀。

国朝 赵执信诗：

骨换黄金赤骥趋，何烦绝海觅龙刍。但令和氏能知玉，谩道齐门总滥竽。

舍客三千两鸡狗，岛人五百一头颅。凭谁寄问重瞳子，死到虞兮更有无。

珠玑岩 在田横山下。石壁千尺，水中有小石，状如珠玑，或如弹丸，岁久为海浪所磨，圆莹可爱，俗呼为弹子涡。宋苏轼知登州日，尝取数百枚，养石菖蒲且作诗，遗垂慈堂老人。

宋 苏轼诗：

　　蓬莱海上峰，玉立色不改。孤根捍涛天，云骨有破碎。

阳侯杀廉角，阴火发光采。累累弹丸间，琐细成珠珥。

阆浮一沤耳，真妄果安在。我持此石归，袖中有东海。

垂慈老人眼，俯仰了大块。置之盆盘中，日与山海对。

明年菖蒲根，连络不可解。倘有蟠桃生，旦暮犹可待。

明 王世贞诗：

昔闻蓬莱顶，神仙好围棋。争道不相娱，散掷东海湄。

海若鼓泽涛，为汝作玉师。历落涵天星，皎镜支汉机。

数惊骊龙顾，或起陵阳悲。我无菖蒲根，杯水浴置之。

岂必真壶峤，方圆亦参差。宇宙在一掬，芥子为须弥。

姜侯蟾翁裔，服食宿所宜。他日访三神，煮以疗我饥。

左懋第诗：

水拍青天涛卷雪，石峰片片皆奇绝。浮白狂歌长吉诗，元气茫茫收不得。

国朝 沈廷芳《和左萝石韵》诗：

赤脚炎天踏冰雪，千年珠珥洵奇绝。晶光长耀海东隅，岩下骊龙擎不得。

前人《弹子涡》诗：

海天插水石如笏，忽肖怒涛势郁勃。留在波间作山骨，中有通水砼礧嵲。

双巨弹子相磨汨，祖龙欲鞭鞭不得。生此莫计万岁月，顷乘长风驾云帆。

攀扳登岸凌巉岩，俯视窈深宛在撼。试尝水味仍作咸，若龙遗卵质不凡。

移置隔宿剑合函（人有以弹子石携置他所者，隔宿仍归涡内），坡仙频访忘巉岩。

爱之不异耽香馋，余亦痴兴弗可芟。匹聆古乐逢英咸，品题奚止玉与瑊。

归躅石顶胜野麕，潮平一色春蕉衫。

丹崖山 在蓬莱县北二里许。水城环峙其上，东西两面石壁巉岩。上有蓬莱阁、海潮庵、海镜亭及半仙、狮子等十三洞。秀丽奇绝。蓬莱阁之旁有苏东坡祠，多名人题诗石刻。按《省志》，谓泰山之脉，自辽东旅顺铁山，龙脊伏海底，至此隆起分支。则此山乃为东省诸山之祖脉也。

宋 朱处约《蓬莱阁记》：

世传蓬莱、方丈、瀛洲在海之中，皆神仙所居，人莫能及其处。其言恍惚诡异，多出方士之说，难于取信。而登州所居之邑曰蓬莱，岂非秦汉之君东游以追其迹，意神仙果可求也。蓬莱不得见，而空名其邑曰蓬莱？使后传以为惑。据方士三山之说，大抵草木鸟兽神怪之名。又言仙者，宫室伟大、气序和平之状，餐其草木，则可以长生不死。长往之士，莫不欲到其境，而脱于无何有之乡。际海而望，翕然注想物外，不惑其说者有矣。

嘉祐辛丑，治郡逾年，而岁事不愆，风雨时若，春蓄秋获，五谷登成，民皆安堵。因思海德润泽为大，而神之有俾，遂新其祠庙，即其旧以构此阁，将为州人游览之所。层崖千仞，重溟万里。浮波涌金，扶桑出日；霁河横银，阴灵生月。烟浮雾横，碧山远列，沙浑潮落，白鹭交舞，游鱼浮上，钓歌和应。仰而望之，身企鹏翔；俯而瞰之，足蹑鳌背。听览之间，恍不知神仙之蓬莱也，乃人世之蓬莱也。上德远被，恩涵如春，恍若致俗于仁寿之域，此治世之蓬莱也。后因名其阁曰蓬莱，盖志一时之事，意不知神仙之蓬莱也。

赵抃诗：

山巅危构倚蓬莱，水阔风长此快哉。天地涵容百川入，晨昏浮动两潮来。

遥思座上游观远，愈觉胸中度量开。忆我去年曾望海，杭州东向亦楼台。

明 潘滋《蓬莱阁赋》：

厥惟登州，在昔牟子。星分虚危，地接瀚海。出日之方。产药之窟，泉有温汤，城曰不夜。于是宁州开烟霞之洞，文邑筑望仙之台。庶几遇子乔于缑氏，接玉女于天台者也。于是楚之客而至齐者，言于齐伯："小人以吏事聘于诸侯，无所辱命。则必观蓬莱而归矣！"齐伯曰："诺！"谷旦惟差，辽左胥会，霜戟明弯，车哕建霓，旌飘羽盖。布自刀鱼之寨，经于沙门之宫。重岭巍危以岧峣，连冈閟间以龙嵸。垒透迤以层升，周寥寊而径至。览檀峦之秘偈，觌苍巘之绘事。薜蕾钩颉以倩俐，鼺鼬睒曘以腾漩。罔象闪価以窈窕，鳄螭菌踌而骈颠。于是鸣籁吹，华钟撞，肃龙妃，祠海王。尔乃置酒于晃爌之室，息燕于迢递之轩。斟琼浆之濯潆，蔌石华之蜷踷。为坻为湿，或履或船。三醴二酬，既沃既沾。于是停杯候潮，酾酒临浪，极目空阔，舒襟沆瀁。气漂泊以不风，天清泠而无云。夫何冯夷挥霍，阳侯渍渍。滔滔泄泄，悬濑襄汉；澎澎濞濞，流沫迸岸。泊硇旷以倾腾，囩崛岈而相陁。纷盘荡以激雪，匐赴势以奔雷。洞渹濭以迥飗，唱㳠溯而飞涝。恍蛇惊而鸟攫，歘龙踔而虎跑。斯可以为杰矣。则又有杰者，于是西望诸山，大竹小竹，弥雾渺烟，峭壁无路，绝壑连天。大洋半洋，案衍亹曼，千巣百皋，穷之无端。其上则翡翠、孔雀、鹁鸽、雎鸠，其下则白虎、赤狐、驳马、骊牛。其华则雁红、枸杞、薏苡、薜芜，其树则楂梨、橡栗，其土则丹青、雌黄、锡壁、金银，其石则赤玉、元历、玫瑰、琳珉。斯可以为宏矣。则又有宏者，于是，重城言言以中峙，大海汤汤以回还。似芙蓉之出水，数明珠之走盘。既星罗于八州，亦棋置于六卫。貔貅备倭之如林，冠带鸣弦而如缀。朱门烨于长衢，黄茆绵于广陌。驱罽织毯之乡，负盐黑齿之国。斯可以为奇矣。则又有奇者，尔乃凌丹崖而直上，抗蓬莱之所基。虹修梁以夭矫，猊穿柱之蹑跮。鱼麟切迭于重椽，虾须屈戍于绮疏。莽雾掩翳于藻井，朝阳炫射于金铺。于是拜扬神鳌以扬鬐，运大鹏而奋翮。青天荡荡，引舌可舐；匏瓜历历，举手可摘。启罘罳而流眺，叫闾阖以披胸。窥泰山之日观，招九疑之祝融。何大畜之天衢，信凭虚而御风。抚八埏于我囦，渺四渎于盂盎。虽身处江海之远，而心存魏阙之上。于是划然长啸，草木振恐，单衣无温，毛骨尽竦。尔乃揖客而下，洗盏更酌，杂坐岩楹，踦屦盘髀。握取石子，射覆纵谑。既而，碧云垂于员峤，明月出于西山。发商歌而互答，放白鹤以高骞。于是潘子顾谓客曰："今日之游，乐乎？"客曰："乐则乐矣，然而有所闻者未之见也，有所慕者未之遇也。"潘子曰："何谓有所闻者未之见也，有所慕者未之遇也？"客曰："昔蓬莱之仙，有安期生之出阜乡，麻姑之降蔡经此。而无之是虚名也，有而不见是虚行也。二者无一，焉而可。"潘子曰："异乎吾所闻！徐生、侯生入海求仙者，是方士之瞀也。文成死，栾大诛，明天下之无仙人者，是武之觉也。今吾与子之登是阁也，有所见，有所遇矣！太公之兴于营邱，尚其功也；鲁仲连之辞封爵，高其志也。韩信之军于潍水，屈其谋也；田横之入海岛，服其义也；孟子述先王之游观，止邪心也；仲尼之欲乘桴浮海，示有为也。今圣人在上，百臣咸能，天无烈风，海波不兴。岁丰人足，讼简刑清。于是致白雉于越裳，来肃慎之楛矢。内外向风，遐迩一体。然后作为雅颂，陈之清庙，告厥成功。书之竹帛，以垂无穷。此蓬莱之宝也。若夫流连之乐，神仙之事何足多乎。"客怃然避席曰："吾乃今得闻先王之风，愿敬受教无他。"

王世贞诗六首：

坐看红日映天鸡，曙色中原一瞬齐。雄观古来谁得似，昆仑高挂大荒西。

虚无紫气隐蓬莱，水落青天忽对开。已借鳌簪为岛屿，还从蜃口出楼台。

绛节秋逢鸾鹤群，安期遣信欲相闻。袖中亦有千年枣，不羡瀛洲五色云。

早晚苍龙自在眠，春波织就蔚蓝天。风雷忽卷秦桥去，日月还依禹碣悬。

万乘秋风屈布衣，沧桑今古定谁非。田横五百应如在，徐市三千竟不归。

君泛仙槎拟问津，我从东海学波臣。隋珠却坠双明月，鲸岛寒光夜夜新。

陶朗先诗：

蓬莱踪迹半虚真，杰阁峨峨俨若神。槛外浮槎还逼汉，石边短碣尚称秦。
苍茫海国悬东极，错落星芒动北辰。千古沧桑谁定是，止余鸥岛一相亲。

国朝 周亮工诗：

万派空明际，凭高昧所之。先生移我意，此水过吾师。
云堕千帆乱，波腾一岛移。神仙不可接，浩渺使人悲。

施闰章诗：

精舍俯丹崖，复阁眺穷发。眷兹物外游，宁辞云际歇。
日暝红霞散，洞阴瑶草发。缓带驭天风，临流坐海月。
洪涛争怒号，岛屿时出没。成连移吾情，安期逝超忽。
天鸡鸣中宵，白露如凝雪。

赵执信《蓬莱阁望诸岛歌》：

君不见，不周崩摧地维裂，东南海溅共工血。千山万山皆平沈，鳌撑无力海水深。

女娲拣石炼天色，余块累累向空掷。落处蓬莱浅且清，看当霜雪寒逾碧。
长山西接沙门长，鼍矶北去凌苍苍。牵牛灭没见尻臂，大竹小竹争颉颃。
或如星槎堕河汉，或如古鼎腾光芒。鱼鼍戢戢尽昂首，云霞历历森成行。
余者琐细不足数，鸥浮鹭立参微茫。雄观何年付高阁，丹丘县圃檐间落。
云卧分明见凤麟，天飞真拟骖鸾鹤。惊风飒飚碣石来，银涛连山中划开。
漂摇岛屿相摩戛，激荡海底生轰雷。登高望远心易哀，黄昏白日须臾催。
半城烟火下山路，身是仙人被放回。

前人《坡仙祠》诗：

> 五日登州守，千秋海市诗。蛟龙留胜迹，雨雪满荒祠。
> 才觉乾坤尽，名将日月垂。丹青余想像，漂泊识须眉。
> 岛翠堆虚牖，檐丝冒断碑。仙灵几延伫，山鬼强攀追。
> 黯淡苍苔气，凋残碧树枝。寿陵归国步，邻舍捧心姿。
> 遍选丹崖字，谁为黄绢词。寒山公独在，坐卧我于斯。
> 酒酹沧波远，吟耽夕照迟。方平有云驾，肯负执鞭期。

沈廷芳《蓬莱阁谒苏公祠即用公取石韵》：

> 人事有推迁，山海无移改。阁下千丈壁，洪涛冲不碎。
> 胡为先生祠，倾圮失光彩。享座埋烟尘，石颗乱珠排。
> 轩楹纵寥落，古像岿然在。平生爱临水，身后常面海。
> 群龙或来朝，幻蜃发润瑰。奇观底用祷，重到我欣对。
> 灵旗翻晴风，煦拂涔应解。再拜祝有年，新祠行可待。

胡德琳诗二首：

百川奔凑尽朝宗，云外长桥落彩虹。高阁凌虚天在水，小亭倚石地无风。
银涛春涨千山紫，蜃气斜阳万顷红。幻境当前人不觉，浪传贝阙现珠宫。

太虚一碧镜光平，坐久微闻浪有声。昼静艅艎虚远哨，春生岛屿已深畊。
丰碑欲堕羊公泪，奇论真怜楚客情。旧说梯航通万里，近传根本重陪京。

王尚珏《蓬莱阁谒苏公祠》诗二首：

本是乡邦旧使君（公曾守吾杭），瓣香有愿荐蒿焄。蜃楼创见惊霜晓，辽鹤遥飞怅海云。

漫说风流耽静乐，须知簿领切忧勤（静乐、难名、服勤、簿领，皆公《登州谢两府启》语）。

即看盐榷水军状（公有《乞罢登莱盐榷及议水军状》），俎豆何惭奕世芬。

已求阳羡毕余年，复爵登朝向此迁（见公《登州谢表》）。东海自矜归袖底（本公诗意），吟魂常许绕楼前。

摩挲残碣怀诗老,俯仰遗祠配水仙。漫拟迎神歌一曲,涛声为我佐丝弦。

漏天岩 在蓬莱县东三十里。海涯有岩石覆,下石孔如筛。冬夏水滴如漏,故名。

明　段璋诗:

梦里逢人说漏天,兴来携友共探元。不妨梅雨山头过,为有珠泉鸟道悬。
壁立光摇河汉影,风回声压水龙眠。匡庐瀑布当年兴,把酒高歌忆谪仙。

王言诗:

漏天遥向海东涯,漠漠轻烟护浅沙。悬峤未云晴亦雨,平潮浸石浪分花。
须知尘世俱成幻,始信沧波别是家。长日欲曛犹对酒,归途莫问去程赊。

西凤山 在蓬莱县东五十里。

朱高山 在蓬莱县东八十里。其山临海,产滑石。洪武二十七年移沙门岛巡检司于此。

崮　山 在蓬莱县南八十里。

海洋山 在福山县东北二十八里。北枕海滨,东抵大洋。

沙　山 在福山县北十里。顺治初风吹海沙所聚。今则高数十丈,东西展立如屏。清洋、大姑二河会流,于此入海。

福　山 三面皆山,独北无之,忽聚此山。形家谓:锁两河水口,能避阴风而聚阳气。有裨于邑,非浅。

之罘山 在福山县东三十五里。连文登界。汉《地理志》:东莱腄县有之罘山祠。山高九里,周五十里,长三十里。三面距海。《史记》:秦始皇二十八年,登之罘,立石颂德。二十九年,登之罘,刻石。三十七年,又自琅邪使徐福采药。福言苦大鱼为患,于是连舟下海,登之罘,射巨鱼。《郊祀志》:齐有八祠,之罘为阳主山。有阳主庙,武帝太始三年,登之罘,浮大海,山称万岁。司马相如《子虚赋》云:"射乎之罘。"其东南海中有垒石,相传武帝造桥,两石铭犹存。极巅有齐康公墓。按:康公,名贷。田和欲篡齐,迁公海上,卒葬于此。

《秦始皇登之罘》刻石文:

维二十九年,时在仲春,阳和方起。皇帝东游,巡登之罘,临照于海。从臣嘉观,原念休烈,追颂本始。大圣作治,建定法度,显著纲纪。外教诸侯,光施文惠,明以义理。六国回辟,贪戾无厌,虐杀不已。皇帝哀众,遂发讨师,奋扬武德。义著信行，威惮旁达，莫不宾服。烹灭强暴，振救黔首，周定四极。普施明法，经纬天下，永为仪则。大矣哉！宇县之中，承顺圣意。群臣诵功，请刻于石，表垂于常式。

《登之罘东观》刻石文：

维二十九年，皇帝春游，览省远方。逮于海隅，遂登之罘，昭临朝阳。观望广丽，从臣咸念，原道至明。圣法初兴，清理疆内，外诛强暴。武威旁畅，振动四极，禽灭六王。阐并天下，灾害绝息，永偃戎兵。皇帝明德，经理宇内，视听不怠。作立大义，昭设备器，咸有章旗。职臣遵分，各知所行，事无嫌疑。黔首改化，远迩同度，临古绝尤。常职既定，后嗣循业，长承圣治。群臣嘉德，祗诵圣烈，请刻之罘。

明 马诏诗：

半岩老树挂藤萝，一径萦纡走峻坡。黄草西来平地少，青天南下乱山多。
云栖海峤罗烟缕，雪皱滩沙漾月波。千古潮来复潮去，断崖无数掺空螺。

沈应奎诗：

阳主荒祠夜不关，层岩屹屹水潺潺。东来欲问驱山事，海若无言野草间。

蒋燮明诗：

羽葆曾经此地行，求仙原不为苍生。典坟已作咸阳烬，百世翻传石刻铭。

国朝 赵执信诗：

屈指秦皇勒石年，雄文二十字流传。当时总遣山为碣，谁向沧溟护一拳。

九姝山 与之罘山相近。

峗 山 在宁海州城北。山临海岸，州城即在山下。

大昆嵛山 《齐乘》云：在宁海州东南四十里。嵎夷海岸名山也。秀拔为群山之冠。《仙经》云：姑余山，麻姑于此修道上升。余址犹存，因名姑余。后世以姑余、昆嵛声相类，而讹为昆嵛。然今东夷人止名昆嵛，又有小昆嵛与之相连。宋政和六年，封仙姑虚妙真人。重和元年，赐号显异。观元遗山《续夷坚志》：昆嵛山石落村刘氏，尝于海滨得百丈巨鱼。取骨为梁，构屋曰鲤堂。堂前一槐，阴蔽数亩。忽梦女冠，自称麻姑，乞此树修庙。刘漫许之。后数日，风雷大作，昼晦如夜，失槐所在。相与求之麻姑庙中，树已卧庙前矣。山有东牟侯神祠。又金大定间，关西王祖师访山前大姓于氏。曰，我前生修炼此山，山有烟霞洞，盍往登

135

焉？于氏以为我世居此，未闻有洞，相与登山求之。果见洞口，有烟霞字迹，大为神异。建祠纪石焉。《太平广记》云：唐元宗长安大会道众，麻姑仙自昆嵛山三千余里往赴之。帝见其衣冠异常，问其所自。曰自东海。复问来几何时，曰卯兴而辰至。会闲遣二侍臣即其所。麻姑令二人入袍袖中闭目，二人入袖但觉有如飞升者。适过莱阳，其一闻市声，开目视之，遂坠焉。土人立庙以祀之，号仆射庙。

金 王真人《烟霞洞》诗：

古洞无门掩碧沙，四山空翠锁烟霞。天开玉树三清府，地涌金莲七子家。

阐教客来传道法，游仙人去换年华。可怜此地今谁管，春暖桃夭自发花。

邱处机《烟霞洞四绝句》：

山云勃勃涌惊涛，海水漫漫浸巨鳌。极目下观千万里，扶桑依约见蟠桃。

白石磷磷绕洞泉，苍松郁郁锁寒烟。碧桃花发朱樱秀，别是人间一洞天。

海上群山培塿多，姑余高峻出坡陀。太平直与稽天翠，五岳高标未见过。

海曲山阿洞府低，蓬壶阆苑海东西。仙人玉女时游集，不许桃源过客迷。

明 王思诚诗：

昆嵛雄跨东海堧，盘桓百里相属连。嵯峨不知几万仞，七十二峰青摩天。

关西神师旧修炼，烟霞洞启犹宛然。古来麻姑亦隐此，三见沧海变桑田。

渺茫有无果可信，父老至今相留传。秦皇汉武信方士，东游几度求神仙。

世间哪有不死药，海中谁独长生年。翘首东望鸡鸣岛，石桥龙口横苍烟。

国朝 胡德琳诗：

最爱昆嵛好，峰峦夕照明。烟霞传洞古，杖策入秋清。

曾与麻姑约，重为海峤行。仙人在人世，吾欲学长生。

成 山 《汉书·地理志》云：在文登西北百九十里。师古曰：在东莱不夜县，今属荣成县。《封禅书》云：七曰日主，祠成山。成山斗入海，最居齐东北隅，以迎日出云。《郊祀志》作盛山。《史记》：秦始皇二十七年，过黄、腄，穷成山。汉武帝太始元年，幸东海，获赤雁，作《朱雁之歌》，礼日成山。《齐乘》云，今按，召石山与成山相近。因始皇会海神，故后世遂呼成山为神山。山下多礁岛，海艘经此，失风多覆，海道极险要处也。山巅有李斯篆"秦东门""天尽头""讼狱公所"诸石刻。《文登志》谓：自来上官索取印拓，往往扰累居民。明末掷诸海中，以没其迹，惜哉!

汉武帝《朱雁歌》:

象载输,白集西,食甘露,饮荣泉。赤雁集,六纷员,殊翁杂,五采文。神所见,施祉福,登蓬莱,结无极。

唐 独孤及《不夜城诗》:

凉风台上三更月,不夜城边万里沙。离别莫言关塞远,梦魂长在子陵家。

国朝 王苹诗:

齐谐志怪知多少,应似龙门封禅书。见说成山斗入海,三峰今日竟何如。
九州之外更名州,此城何曾天尽头。可笑东门丞相篆,摩崖不见见沙鸥。
秦时桥并汉时坛,满目蒿莱古堞残。何许曾歌朱雁曲,一绳霜信叫秋寒。
凭襟地老更天荒,畤土鞭痕尽渺茫。安得射鱼好身手,街空月苦射贪狼。

丛大为诗:

召士台连饮马池,苍茫云物古秦遗。阿房已逐青磷冷,行殿空余碧草滋。
天外霞明徐市岛,滩头水没李斯碑。即今桥石参差见,雄略千秋笑虎痴。

沈廷芳诗:

振衣凌绝顶,高瞰八荒周。水共天无际,山当地尽头。
废城传不夜,残碣没千秋。望海台空在,长含览古愁。

胡德琳诗:

地尽天无尽,茫茫东海头。白云连岸合,紫气向空浮。
词赋真何有,神仙似可求。乘风期汗漫,身世两悠悠。

武梁山

仓 山

夫人山

右三山皆与成山相属。

召石山 在成山东。《三齐记略》曰:"始皇造桥渡海观日出处。于时有神人能驱石下海,城阳一山,石尽起立,岩岩东倾状,似相随而行。石去不速,神人辄鞭之,尽流血。"石莫不悉赤,至今亦尔。伏琛《齐记》曰:"始皇造桥观日出,海神为之驱石竖柱,始皇感其惠,求与神相见。神曰:'我丑,莫图我形,当与帝会。'始皇从桥入海四十里,与神相见。左右有巧者,潜以足画神形。神怒曰:'帝负约,可速去。'始皇转马,前脚才立,后脚随崩,仅得登岸。"今验成山东入海道,水中有竖石,往往相望,似桥柱之状。又有石柱二,乍出乍没。琛云:"始皇渡海,立此石标之以为记。山下有海神庙、望海台、始皇庙。"王苹云:"始皇桥在大海中,径日主祠望之,怪石嵯峨,忽断忽连。相去丈许,疑人力为之。纷列者苍茫莫极,不知所届。日主祠在海东岸尽处,过祠不复有岸矣!"

唐 李白诗:

> 秦皇扫六合,虎视何雄哉!飞剑决浮云,诸侯尽西来。
> 明断自天启,大略驾群才。收兵铸金人,函谷正东开。
> 铭功会稽岭,骋望琅琊台。刑徒七十万,起土骊山隈。
> 尚采不死药,茫然使心哀。连弩射海鱼,长鲸正崔嵬。
> 额鼻象五岳,扬波喷云雷。鬐鬣蔽青天,何由睹蓬莱?
> 徐市载秦女,楼船几时回?但见三泉下,金棺葬寒灰。

林弼《题秦皇庙》诗:

往事悠悠逐海波,荒祠寂寂寄岩阿。三神山下仙舟远,万里城边战骨多。
东鲁尚存周礼乐,西秦空壮汉山河。早知一世能移祚,崖石书功不用磨。

国朝 王苹《始皇桥》诗:

三月海上怒风号,天云下垂天吴骄。祖洲琼田在何许,漭泱东望鼋鼍桥。
崩湍激石色积铁,错山波面峰嶣峣。近者因依布棋子,远者罗列横斗杓。
长鲸悲啸老蛟舞,冯夷出没腾灵鳌。浪花突堕翻地轴,潮势凭陵倾天瓢。
三千年矣约略在,孤岛几经冬华凋(冬华岛在桥侧,岛花经冬始开)。
于乎祖龙临渤海,百神秘怪纷来朝。神人鞭石恐不速,徐市入海甘遁逃。
受珠台空长苍耳,养神芝说同菰苗。郉及貌寝勿图我,准蜂膺鸷睹豺嗥。
扶桑碧海一万里,郁仪之居崦嵫遥。高春下春杳难即,血殷山骨鞭痕销。
老我东行事临眺,春风初合喧春涛。一行两行沙鸥路,千松万松苍鹊巢。
观碑风雨碎文字,殿壁龙蛇昏蟏蛸。秦东门刻相斯篆,磨崖漫灭成山椒。
踌躇平生类萧瑟,自喜真见三峰高。急呼成连如可作,珠弦遗音林水交。
此会旷怀自卤莽,此地须以匏尊浇。作桥未几祠日主,秦时汉时何劳劳。

斥 山 在文登县东南六十里。《尔雅》云:东北之美者,有斥山之文皮焉。

盖取海滨广斥之义。

五垒山 在文登县南五十里。山行南北成行，入海如垒。

石门山 在五垒山南。两石耸立如门。

铁槎山 在文登县南一百二十里。山连九顶，南瞰大海，绝顶大石之上有龙窝。龙迹宛然，有龙池，大旱不枯。有千佛洞，洞壁有窝，每窝一佛，传为真人王处一用木鱼挖成。山东有石，名上天梯，以手拂石方能行。年久手印入石寸许。东顶有云光洞，即王真人修炼处。东南有云梦山，山下有水帘洞，洞内有二石珠。将大风，两珠荡激响如雷。土人以卜阴晴。每岁元旦水退，可步至洞门外，窥之窅然无际。洞门题"水帘洞"三字，大如斗。《齐乘》云，在文登正南，斥山之西，甚奇秀。《图经》弗载。岂古与斥山为一，或即五垒、石门之异称欤？

国朝 沈廷芳诗：

翠扰丹梯东海东，怒涛激雪冷云中。晶帘光莹飞泉瀑，珠石声喧荡两风。
苔蚀虚龛千佛古，松遮游磴百盘空。岿然长峙嵎夷宅，应与尧时枯木同。

何燧诗：

蓬莱何处传仙址，崒岉灵山无逾此。铁槎横亘控沧溟，恍疑银潢浮汉使。
森然九顶拥莲花，古洞一片飞烟起。俯视苏山若弹丸，千里吴门咫尺耳。
揭来秋色蔼菱苔，铺锦刺绣山之隈。忽然长风回地角，谽谺荡飔声喧豗。
腾跃鱼龙戛岩窟，阿香鼓震天吴来。信哉造化多神变，动静阖辟相胚胎。
忆昔营田留湏上，车轴峰头观春涨。但识吐纳输群流，那知光怪难名状。
山能障海海连山，伫看潮汐时来往。此身飘渺白云间，海上飞仙如在望。

峨石山 在文登东一百二十里。屹耸海涯，登之一望无际。

马头山

荣光山

齐 山

右三山皆在靖海卫侧。

乳 山 在海阳县南七十里。其形如乳，故名。

大珠山 在胶州南百二十里。《齐乘》云：海岸名山也。又名玉泉山。山中有玉泉寺，金元时建。齐筑长城，止于此山。有石室，晋永嘉中，陈仲举隐此，得道仙去。

明 孙镇诗：

> 巍巍大珠山，其高逼星斗。冲击闻波涛，豁爽见陵阜。
>
> 白日落海上，青天挂峰首。划然古石室，元冥何代剖？
>
> 时时云霞出，夜夜风雷走。古来栖真仙，药室留石臼。
>
> 如何缚尘缨，不见长年叟。我欲弃家游，不知终得否？

小珠山　在胶州南九十里。其东有朝阳寺，寺东峭石突立，下出清泉，极甘美。《齐乘》云：小珠，错水所出。

黄庵山　其下为淮子口，有露明石、大仙桥、小仙桥之险。舟行往往倾覆。

灵　山　在胶州东南百二十里。《莱州府志》云：大海之洋，先日而曙，先云而雨，称灵境焉。地多竹木，州人樵苏皆籍于此。

浮　山　在灵山侧。西与薛岛、陈岛相接。

徐　山　在灵山侧。方士徐福将童男女二千人会此入海。

封　山　在胶州东南薛家岛正东十里。东、南、北三面临海，跻巅一望，浩瀚无际。远近岛屿，历历可数。游者于此候日出，如蓬莱阁也。

大小二劳山　在即墨县东南六十里。《齐记》云："泰山虽云高，不及东海劳。"其山有二，高大者曰大劳，差小者曰小劳。二劳相联，高二十五里，周八十里。又名劳盛山。《四极明科》云：轩皇一登劳盛山，是也。吴王夫差登之，得《灵宝度人经》。《神仙传》："乐子长遇仙人，授以巨胜赤散方，曰：'蛇服此药化为龙，人服此药老成童。'子长服之，年百八十岁，颜如少女，登劳山仙去。"有上清宫，五代末，华盖仙人识宋太祖于侧，征宋人为建此宫。元时，有刘使臣者弃金符，遁此。其徒建碧落宫。

唐 李白诗：

> 我昔东海上，劳山餐紫霞。亲见安期生，食枣大如瓜。
>
> 中年谒汉主，不惬还归家。朱颜谢春辉，白发见生涯。
>
> 所期就金液，飞步升云车。愿随夫子天坛上，闲与仙人扫落花。

元 戴良诗：

> 稍入东胶界，即见大劳山。峰攒伴剑戟，嶂叠类云烟。
>
> 棱棱插巨海，渺渺漾中川。波涛共突兀，天日相澄鲜。
>
> 只若栖岛屿，观宇连树阡。既馆茹茅士，亦巢遁世贤。

客行积昏旦,水宿倦舟船。兹焉思独往,结茅征愿言。

柁师不我从,太息归中原。

邱处机诗:

卓荦鳌山(劳山一名鳌山)出海隅,霏微灵秀满天衢。群峰削玉几千仞,乱石穿空一万株。

明 陈沂《劳山纪游》:

鳌山,本曰劳山,有大劳、小劳。《齐记》谓:泰山高,不如东海劳。秦始皇登劳盛山,盛乃成山,劳即此也。今在即墨之东南四十里,东、西、南直距海上,山形延亘如城雉,峰起如堞,纵横高卑,直突旁拥,相系凡五百余里。其奇峰怪石,不能以状。崩崖幽谷,深岩绝壑,峻岭曲崦,不尽以名。栖禅炼真灵异之迹,不可以遍。土人以峰名崮,山多崮名。

嘉靖癸巳九月二十有二日,余按县至自胶,闻蓝侍御玉甫悉山之胜,云不易到,不能自遍。越二日,与玉甫出东郭三十里,由三标山出海上,蒿莽中十里累累数邱,一高起曰鹤山。至则攀陟,亦峻石谽谺磊砢,凭借为磴。松多偃枝古干,夹石而上,一道宫曰遇真庵。后有洞,洞旁石室,道人邱长春大书"鹤山洞"镌于上。鹤山,鳌之东麓也,西南诸峰插天,横亘数重,望之若剑戟羽镞森列,而恍然若云立海滨。东南行二十里,皆巉岩,一峰深秀,多长松怪石,由丛石历块,转折成路。至狮子岩下,有台宇,乃宋太平宫也。岩有二石,结架如户,出其上时,夕阳在峰顶,海涛撞激,直至峰下。是夜,宿道人居。夜半,月色潮声不能寐,起坐台际。鸡鸣与玉甫登岩,见日自海隅涌出,云霞异色,海气苍莽,日光浮金万里,世之大观也。是日宿岩下,题石门曰"寅宾岩"。从宫之南,渡飞仙桥,寻白龙、老君、华阳诸洞。陟巇舍舆乘以兜,从者徒步,缘海滩乱石间行。转入山麓,遵海而东,历翻燕岭,下临不测,屡策杖惴惴。由恶水河、乱石滩,皆海涛中行出。山回,从蛟龙嘴、歇肘石、黑松林,皆山腹处,极险,非人迹所到,有下清宫,宫在山隅,不能至。从黄水滩西北,入山中,凡三十里始有人居,就树下饭。由山径历黄山崮、黑山崮、观音庵,皆矗起数十百仞,极奇秀。又三十里,入群岫间,有北峰峻极。山半隐隐台殿,至则巉削攀绝,僧垂木阶下,乃援而升。上有石洞,额大书"明霞洞",大定辛未题。其中空洞,上如厦,环石如堵,前后户牖。洞左有佛宇僧庐,右石门。从磴数百级,上绝壁数仞,下视沧海与天浮动,岛屿皆空。壁下有草庵,老僧入定处。是夜宿洞中。

明日晨,饭毕,下山,经石瓢、清凉甸、聚宝峰,三里,小峰下有道院,亦宋所建上清宫。宫旁,石洞跨朝真、迎仙二桥,桥侧巨石镌诗十,亦邱长春书,字画端整。由宝珠山、分水河,十五里登天门山,极峻险,峰多奇状,山口复有二峰,若石垒就,高数十仞,两槛相峙,上逼云际,下瞰沧海。有邱长春大书"南天门"三字。从天门南下,历数十峰,初视若蚁壤,且近,行数十里不绝,每峰皆峻大,而仰莫及者。降至麓,濒海上曰韩基。一道院曰聚仙宫,碑勒元学士张起岩记。饭于宫。复西北入山,循淹牛涧、砖塔岭、僧帽石、大风口、三里河、小风口、瘦龙岭、清凉寺、仙迹桥、金刚崮、二十里至巨峰。最高而奇,周山之峰,异状百出,徘徊不能去。巨峰下,数石百仞壁立,梯穷径绝,有两石若劈处,见一窍,上闻犬声。一僧垂木梯下,请升,遂援之而上。由壁中行,转至一茅庵,甚明洁。左有佛宇,嵌崖隙甚幽。西北群峰,直出其后,东南海色相映,庵前牡丹诸奇花,偃松异木。其建筑木石,所植花卉,皆僧负戴梯而至之。是夜宿庵中。明日,题其夹石处曰"面壁洞"。洞上壁,大篆"灵鹫庵"三字。从故道十五里,出海滨,循山麓西南行,皆平地,侍从者始骑。四十里,至华楼山下。缘涧仄径而陟数里,至巅,松千株,皆偃盖。从石隙间深入,有万寿宫、老君殿。少憩,寻翠屏岩,时已晚,宿道人庵。明日晨起,与玉甫寻古遗迹,周山之石摩勒殆遍,多金元人者。从王乔崮至凌烟崮下,见海色远映,道人吹笙笛于高架崮上,飘然有物外之想。遂循金液泉、夕阳涧、石门山至清风岭小饮。又步至华表峰下,曰聚仙台,其峰垒石数十仞,峻拔且奇秀。少焉,与玉甫别。

至是,山游凡五日,行三百余里,玉甫所计行踪止宿,不失尺寸。余亦得诗三十余首,去今以往,想莫有继之者矣。下华楼山,复乘舆,四十里至县所。未至者,五龙岭、下清宫、黄石宫也。海中诸岛,东有大管、小管、车门、沧洲,南有鲍鱼、老公、车屋、大古、小古、浮岛,皆登陟所见者。

阴　山　在即墨县东南八十里。《齐乘》云:上有小池,深不盈尺。水旱不增减,旁有石人石马蹄迹。《寰宇记》云:秦始皇游牢盛山,望蓬莱镇,立马此山。遣石人驱牢山,不动,因立于此。石人,今海滨山上往往有之。盖劳山之高,以其登陟之难,则名劳,驱之不动,又名牢也。

华楼山　与劳山相属。《齐乘》云,疑即阴山。

明 蓝田诗：

前山后山红叶多，东涧西涧白云和。红叶白云迷远近，云叶缺处山嵯峨。

闲抛书卷踏秋芳，扶藜偶入仙人房。柴门月上客初到，瓦瓮酒熟兼松香。

玉皇洞口晓花暗，金液泉头秋草遍。药垆丹井尚依稀，白云黄芽今不见。

长春高举烟霞外，使臣远出风尘界。当时人已号飞仙，只今惟有残碑在。

人生适意且尊酒，莫放朱颜空老丑。神仙千古真浪传，丹沙一粒原非有。

乃知造物本无物，薄命不逢随意足。云满青山风满松，何必洞天三十六。

巉 山 在即墨县东北百二十里。

胡家山 在诸城县东南，沐官岛侧。

琅邪山 在诸城县东南百五十里。齐景公放于琅邪。《吴越春秋》：越王勾践徙琅邪，立观台，以望东海。汉《郊祀志》：秦始皇祠八神。八曰四时主，祠琅邪。在齐东北，盖岁之所始。师古云：《山海经》云，琅邪台在渤海间，谓临海有山，形如台也。秦始皇二十八年，南登琅邪，大乐之，留三月，乃徙黔首三万户台下。作台立石，纪秦功德。台基三层，层高三丈。上级平敞，方二百余步，高五里。三十七年，从江乘渡并海上，北至琅邪。汉武帝元封五年、太始三年，凡再幸于此。《御览》云：台上神泉，人或污之，即竭。汉隋皆于此置县。《齐乘》云：今山下井邑遗址犹存。登山石道如故，土人名曰御路。

秦始皇石刻文：

维二十六年，皇帝作始。端平法度，万物之纪。以明人事，合同父子。圣智仁义，显白道理。来抚东土，以省卒士。事已大毕，乃临于海。皇帝之功，勤劳本事。上农除末，黔首是富。普天之下，抟心揖志。器械一量，同书文字。日月所照，舟舆所载。皆终其命，莫不得意。应时动事，是维皇帝。匡饬异俗，凌水经地。忧恤黔首，朝夕不懈。除疑定法，咸知所辟。方伯分职，诸治经易。举错必当，莫不如画。皇帝之明，临察四方。尊卑贵贱，不逾次行。奸邪不容，皆务贞良。细大尽力，莫敢怠荒。远迩辟隐，专务肃庄。端直敦忠，事业有常。皇帝之德，存定四极。诛乱除害，兴利致富。节事以时，诸产繁殖。黔首安宁，不用兵革。六亲相保，终无寇贼。欢欣奉教，尽知法式。六合之内，皇帝之土。西涉流沙，南尽北户。东有东海，北过大夏。人迹所至，无不臣者。功盖五帝，泽及牛马。莫不受德，各安其宇。维秦王兼有天下，立名为皇帝，乃抚东土，至于琅邪。列侯武城侯王离、列侯通武侯王贲、伦侯建成侯赵亥、伦侯昌武侯成、伦侯武信侯冯毋择、丞相隗林、丞相王绾、卿李斯、卿王戊、五大夫赵婴、五大夫杨樛从,与议于海上。曰:"古之帝者,地不过千里,诸侯各守其封域,或朝或否,相侵暴乱,残伐不止,犹刻金石,以自为纪。古之五帝三皇,知教不同,法度不明,假威鬼神,以欺远方,实不称名,故不久长。其身未殁,诸侯背叛,法令不行。今皇帝并一海内,以为郡县,天下和平。昭明宗庙,体道行德,尊号大成。群臣相与诵皇帝功德,刻于金石,以为表经。"

南齐 江孝嗣《北戍琅琊城》诗:

驱马一连翩,日下情不息。芳树似佳人,惆怅余何极。

薄暮苦羁愁,终朝伤旅食。丈夫许人世,安得顾心臆。

按剑勿复言,谁能耕与织。

宋 苏轼《刻秦篆记》:

秦始皇二十六年,初并天下。二十八年,亲巡东方海上。登琅琊,观出日,乐之忘归,徙黔首三万家台下,刻石颂秦德焉。二世元年,复刻诏书其旁。今颂亡矣,特其从臣姓名仅有存者,而二世诏书具在。自始皇帝二十八年,岁在壬午,至今熙宁九年丙辰,凡千二百九十五年。而蜀人苏轼来守高密,得旧纸本于民间,比今所见犹为完好,知其存者,磨灭无日矣。而庐江文勋,适以事至密。勋好古善篆,得李斯用笔意。乃摹之石,置之超然台上。夫秦虽无道,而所立有绝人者,其文字之工,世亦莫及,皆不可废。后有君子,得以观览焉。

明 刘翼明《琅琊碑》诗:

文字推先秦,汉以后莫及。政如对法物,不复矜余习。

彼虽为无道,神灵供呼吸。苔藓剥蚀间,尚觉浑沌集。

存此大风雅,表表尝独立。上蔡即复生,一字亦难入。

碓硒工何为,径寸镂墨汁。时余风雨声,洒向臣斯泣。

国朝 王棨诗:

东门高处望蓬莱,传说秦台又越台。怪石空劳鞭血去,虹桥何处涌金来。

凄其辇路惟黄草,剥落碑文有绿苔。黔首损迁三万户,求仙男女几时回。

岚 山 在日照县南九十里。

秦 山 在安东卫南。相传秦皇遣卢生于此入海求仙。

阿掖山 在安东卫东四里。上有上元寺,元人碑尚存。

国朝 宋琬诗:

> 未雨如山醉,既雨如山醒。遥遥水云间,苍翠无时定。
> 我携筇竹根,扪萝践危磴。平穿鸥鹭群,幽造鹿麋径。
> 高峰矗层霄,突兀有余劲。鸣鼓云色摇,吹箫谷声应。
> 僧房山鸟栖,松际孤烟凝。薄暮投石床,阑干醉复凭。

右滨海可名之山,凡三十有九。其不可名之山,而不临海涯者,不与焉。

蜉蝣岛(以下隶掖县) 在县西北一百里。远望若蜉蝣然,故名。一名芙蓉岛,循环数里,怪石巉岩,突出海中。上建小海神庙,无村落。岛下水深数尺,底皆细沙,可泊十余艘。岛之北为雕翎嘴。

小石岛 在蜉蝣岛东北,有长沙一带。可泊一百余艘。

三山岛 在小石岛东。《省志》谓:西达天津,北收旅顺,一水平洋,北海之要地也。按,三山岛与黄县之屺𡹛岛、福山之之罘岛,虽以岛名,根联陆地。故其景迹,皆详山志,不复赘。

屺𡹛岛(以下隶黄县) 在县北七十里。可泊十余艘。

桑 岛 在屺𡹛岛东五里。县北四十里,距岸又十五里。岛周十余里,一带平沙。《省志》云:上有龙王庙,居民五十一户,田地九顷有奇。东有礁石,离岸数丈,突出水面。下有暗礁,宜避。

老岸岛 在桑岛正南。岛旁水深八尺余。下皆碎石。可泊五六十余艘。

依 岛 在县北四十五里。距岸二十五里(以上四岛,北面皆通大洋)。

大黑山岛(以下隶蓬莱县) 在城西八十里。居民男七百八十五丁,女六百三十四口。地四千五百三十九亩有奇(蓬莱所属,岛民男女丁口、田地皆据乾隆四十六年申录册籍书之,故所记较他处独详)。

小黑山岛 在城西七十里。居民男二百二十六丁,女百十四口。地六百亩有奇。其西为外洋。

沙门岛 即庙岛,在城西北六十里。南连南峰山,北接凤凰山。旧有城,中央平坦处城址犹存。长山环其东,大、小黑山绕其西。《齐乘》云:在登州北海中九十里,上置巡检司。海艘南来,转帆入渤海者,皆望此为表志。其相联属,则有鼍矶、牵牛、大竹、小竹诸岛。历历海中,苍秀如画。海市现灭,常在五岛之上。《登府志》云:凡海舟渡辽,必泊此以避风。上有龙女庙,历代皆有封额。《宋史》:太祖建隆三年,索内外军不律者,配沙门岛。按《自警编》云,沙门岛旧制有定额,过额则取一人投之海中。宋马默知登州,建言:"朝廷既贷其生矣,投诸海中,非朝廷之本意。今后溢额,乞选年深、至配所不作过人,移登州。"神宗然之,著为定制。乾德元年,女真遣使献名马,蠲登州沙门岛民税,令专治船渡马。元人通海运于此,设监置戍。其时与城北为二社,明洪武初,移二社之民附于近郭,其岛遂空。今则居民男二百九十二丁,女一百八十九口。田地五百六十亩有奇。南面黑港,水丈余。东北面名曰珍珠门,可泊数十艘。洋船往来直沽,于此泊,海道咽喉也。

宋 苏轼《北海十二石记》:

登州下临大海。目力所及,沙门、鼍矶、牵牛、大竹、小竹凡五岛。惟沙门最近,兀然焦枯。其余皆紫翠巉绝,出没波涛中。真神仙所宅也。上生石芝、草木,皆奇玮,多不识名者。又多美石,五采斑斓或作金色。熙宁己酉,李大章师中为登守。吴子野往从之游,时解贰卿致政退居于登,使人入诸岛取石,得十二株,皆秀色粲然。适有舶在岸下,将转海至潮,子野请于解公,尽得十二石以归,置所居岁寒堂下。近世好事能致石者多矣,未有取北海而置南海者也。元祐八年八月十五日,东坡居士苏轼记。

元 宋无诗:

积沙成岛浸苍空,古祀龙妃石庵东。亦有游人记曾到,昔年今日此门中。

长山岛 在城北四十里。《省志》云:在沙门岛南,东西长三十余里,若马飂然。山多产鹿,中有屯田。明时为军佃。居民男二千二百五十四丁,女一千八百九口。田地六千七百五十六亩有奇。又有岨岛、虎岛(《省志》作鹿岛)、半洋岛,与长山岛相近。

莫邪岛 在县东北。省、县二志俱无。从《府志》采入。

小竹岛 在长山岛东。城北九十里,其东为外洋,无居民地亩。

大竹岛 在小竹岛东。距城八十里,中产竹,故名。居民男五丁,女二口,田地二十亩。

牵牛岛 在大竹岛西北。距城北二百里。

大钦岛 在城北一百六十里。居民男二百五十一丁,女二百三口,田地三百四十六亩。

小钦岛 即羊驼岛，在大钦岛东，距城一百八十里。居民男四十一丁，女三十口，田地二十亩。

鼍矶岛（《苏东坡集》及《名胜志》皆作驼棋） 在沙门岛东。《省志》作北与小钦岛相对，距城一百二十里。居民男四百三十五丁，女三百十六口。田地四百六十三亩。其石可作砚。《唐录》载，登州驼基岛，石色黑，罗纹金星，发墨类歙。

高山岛 在沙门岛北，距城一百二十里。

候鸡岛

南隍城岛 在城东北二百二十里。《省志》云，去郡四百余里。居民男二十四丁。

北隍城岛 在城东北二百四十里。《省志》云，南隍城北九十里。居民男八十四丁，女五十口，田地一百十亩。其北与旅顺口连界。《省志》谓，泰山之脉始于辽东，由旅顺口、铁山渡海，隍城、鼍矶诸岛皆其发露处也。南北隍城二岛，府、县皆失载。今从《省志》及县册补入。

漠　岛 《省志》"山川门"于南北隍城二岛外，别列漠岛。谓在海中，东约五六百里。于"海疆门"北隍城岛条下注云，即漠岛。《登府志》不载南北二隍城岛，而止列漠岛。谓与辽东连界，运海所经故道。《蓬莱县志》皆不载，惟申报之册，但列南北二隍城岛，而亦不及漠岛，未知漠岛之名的系何属。然检《府志·艺文》中，有元代刘遵鲁《漠岛记》云，有庙曰灵祥，神曰显应神妃。则漠岛之由来旧矣。而《省志》于"秩祀门"所载天妃庙云，宋崇宁间，赐额"灵祥"，在沙门岛。岂漠岛又即沙门岛耶？怀疑者久之。偶检闫士选《镜石记》云，海中有山，名漠岛。因建海庙于其上，土人又称为庙岛。始知庙岛、沙门岛、漠岛，其实一岛而异名耳。

乌胡岛 在县北二百六十五里。上有乌胡戍。唐太宗贞观二十年，因征高丽，置乌胡、大谢二戍，后遂为镇，永徽中废。按《通鉴》，太宗贞观二十二年，乌胡镇将古神感将兵击高丽。注云：乌胡镇，常置于海中，自登州东北海行大谢岛、龟歆岛、淤岛至乌胡岛，又三百里北渡乌胡海。

大谢岛 在县北三十里（以上二岛从《省志》"古迹门"采入）。

之罘岛（以下隶福山县） 在县北海岸。《省志》云，周围四十里，上有龙王庙。居民六十九户,地三顷二十余亩。西有长沙环抱,东向处水深二丈余,有巨石当流,立于港口。两旁舟楫皆可往来,口外水深七丈,东西有七八小屿,岛内宽阔,可容艘。洋船往来庙岛者,多于此泊,可避飓风。

国朝　沈廷芳《福山道中望之罘岛用东坡海市韵》:

之罘插海凌寒空,切天戍削烟霄中。潮痕四面抱环珙,山木一径通隆宫。

崒嵂窈窕岩石劲,凿非人力皆天工。阳主祠前冠绮旭,康公墓下蟠乖龙。

梁千户洞气馥郁,或拾瑶草来仙翁。忆昔秦并天下递,傲视六合称豪雄。

历遍东溟颂功德,刻石岛上垂无穷。巨无射杀迹已泯,穿碑沈后字久融。

汉武登之呼万岁,往事历历随僧钟。我来吊古雪溟濛,遥睇清境何太丰?

乍明乍灭景更幻,绝似雾翳摇青铜。它时振衣蹑其顶,一览坐啸洪涛风。

胡德琳《游之罘岛》诗:

北面壁如削,南山路逶迤。康公犹有墓,斯篆已无碑。

莺睇迁乔谷,云开阳主祠。秋来约朱雁,与作啸风辞。

海洋岛　在县北十里。

韩家岛

潘家岛

胡家岛

右三岛皆在县东北五里。

宫家岛　在县东北十里。

栲栳岛(以下隶宁海州)

浮山岛

右二岛,《省志》"山川门"谓,在州南海中,而于"海疆门",则又谓栲栳岛在州北海中。考州册,盖在州西北,此说近是。

崆峒岛　在州西北八十里。距岸四十里。西距之罘岛二十里,其北为大洋。东南有沙港,上有居民、田地,可容二三十艘。

夹　岛　可容六七十艘。《府志》失载,从《省志》采入。

养马岛　在州北十二里。南距海岸三里。北为大洋,上有村落数处,共七十余户,地二十余顷。港内水深丈余,黑泥底,可容三四十艘。按《齐乘》,宁海北到管岛海口十里。今诸志无之,岂即养马岛欤?

笪　岛　在州东北,旧海运往来经此。

《登府志》,入有东清、西清、鹿岛,皆属州境。按《省志》有鹿岛,入荣成县境,而无东、西清二岛。

刘公岛（以下隶文登县）　在县北九十里。去威海司东五里,距岸二十余里,东南长十里,广六里。东北有二海口,南口水面宽阔,隔水两旁皆高山。正东临大海,有礁石,中多林木。四、五月间,舟人入采之。《县志》谓:岛产方竹,积久密节,坚劲异常。裁作杖,铿然有声,今已罕有见者。旧有辛汪二里居民,明初魏国公徐辉祖徙之近郭。神宗末年,知府陶朗先复招募人,开垦纳税。现有地四顷八十五亩,居民三十六户。岛下水深四丈,泥底,可容百余艘。考故时运道,由江南崇明县、江北有瞭角嘴开洋。或正西、西南、北风,潮落正东,或带北一字,行半日可过。长滩是曰水洋,东北行,见绿水,一日见黑绿水。循黑绿水正北行好风,二日一夜到黑水洋。又二日一夜,见北洋绿水。又一日夜,正北望显神山,半日过成山,正西行到刘公岛,盖洋船往直沽、辽东者,过成山头必于此停泊。然后开船,乃要津也。

按《省志》,上有新垦地三顷,合之现垦之地,此四十余年又增开一顷有余矣。

双　岛　在县北九十里,西距养马岛八十里。

鸡鸣岛（以下隶荣成县东海境）　在成山正西,有浮礁,舟行宜避。康熙五十一年十月,海贼抵此,水师游击,滕国祥率舟师捕之,力战死。

王莘诗:

> 群盗来穷海,楼船出点兵。将军竟鱼腹,战地有鸡鸣。
> 叶堕烽烟泪,潮闻戈戟声。三年漫搔首,秋屿夕阳横。

青矶岛　在刘公岛东南一百五十里。岛对面沙岸,名朝阳石。《文登志》云,旧产文石,体质温莹,往往有文如人物状,隐约可爱,近不可得。

胡德琳《谢王明府惠文石》诗:

白石初闻堪作枕,弹涡圆熟说坡翁。岂知小邑滩初长,更有奇珍讶许同。
斯篆蚀余春草碧,秦桥鞭剩夕阳红。莫嫌琐碎论升合,东海真归两袖中。

海牛岛　《齐乘》云,在文登东北海边。

海驴岛　在始皇桥西十里,无地亩、居民。岛北有浅沙,舟行宜避。

右二岛以产海牛、海驴得名,其说详"鱼盐志"也。

龙须岛　一名龙口崖,距县三十里。北至成山头五里。

倭　岛　《省志》:在文登县东一百里。养鱼池正南八十里。

孤石岛

鹿　岛

镇锣岛　一名碙矶岛,在县东南一百五十里,距岸二里,鹿岛西三里,上有居民、田地。《文登县志》云,相传古有武弁铸剑,三年不成,惧法。其妻跃入炉中,顷刻成雌雄二剑,故名。

延真岛(一作元真)　县东南一百里。旧有城,东至镇锣岛三十里。东西长五十里,可容百余艘。东北岸下有三孤石,又旁多隐石。考元时,江闽运船自松江府上海县望东南,行过羊山、大小七山、太仓、宝塔望东北。行两日夜,见黑水洋。南风一日,见绿水,瞭海内悬山,便是延真岛,为开洋捷径。

王家岛　在镇锣岛南。

苏门岛(一作苏山,以下隶文登县南海境)　在县南一百二十里。靖海卫东南,距岸四十里。《文登志》谓,上有海神庙,隆冬花开,名耐冬,类茶花。有泉甘冽。此岛与姑苏遥对,故名。无居民,可容四十余艘。

五垒岛　《省志》谓,在县南八十里。旧有城。

远　岛　《文登志》谓,在县西八十里。旧有城。

姑嫂岛　《登府志》不入。"岛类"仅载"姑嫂石",在靖海卫。相传有姑嫂投海化为石,春夏海市,多出其上。

环石岛

瓮　岛

琵琶岛

右三岛《府志》皆缺。

塔　岛　(以下隶宁海州南海境)

草　岛　可容五六十艘。

里　岛

右三岛皆从《省志》采入。

官家岛(以下隶海阳县,东南海中)　距岸九里,可容三十余艘。

竹　岛　距岸七里,可容十余艘。《省志》"古迹门"载入文登境,谓在文登县东南八十里。《文登志》云,去元真岛二十里,旧有城。

青　岛　《省志》作小青岛。距岸十一里,可容七八艘。

黄　岛　距岸九里,可容十余艘。

右四岛,《省志》皆入宁海州境。今按海阳所报册籍,皆隶县境,当是近年改隶耳。

棉花岛　距岸五里。

母猪岛　在海口内。

右六岛皆在内洋。

千里岛　距岸七百里,在外洋。

鲁　岛　距岸二里(以下隶海阳县,西南海中)。

泥　岛　距岸八里。

牙官岛　距岸十里。

马官岛　距岸十五里,上有居民。

土埠岛　距岸十四里。

右五岛,《省志》皆无,从县册采入。

灰　岛

麦　岛

鸭　岛

卢　岛

右四岛,县册所无,从《省志》采入。

香　岛(在莱阳县南海中)

蟊　岛　在县南九十里。

白马岛(以下隶即墨县,南海)

青　岛　在外洋。

田横岛　在县东一百里。距岸二十里,长十里。上有齐王庙,祀横,广里许,上有居民□余户。其东北皆沙滩,西南皆礁石。隔水西南有坡头山,西有小岛,在海中对峙。岛下水深二丈,沙泥底,可容百余艘。

张牙岛

龙口岛

白龙岛

女　岛　从《省志·海图》采入。

嶵　岛　在劳山东北,与徐福岛相近。

大管岛　在县东北百里。田横岛西七十里。

小管岛　在大管岛西十里。

狮子岛

女子岛　按《莱府志》"山川门",仅载"女岛"。而"海汛"一门,列女岛于内洋,别载女子岛于外洋。岂女岛之外复有女子岛耶?《省志·海图》于狮子岛东,复列小女岛,未知孰是。

车门岛

车公岛（一作车古岛）

劳公岛

右五岛皆在外洋。

徐福岛　在县南五十里。背东面西,周二十余里。有地七十余顷,皆傍山下。登窑口之民,渡水来耕收获,即近上无居民。劳公岛在其西,自东北及正南高山,长数十里,皆名劳山。岛口水深一丈五尺,黑泥底,可容二百艘。

赤　岛

古迹岛　《莱府志》有古镇岛,属胶州。《省志》于"即墨"载古迹岛。恐迹与镇字讹,胶、即二境相连,故有此误。

阴　岛　在县西九十里,有居民。

颜武岛　在县北一百里。

小青岛（以下隶胶州境）　在淮子口对岸。

黄　岛　在州西北九十里。东通淮子口;东南有小珠山回抱,面带沙坡;东北望见劳山,有居民、田地。名虽为岛,实为沃壤。潮生则四面皆水,潮落则徒步可通岛下。水深六丈,沙底,可容数十艘。沙船、洋船到胶州必由之路。张谦宜云,齐筑长城起海上之黄岛涯,遗迹在焉。

竹槎岛　与大小管岛相近。

顾家岛

牛　岛

鸡　岛

薛家岛　在州南九十里,明阳武侯薛禄故里。旁有青泥、桃林、穆子、李家诸小岛。一面临海,三面居陆,是为平地。中多良田。其西十里许,有平冈,曰马家壕,即元议凿运道处。

唐　岛　在州南九十里。宋绍兴中,李宝败金舟师于此,杀其将郑索。有饮马池,相传唐征高丽时饮马旧迹。按《莱府志》,唐贞观十八年,太宗驻跸唐岛,周五里无居民。中有露明石一条,如带,与陆地相通。潮涨则没,潮退则露,徒步可行。隔山即旧灵山卫。岛居正南,旁有二海口,俱西南向。其西海口狭小,水深一丈五尺,泥底,可容二十余艘。其东口较宽,但多礁石,海船以进口为艰,往来多于西口停泊,盖为入胶州必由之道。

胡德琳诗三首:

> 胶原来望荡,百里见平芜。石矗东西耳,山明大小珠。
> 鱼盐通少海,舟楫控三吴。谁解牛鸣语,今无介葛卢。

> 二月已过半,春寒天乍晴。风回逢猛镇,草长计斤城。
> 灵鹊声何喜?杜鹃花未生。清明时节近,过客岂无情。

> 不识唐王岛,经年始一来。灵山先日曙,潮水遇云回。
> 鹰卧疑如虎,鱼鸣讶似雷。徐封看咫尺,真见小蓬莱。

古镇岛　在州南一百十里。大珠山前,海道迤西,其北岸多礁石。

陈家岛　在淮子口西。其东为黄庵山,峭壁巨石不可攀跻。按《莱府志》,宋绍兴十一年,李宝大破金人于胶西陈家岛(按《青州府志》属诸城境)。

石臼岛　在州南一百二十里,与陈家岛相接。有八仙石,大数十亩。上有卧迹甚多,如人形而大。俗谓八仙过海处。今亦渐为石工凿坏。其东有二石,大如楼,随潮开闭,曰鬼动石。

灵山岛　在海中央。东面峭壁如削,西面多巨石。其对岸为柴葫荡、石矶、险窄港、汉曲回。

斋堂岛(以下隶诸城县)　在县东南一百四十里琅琊山。南距岸五里,周二十余里,无居民。对岸多礁石,水深一丈五尺。细泥底,可容数十艘。《青州府志》云,岛中地千余亩,甚肥饶,产紫竹、黄精、海枣。上有废井,沙径可行车。相传秦皇、汉武巡幸,从官斋戒于此。旧有龙母祠,船商香火之所。

沐官岛　在信阳场东南,半居海中。潮上则没,山多石,硗确不可耕。其名沐官者,亦在昔从官斋沐之所。

曲福岛

右海中可名之岛凡一百一十四,其不可名之小岛不可胜考,今亦不复能详载也。

《山东海疆图记》卷三

海洋道里，与内地不同。乘潮驶风，远近所经，讵可拘泥？舟行者不曰几里，而曰几更。更者，每一昼夜分为十更。以焚香枝数为度。以木片投海中，人从船面行，船风迅缓，定为多寡可知。

船至某山洋界，以六十里为一更。按自直隶祈河口以东入东省界，至丁河口，一更。船至虎头崖四更（可泊船，取薪、水）。船至小石岛四更。船至峿屺岛二更（以上三处，皆可泊船，取薪、水）。船至黄河营一更（不可泊船）。船至天桥口一更（可屯战船）。船至八角口三更。船至之罘岛一更（以上二处，皆泊船要道，可取薪、水）。船至养马岛一更（所经祭祀台、丁字嘴，皆可泊船、寄锚）。船至刘公岛四更（可泊战船，取薪、水）。船至成山头三更（不可泊船）。船折而西南，至龙须岛一更（有薪、水，可泊船）。船至养鱼池一更（可泊战船）。船至青鱼滩一更。船至峿屺岛一更。船至里岛口一更。船至马头嘴一更（以上四处皆可泊船）。船至靖海卫一更。船至海阳所口二更。船至棉花岛一更。船至乳山口一更。船至海阳县一更。船至行村口一更。船至田横岛一更（以上诸口，皆可泊船，取薪、水）。船至劳山下清宫一更（不可泊船）。船至登窑口一更（可泊战船）。船至浮山所一更。船至青岛口一更。船至胶州头营子二更。船至唐岛口二更（以上诸口，皆可泊船，寄锚，取薪、水）。船至柴葫荡一更（不可泊船）。船至古镇口一更。船至曹家口一更。船至琅邪台一更（不可泊船）。船至董家口一更（此下诸口水浅，战船皆不能泊）。船至宋家口一更。船至夹仓口一更。船至安东卫岚山头一更。又西南入江南莺游山界，盖沿海水程，凡五十六更，计三千三百六十里。

其至关东、旅顺，则取道庙岛。自天桥口东北至庙岛一更。船至鼍矶岛一更。船至大小钦岛一更。船至南北隍城一更。船至旅顺洋交界所一更半。船九五更半，计三百三十里。昔闽人黄中，官文登令，于长年三老，询悉海道。按程笔记，颇为详密。而《莱志》复有自南而北海程，皆可参考。因并录之，而附以元时运辽开洋捷径，用资司疆者之互证云。

黄中《海程》：

自大沽河口开船向东南巳字，行二十余里，至大沟河。又行二十里，向正东乙辰，约行十余里。向南方未丁，过浅沙至套儿河（属沾化县）湾泊。计程五十五里。

自套儿河开船向北方丑癸，出套儿河、栏港沙转甲卯。又己辰又巽巳，共约行十里。过浅沙向东南巳字，约行一百里，转东南辰巽，约行三十里至大清河湾泊，计程一百四十里。

自大清河口开船，向正东甲卯，约行四里。若值正南风，可折戗向南方己丙，约行三十里，值西南风向东南巳字，约行六十里。值正北风，向东南巽巳，约行六十里。若西北风大发，不得收入港口，姑就唐渡河海岸浅沙处，亦可寄泊。计程一百五十里（唐渡河即弥河口，属寿光县）。

自唐渡河开船，若值西北风，向东南辰巽，约行三十里。值正北风，向东方乙辰，约行三十里。又向东南巽巳，约行六十里。值东北风向正东甲字，约行三十里，可泊淮河口、栏港沙外，计程一百五十里（淮河属昌邑县）。

自淮河口开船，若值正南风，向正东乙卯，约行五十里。远望隐见虎头崖及芙蓉岛，又向东北艮寅，约行七十里至芙蓉岛湾泊。计程一百二十里。

自芙蓉岛开船，若值西南风，向西北乾亥，过小石岛。出雕翎嘴，约行四十里，向东方甲寅，约行十里。向正东乙卯，约行五十里，过三山岛。值正南风，向正东甲卯，约行六十里，向东北艮寅，约行一百里。向西北乾亥，约行四十里，过峀屺岛。向正东甲卯，约行六十里，到桑岛湾泊。计程三百四十里。

自桑岛开船，若值西北风，向东北艮字，行驶至庙岛湾泊，约计程一百里。

自庙岛开船，乘正北风，向南巳丙，约行三十里，将过长山岛浅沙。若值风急浪涌，难以前进，再行二十里，可泊于登州天桥外。计程五十里。

自天桥口开船，若值西南风，向东北艮寅，约行十里，又向正东甲卯，约行三十里，到湾子口。水深四丈。又向正东甲卯，约行十里，到西凤山。如值东北风，向正东甲卯，约行三里，又向东南辰巽，约行五里，又向正南丙午，约行三里，向西北乾亥,至刘家汪口湾泊。计程六十余里。

自刘家汪口开船,若值正东风,向东方乙辰,约行六十里,到龙门港。其山峻削玲珑,巨石底,水深数丈。向南巳丙,约行三十里,左望之罘岛,右循海岸进八角海口。水深四丈余,细沙底。复向西北近岸湾泊。计程九十里。

自八角海口开船,若值正南风甚微,则击楫而行。向东方乙辰,约行六十里,至之罘岛山麓。水深七尺,黑泥底。复向东南辰巽,沿山麓约行二十里。向正西辛酉进口,至岛下湾泊。计程八十里。

自之罘岛开船,若值西南风,向正南午字,约行四十里。向东方乙辰,约行六十里,至养马岛湾泊。计程一百里。

自养马岛开船,若值西南风,向西北乾戌,出口转东北艮寅,约行二十里,向正东卯字,约行一百十里,过咬牙嘴。此处众流迸集,水势湍急。岸旁有杵岛,水道稍险。又向东南巽巳,约行二十里,水深六丈,黑泥底。将进刘公岛北口,有二巨石当流,行舟宜避之。向正南丙午,约行十里至岛下,往南湾泊。计程一百六十里。

自刘公岛开船,若值西南风,向东南巽巳,约行二十里,又向东方乙辰,约行八十里,又向正东乙卯,约行五十里,过青矶岛。此岛及对面沙岸名朝阳石。复向正东乙卯,约行五十里,至成山头,为水师南北分汛之地。有骆驼圈海口,可容七八十艘避飓风。如遇紧急,可以宿泊,对面正北有海驴岛。岛北有浅沙,宜避。成山头里许有大卧虎石,有小卧虎石,暗礁沉在水中,时起白浪,最为险恶,宜避。过海驴岛,紧近成山头。沿边而行,向东南巽巳,历丙午、丁未以至于癸,依山麓,行约行四十里,至龙口崖湾泊。计程二百四十里。

自龙口崖开船,若值西北风,向西南坤字,行三十里。过养鱼池口,可容二百余艘。向正南午字,约行八十里,过倭岛。向南方丁未,约行三十里,向正南丙午,约行四十里,向正西庚酉,约行六十里,向西北乾戌收入,泊在马头嘴。计程二百四十里。

自马头嘴开船,若值正北风,用坤申出口,向西方辛字,行过苏门岛,至靖海卫湾泊。计程六十里。

自靖海卫开船,若值东北风,向正西庚酉,约行一百五十里,过宫家岛、黄岛,至葫芦嘴。水深三丈五尺,石底。又过小竹岛,转正西辛酉,约行三十里,过小青岛。又转正西庚酉,约行六十里,至大嵩卫。其西南有礁石出水,长十余里,行舟宜避之。正南海中百余里外,有千里岛。向西南坤未,约行一百里,转向南坤申,约行二十里,至田横岛下湾泊。计程三百六十里。

自田横岛开船,若值东北风,向西南坤未,约行九十里,过管岛、车门岛、车公岛,过劳山头。巍峨耸翠,巨浪险恶。转正西庚酉,约行三十里,过劳公岛,从西南逶迤进福岛湾泊。计程一百二十里。

自福岛开船,若无风,乘潮顺流而行。向正西庚酉,约行七十里,到淮子口。转西北乾亥,至黄岛湾泊。计程七十里。

自黄岛开船,若值西北风,向东南巽巳,行出淮子口。转南方巳丙,约行三十里,过小珠山、田岛。转西南坤未,约行三十里,过薛家岛。复行十里,向东北方进唐岛西口湾泊。计程七十里。

自唐岛口开船,若值正北风,向西南坤未,约行七十里,过大珠山、古镇口。又约行三十里,至斋堂岛湾泊。计程一百里。

自斋堂岛南行三百四十里,至莺游山,江南海州界矣。

《莱州府志·自南而北海程》：

第一程　自莺游门起,东北远望琅邪山,前投斋堂岛湾泊。约四百里。为一大程。西面有泥滩三里,可容船百余只。如船多,岛东北三十里有龙湾口,可泊船二百余只。中间所过水面,东北一百九十里,至涛雒口。又二十里,至夹仓口。回避望海石。又东三十里,至石臼所海口,回避石臼栏、胡家栏、曲福、桃花栏。又东四十余里,至龙汪口,可容船三十只,回避黄家石栏。又东二十里,至龙潭,可容船百余只。又东二十余里至沐官岛,回避胡家山。以上可泊五处,应回避七处。俱用西南风,回避西北风。

第二程　自斋堂岛等处开船,正东由胶州灵山岛,东北远望劳山,前投福岛湾泊,共约二百余里。西南有泥滩二里半,可容船六十只。如船多,岛西五十里有董家湾阔大,可容船三百余只。中间所过水面,东四十里至古镇口,回避海子嘴。又东五十里至灵山岛,岛西南嘴可容船二十只,回避东北、正东风。岛东北鼓楼圈,可容船十余只,回避正北、西北风。此处虽可容船,不宜久住。东北六十里至唐岛,可容船二百余只,避东风、东北、正北风,回避淮子口、露明石。又东五十里至小青岛,避正北、东北风。又东六十里至董家湾,回避捉马嘴。以上可泊五处,应回避三处。俱用西南风,回避西北、正北、东北风。

第三程　自福岛开船，东二十里回避老君石，远望田横岛湾泊，约一百五十余里。此岛周围三十里，可容船二百余只。如船多，岛东七十里有阔落湾，可容船二百余只。中间所过水面，东北六十里至小管岛，又东十里至大管，又东七十里至田横岛。以上可泊二处，应回避一处。

第四程　自田横岛开船，远望槎山，前投延真岛湾泊，共约四百余里。此岛东西长五十里，遇北风泊南面，遇东风泊北面，可容船百余只。东北岸下有三孤石，又旁多隐石，皆宜回避。中间所过水面，东四十二里至杨家湾，又东三十里至草岛嘴，又东三十里至青岛，又东三十里至黄岛，又东北三十里至宫家岛，又东一百五十里，由苏门岛至延真岛。以上可泊六处，应回避三处。

第五程　自延真岛开船，稍放洋行，东转杵岛嘴，北过成山头，西北望威海卫山，前投刘公岛湾泊，约一百四十里。此岛可容船六七十只。中间所过水面，东三十里至镆邪岛、西头、季家圈，又东三里至尘鹿岛，又东十五里，西北四十余里至养鱼池。又东北二十余里，至黄埠嘴。又东南一里，回避成山头。又东七八里，回避殿东头。此二处极险，须放洋远避。过此转西三十余里，至骆驼圈里东岸下，可容船七八十只。又西三里李丛嘴，可容船二三十只。又西十五里，至柳夼口，避西北、东北风。又西一百里，至刘公岛，回避岛东南礁石嘴。又西四十里至威海卫东门口教场坞，可泊船四百余只，避西北风。以上可泊四处，应回避三处。

第六程　自刘公岛开船，至之罘岛湾泊，约二百余里。此岛东南长二十里，可容船一百余只。岛迤东三十余里有崆峒岛，前可容船二三十只。中间所过水面，迤西一百四十里至养马岛，回避西北风。又岛西回避炼石嘴。西北五十里系崆峒岛。又西三十里系之罘岛。以上可泊二处，应回避一处。

第七程　自之罘岛开船，至沙门岛湾泊，约一百八十里。岛东南汪，周围二三里，可容船一百余只，避西北、东北、正北风。中间所过水面，西六十里经八角嘴，又西五里回避龙洞嘴，又西五十里回避四石，又一二里入刘家汪口，避四面风。又西二十里回避湾子口、东北沙港。又西二十里，回避抹直口、金嘴礁石。又西三里入新河海口，即登州府水城，回避观音嘴石。西北四十里回避长山岛、东南嘴沙港。又西十里至沙门岛。以上可泊三处，应回避六处。

第八程　自沙门岛开船，至三山岛湾泊，约二百余里。中间所过水面，南三十里回避大石栏。又西六十里至桑岛，避西北、东北、正北风，回避岛东北二处礁石，又西回避羊栏口礁石。又西十五里即三山岛。以上可泊二处，回避四处。

第九程　自三山岛开船,西投大清河口湾泊,共约四百余里。此口可容船五十余只。中间所过水面,西三十余里至芙蓉岛西南面,可容船四五十只。又西五十余里,回避虎头崖并东北碎石。又西五十余里至海仓口,回避海口桩木、闸石。又西一百一十里至弥河口,又西四十余里至小清河口。俱外有沙港,不可入。以上可泊二处,应回避四处。

第十程　自大清河开船,投大沽河口,约一百八十里。此口可容船二百余只。中间所过水面,西三十里至大沙河口,可容船一百五十只。回避沙港一处,又西一百二十余里至大沟河口,可容船一百余只。又西北二十余里至大沽河口,以上可泊二处,应回避一处。又西北交直隶沧州界。

《胶莱河运程》:

自淮安府清江浦,由淮河九十里至安东县新坝。九十二里至岚山头(入山东境),二十里至安东卫,三十里至夹仓,十八里至旧寨,七十里至夏河所。二十里至古镇口东。西转大珠山,东北行十五里至灵山卫,二十里至马家壕,俱可避风。沿岸行转,过薛家岛,西行八十里过淮子口。二十里出海,北入麻湾口。由丁家二入胶莱河,行二百八十二里至海仓口,入北海(一云:经把浪庙、新河口、店口社、陈村闸、戴、高、刘家大闸、王、朱、杜家村,至平度州,又经窝铺、亭口、大成、昌渠、小闸、新河集、秦家庄、海仓口,至大海口,计三百七十五里)。十里至淮河口,四十五里至鱼儿铺,十里至白浪河,二十里至弥河口,十五里至小清河口(一作三十五里)。七十里至绿网口,七十里至大清河口,七十里至泽河口,十五里至久山河口,四十里至套儿河口,三十五里至大沟河口,三十里至大沽河口(出山东境)。五十里至徐家沟,七十里至杞沟,一百里至小直沽,一百二十里至丁字沽,入大直沽河。南自清江浦,北至大直沽河,共一千六百里有奇。

《开洋捷路》:

自金山卫东海滩松江府上海县,望东南行,过半山、大小七山、大仓、宝塔,东北行两日夜,见黑水洋。南风一日见绿水,瞭海内悬山,便是元真岛。

刘家港出扬子江南岸迤西行半日,到白茅港。正东行至崇明县,江北有瞭角嘴开洋,或正西、西南,北风潮落,正东或带北一字行半日,可过长滩,是白水洋。东北行,见绿水。一日见黑绿水,循黑绿水正北行,好风两日一夜到黑水洋。又两日夜,见北洋绿水。又一日夜,正北望显神山。半日见成山头。过成山头正西行，前鸡鸣屿内浮礁，避。有夫人屿不可行，须到刘岛正西，行到之罘岛。东北有门可入。自之罘岛，好风半日过抹直口，由登州城北新河口到沙门岛开洋，北过砣矶岛，东收旅顺口。

鱼盐志

《禹贡》曰："海物惟错，厥贡盐绤。"绤非海中所产，不具论。自太公始封营丘，通工商之业，便鱼盐之利。而民多归齐，则海滨之民资生，首在鱼盐。况其税课上关国赋，谁谓物工之宜，非筹海者所宜熟计也？故于捕鱼、作盐之法，皆备详焉。而渔户、盐贩因缘为奸，往往而然，未雨绸缪，又可忽乎哉？

鱼族不一，其为地处海滨之所有者不载，载者大者、异者、多者、美者。《青府志》谓：海上老人言，海中鲲鲸之大，目所未见。所习目者，惟鳅为最。每暮春，洋□□□，跳波鼓浪，鸣声若雷。子方成鱼，未开目者，已大如三楹屋，随潮而上，偶失水，委于滩间则死。众以巨木撑其口，入腹中。割其肪煎油，可得数十斤。其异者为牛鱼。《博物志》云：东海中牛鱼，剥其皮悬之，潮水至则毛起，潮去则复。又蛟错鱼生子，还入母肠，寻复出。又有物，状如凝血，纵广数尺方圆，名曰鲊鱼。无头目处所，内无脏。众虾附之，随其东西。又为比目鱼，《尔雅》所谓东方有比目鱼焉。不比不行，其名谓之鲽是也。其多者为青鱼，二三月间，浮游水面，每一举网，恒以万计。各口岸连樯列舸，载往他省以卖，登莱之民咸资赖焉。宋琬谓，青鱼长不满尺，青脊赤腮，立春后有之，肉香而松，随筋而脱骨，磔磔如獖毛，软不刺口。雌者腹中有籽，长阔竟体，嚼之有声。雄者白最佳，初入市贾颇昂。既而倾筐不满十钱。海上人用以代饭，谓之青鱼粥。其美者为佳季鱼。宋琬云，海鲋，海中之鲫也。巨口大眼，鱼目之美，无逾于此。土人呼为佳季，不知何指其来。以三月上旬谚云："椿芽一寸，佳季一阵。"惟登州四时有之。好事者掬海滨之水就烹之，不加盐豉，其味逾鲜，其有类乎！

兽而乃产于海者，曰海豹，曰海狗，皆出宁海州。海豹文身五色，丛居水涯。常以一豹护守如雁奴，其皮可饰鞍褥。海狗似狐而长尾。其肾曰腽肭脐。《别录》云，味咸无毒，可为药。欲验其真，取置睡犬旁，其犬忽惊跳若狂者佳。兼耐收蓄，置密器中，常温润如新。曰海牛，曰海狸。《郡国志》云，皆出不夜城海牛岛。海牛无角，长丈余，紫色足，似龟尾。若鲇鱼，性捷疾，见人则飞入水，皮可弓，腱膏可燃灯。海狸常以五月上岛产乳，逢人即化鱼入水。曰海驴，《郡国志》云，不夜城有海驴岛。岛上多海驴，常于八九月乳产。其皮入水不濡，可以御雨。《齐乘》谓，海驴皮，今有获之者。浅毛灰白作鲈鱼斑，此皆鱼之异者也。

其为介虫之属，有文蛤，产即墨县。《寰宇记》所谓"莱州贡文蛤"是也。按《丹铅总录·荀子》，东海有紫结、鱼盐。紫结即石蚨也，一名紫蔇，蚌蛤类也，春而发华，《文选》所谓"石蚨应节而扬葩"，是也。有鳆鱼，状似蛤，偏着石，海人泅水取之，乘其不知，用手一捞即得，否则斧凿亦坚持于石，不得也。《后山丛谈》云，是即石决明，登人谓之鳆鱼。（宋苏轼《鳆鱼行》：渐台人散长弓射，初啖鳆鱼人未识。西陵衰老绾帐空，肯向北河亲馈食。两雄一律盗汉家，嗜好亦若肩相差。莽、操皆嗜鳆鱼。食每对之先太息，不因噎呕缘疮痂。中间霸据关梁隔，一枚何啻千金直。百年南北鲑菜通，往往残余饱臧获。东随海舶号倭螺，异方珍宝来更多。磨沙瀹沈成大臠，剖蚌作脯分余波。君不闻蓬莱阁下驼棋岛，八月边风备胡獠。舶船跋浪鼋鼍震，长镵铲处崖谷倒。膳夫善治荐华堂，坐令雕俎生辉光。肉芝石耳不足数，醋芼鱼皮真倚墙。中都贵人珍此味，糟浥油藏能远致。割肥方厌万钱厨，决眦可醒千日醉。三韩使者金鼎来，方奁馈送烦舆台。辽东太守远自献，临淄掾吏谁为材。吾生东归收一斛，苞苴未肯钻华屋。分送羹材作眼明，却取细书防老读。）

捕鱼之具，《青府志》言，海上渔户所用之网，大者以绳结成，其目四寸以上。上网有浮木，下网有坠石。每网一贴，约长二丈阔一丈五尺。数十家合伙出网相连，而用网至百贴，则长二百丈。乘海潮正满，众乘筏载网，周围布之于水，待潮退鱼皆滞网中。众齐力拽之，若鱼过多，重不能胜，则略纵网，令鱼稍逸去。每网可得杂鱼数万，列若丘山。

其渔船、渔筏，各县编记姓名、歇业、新增皆须查考。捕鱼时，官为给发印旗，以杜私出外洋作奸之弊。今就四十六年登郡各县牒所列之船筏书之：蓬莱县渔船三十只；黄县渔船二十二只，渔筏十七只；招远县渔筏三十三只；宁海州渔船筏共一百十七只；海阳县渔筏十六只；文登县渔筏五十一只；荣成县渔船五只，渔筏一百九十五只。

明 郑若曾《黄鱼船之利论》：

间尝乘海舠，凌惊涛，历览岛洋形胜。窃谓苏、松海防，断以御寇洋山为上策。

而淡水门捕鱼一节，乃天设此险，以为苏、松屏捍也。盖淡水门，产黄鱼之渊薮。每岁孟夏，渔船出洋宁、台、温，大小以万计；苏州沙船以数百计。小满前后，放船凡三度，谓之三水。黄鱼海中常防劫夺，每船必自募惯出海之人，格斗则勇敢也，器械则犀利也，风涛则便习也。其时适当春汛之时，其处则倭犯苏、松必经之处。贼至洋山，见遍海皆船，而其来舟乃星散而行。以渐而至势孤气夺远而他之矣！敢复近岸乎？此其利有三。不募兵而兵强，不费饷粮而粮足，不俟查督而自无躲避之弊。如杀贼而有功，照例升赏。所获贼资，悉以界之。纵贼近岸，一体坐罪，永不许其出洋。将渔人皆以御贼为己责，官民胥利，岂非备倭之良法乎？（按，此论本为江南御倭而设，今虽承平无事，然海匪盗劫如昔岁，广东沙茭之事，亦或不免。东省沿海皆有渔船，亦可仿其法，以资捕盗，故附录之。）

管子对齐桓公曰："齐有渠展之盐，请君伐菹薪，煮沸火为盐，征而积之。"于是自十月至于正月，成盐三万六千钟，枭之得金万一千余斤。山海之利，甲于诸国。按展渠，今利津县富国盐场是也。《唐书》谓，棣州有蛤蜒盐池，岁产盐十万斛。蛤蜒，在今惠民县境。《汉志》：北海、东莱、琅琊、诸皆有盐官。后魏，青州煮盐置灶，凡四百五十有六。唐时，青州之盐掌于司农。宋仁宗时，密州涛雒一场，岁鬻盐三万二千余石。后增登州四场。滨州岁鬻盐二万二千余石。则东海之为产盐地盖久。

顾古以火成，今皆日晒火煎者，十之一二。其作盐之法，《沂州府志》云，筑地为基，约高尺半，方七八尺。既坚，用秫秸铺平，上加土压。择斥卤之地，用耙起土，耙似耰，而穿以竹，使比竹刮土而起，土起之后，日中晒干。举入淋池踏坚，浇以海水，水流出者为卤。入于头港。头港者，淋池前预凿一井也。但卤上不能无水。其水之浅深，以莲子试之。置莲子于头港中，至卤而止，其上皆浮水也。汲去存卤，然后倾晒池。晒池地约官亩半分，用泥作隔，高寸许，接连如畦。中用碎瓦铺平，晒盐之度，夏则一日可成，冬则晒三四日也。若夫煎盐则贮卤于锅，每锅用卤二担，烧草五束，一锅可得盐八斗。晒之味甜而鲜，煎之味苦而涩。又按《青府志》云，寿光、乐安诸邑之滨海者，皆于斥卤中疏土为畦，阡陌纵横，形如田垄。掘坎出水，汲水注畦中，风之日之而盐成。积如散雪，堆如冈阜。豪家乘盐户之窘，而贱收之。有蓄之数十年而不鬻者，乘时之缺，昂其价而出之，则其利可数倍。大约民非菽粟则饥饿，非盐则疾病。故盐者，民之大命也。往者盐课自民输于官，而民之鬻盐者，皆自由。故盐贱而无私贩。自近日有设置盐店之弊，晒盐之滩如故也。盐之所产非少，于昔日也设立总盐店于产盐之所。又设立聚散店于贩盐经行之所，钳制稽查，使晒盐之户纳钱于店。而后令巢卖，使贩盐之人纳钱于店，而后令之行走合千里之内。数百万之户口，仰给于濒海之盐，而有数十盐店垄断罔利于其间，则盐价焉得不腾涌哉？盐既贵，而食盐之家不减于旧，于是私贩者遂多矣。民间食盐者，又利于私贩者之价值稍廉，复多为之囊橐。耳目使之，夜行昼伏，或至十百为群。于是店商多豢募骁勇游手之夫，操火器弓矢，以要于中路。而私贩者人少则奔窜，人多则格斗。每至死伤而讼狱繁兴矣。小民何知，唯利是向。彼肩挑背负皆穷苦无恒产之民也。以穷苦之人，而日获升合之利，即严刑以惩，岂能杜哉？况榷盐之商，又多非土著，皆五方射利无籍之徒。互相压轧，或以岁易或以月易，争夺陆梁，靡所底止。于是盐之为利，不在官不在民，而尽在诸店所网取。而私贩由之以兴，而诉讼由之以起也。按《明史·兵志》，商灶盐丁以私贩为业，多劲果。成化初，河东盐徒千百辈，自备火炮强弩车仗，杂官军逐寇。而松江曹泾盐徒，嘉靖中，逐倭至岛山。焚其舟，后倭见民家有醝囊，辄摇手相戒，可知有事之秋，若辈亦未始不可用以防御也。特在平日之善，为经理耳。今制盐场凡十，曰永利（在沾化县东三十五里）、曰富国（在沾化县东六十里）、曰永阜（在利津城东北五十里）、曰王家冈（在乐安城东北一百里）、曰官台（在寿光城东北五十里）、曰西由（在掖县城北五十里）、曰登宁（在福山城北五里）、曰石河（在胶州城东南一里）、曰信阳（在诸城东南一百二十里）、曰涛雒（在日照城南四十里），各设盐大使一员。

宋　苏轼《乞罢登莱榷盐状》：

元丰八年十二月某日，朝奉郎前知登州军州事苏轼状奏：

右臣窃闻议者，谓近岁京东榷盐，既获厚利而无甚害，以为可行。以臣观之，盖比之河北、淮、浙，用盐稀少，因以为便。不知旧日京东贩盐小客，无以为生，大半去为盗贼。然非臣职事所当言者，故不敢以闻。独臣所领登州，计入海中三百里，地瘠民贫，商贾不至。所在盐货，只是居民吃用。今来既榷入官，官买价贱，比之灶户卖与百姓，三不及一，灶户失业，渐以逃亡，其害一也。居民咫尺大海，而令顿食贵盐，深山穷谷，遂至食淡，其害二也。商贾不来，盐积不散，有入无出，所在官舍皆满。至于露积，若行配卖，即与福建、江西之患无异；若不配卖，即一二年间举为粪土，坐弃官本，官吏被责，专副破家，其害三也。官无一毫之利而民受三害，决可废罢。窃闻莱州亦是，元无客旅兴贩，事体与此同。欲乞朝廷相度，不用行臣所言，只乞出自圣意，先罢登莱两州榷盐，依旧令灶户卖与百姓，官收盐税。其余州军，更委有司详讲利害施行。谨录奏闻，伏候敕旨。

《元史·食货志》：

山东之盐：太宗庚寅年，始立益都课税所，拨灶户二千一百七十隶之，每银一两，得盐四十斤。甲午年，立山东盐运司。中统元年，岁办银二千五百锭。三年，命课税隶山东都转运司。四年，令益都山东民户，月买食盐三斤；灶户逃亡者，招民户补之。是岁，办银三千三百锭。至元二年，改立山东转运司，办课银四千六百锭一十九两。是年，户部造山东盐引。六年，增岁办盐为七万一千九百九十八引，自是每岁增之。至十二年，改立山东都转运司，岁办盐一十四万七千四百八十七引。十八年，增灶户七百，又增盐为一十六万五千四百八十七引，灶户工本钱亦增为中统钞三贯。二十三年，岁办盐二十七万一千七百四十二引。二十六年，减为二十二万引。大德十年，又增为二十万引。至大元年之后，岁办正、余盐为三十一万引，所隶之场，凡一十有九。

《山东海疆图记》卷四

天时部

地势既详，则洪涛巨浪之险既已，瞭若康庄径途毕列矣。然涉海者，非乘潮信之消长，风色之顺逆，必不能攸往而咸利。至于占风候潮，又每视乎日色、云气，以为之准，是天时之利，所关尤要矣。因备采旧闻，兼征里谚，用资利涉，非徒以荡云沃日侈陈东海之奇观也。说者谓潮信风色，时去时来，往往有洋洋如在之灵，此其事亦若有天焉者。故凡祷祀之典，窃仿《尔雅》祭名，附于释天之例，并载于此。

潮 汐

朝，曰潮。夕，曰汐。消长各有其时。《山海经》以为"海鳅出入穴之度"。《拂书》以为"神龙之变化"，其说皆近于荒诞。大率元气为嘘吸，而水亦因之为起伏也。其至仲秋最盛者，盖阴阳气均，而阴方壮鼓怒之势，雄耳。每月十三、廿七，名曰起水，是为大汛，各七日。二十、初五，名曰下岸，是为小汛，亦各七日。《宁波海潮记》云，一日之内，凡遇子午时壮，则卯酉时衰。丑未时壮，则辰戌时衰。寅申时壮，则巳亥时衰。以所壮之时起，则衰可测矣。又以初一日何时壮，越三日而更进一时，越五日则更进二时，下半月与上半月等。以此推测，无不凭准。《乾凿度》云："潮者，水气往来，行险而不失其信者也。"此后世潮信之所由名也。顾潮候亦有随地而不同者。如《寰宇记》所谓，"琼海之潮，半月东流，半月西流"。而浙江之潮，盛于他处，往往高至数丈，每逢八月十八为尤盛。桂林圣水岩，则须三、五、十年有大潮，此又理之所不可测者也。

《抱朴子》云：

夫河从北极分为两条,至于南极。其一经南斗中过,其一经东斗中过。两河随天转入地下,过而下水相得,又与海水,合三水相荡。而天转之故激涌而成潮。一月之中,天再东再西,故潮水再大再小。又夏时,日居南宿,阴消阳盛,而天高一万五千里,故潮大也。冬时,日居北宿,阴盛阳消,而天卑一万五千里,故冬潮小也。春时,日居东宿,天高一万五千里,故春潮渐起也。秋时,日居西宿,天卑一万五千里,故秋潮渐减也。

窦叔蒙《海涛志》:

潮汐作涛,必待于日;月与海相催,海与月相明。

《东海鱼翁海潮论》:

地浮与大海,随气出入上下。地下,则沧海之水入于江,谓之潮;地上,则江之水归于沧海,谓之汐。

宣昭《潮候说》:

圆则之运,大气举之;方仪之静,大水承之。气有升降,地有浮沉,而潮汐生焉。月有盈虚,潮有起伏,故盈于朔望,虚于两弦,息于朓朒,消于朏魄,而大小准焉。月者阴精,水之所生;日为阳宗,水之所从。故昼潮之期,日常加子;夜潮之候,月必在午,而晷刻定焉。卯酉之月,阴阳之交,故潮大于余月。大梁(日月所会于酉曰大梁)、析木(日月所会于寅曰析木),河汉之津也。朔望之后,天地之变,故潮大于余日。

唐 卢肇《海潮赋》:

夫潮之生,因乎日也;其盈其虚,系乎月也。故君子所未究之,将为之辞。犹惮夫有所未通者,故先序以尽之。

肇始窥《尧典》,见历象日月以定四时,乃知圣人之心,盖行乎浑天矣。浑天之法者,阴阳之运不差。阴阳之运不差,万物之理皆得。万物之理皆得,其海潮之出入,欲不尽著,将安适乎?近代言潮者,皆验其及时而绝,过朔乃兴,月弦乃小赢,月望乃大至。以为水为阴类,台于月而高下随之也(按:台字未详所谓)。遂为涛志,定其朝夕,以为万古之式,莫之逾也。殊不知月之与海同物也。物之同,能相激乎?《易》曰:"天地暌而其事同也,男女暌而其志通也。"夫物之形相暌,而后震动焉,生植焉。譬犹烹饪,置水盈鼎,而不爨之,故望膳羞之熟,成五味之美，其可得乎？潮不然也。天之行健，昼夜复焉。日傅于天，天右旋入于海，而日随之，佐日之至也。水其可以附之乎？故因其灼激而退焉。退于彼，盈于此，则潮之往来，不足怪也。其小大之期，则制之于月。大小不常，必有迟有速。故盈亏之势，与月同体。何以然？日月合朔之际，则潮始微绝。以其至阴之物，迩于至阳，是以阳之威不得肆焉，阴之辉不得明焉。阴阳敌，故无进无退，无进无退，乃适平焉。是以月之与潮，皆隐乎晦，此潮生之实验也。其朒其朓，则潮亦随之。乃知日激水而潮生，月离日而潮大，斯不刊之理焉。古之人或以日如平地执烛，远则不见，何甚谬乎！夫日之入海，其必然之理乎。且自朔之后，月入不尽，昼常见焉，以至于望。自望之后，月出不尽，昼长见焉，以至于晦。见于昼者，未尝有光，必待日入于海，隔以映之。受光多少，随日远近，近则光少，远则光多，至近则甚亏，至远则大满。此理又足证夫日至于海，水退于潮，尤较然也。

肇适得其旨，以潮之理，未始著于经籍间。以类言之，犹乾坤立，则易行乎其中，易行乎其中，则物有象焉，物有象而后有辞，此圣人之教也。肇观乎日月之运，乃识海潮之道，识海潮之道，亦欲推潮之象，得其象亦欲之辞。非敢炫于学者，盖欲请示于万祀，知圣代有苦心之士如肇者焉。赋曰：

开圆灵于混沌，包四极以永贞。㧌至阳之元精，作寒暑与晦明。截穹崇以高步，涉浩漾而下征。回龟鸟于两至，曾不愆乎度程。其出也，天光来而气曙；其入也，海水退而潮生。何古人之守惑，谓兹涛之不测。安有夫虞泉之乡、沃焦之域？栖悲谷以成暝，浴濛汜而改色。巨鳅隐见以作规，价人呼吸而为式。阳侯玩威于鬼工，伍胥泄怒乎忠力。是以纳人于聋昧，遗羞乎后代。曾未如海潮之生兮自日，而太阴裁其小大也。今将考之以不惑之理，著之于不刊之辞。陈其本则昼夜之运可见其影响，言其征则朔望之后不爽乎毫厘。岂不谓乎有耳目之疾，而耀将乎神医者也。粤若太极，分阴分阳。阳为日，故节之以分至启闭；阴为水，故霏之以雨露雪霜。虽至颐而可见，虽至大而可量。岂谓居其中而不察乎渺漠，亡其外而不考其茫洋者哉。故水者阴之母，日者阳之祖。阳不下而昏晓之望不得成，阴不升而云雨之施不得睹。因上下之交泰，识洪涛之所鼓。胡为乎历象取其枝叶而迷其本根也，策其涓滴而丧其泉源也？于是欲抉其所迷而论之，采其所长而存之。光乎廓乎，汩磅礴乎。差瀴溟之无际，曷鸿濛而可以尽度乎？乃知夫言潮之初，心游六虚。索蜿蜒乎乾龙，驾轇轕乎坤舆。知六合之外，洪波无所泄；识四海之内，至精有所储。不然，何以使百川赴之而不溢，万古撼之而靡余也。是乃察乎涛之所由生也。

骇乎哉！彼其为广也，视之而荡荡矣；彼其为壮也，欲乎其沉沉矣。其增其赢，其难为状矣。当夫巨浸所稽，视无巅倪。汹涌鸿洞，穷东极西。浮厚地也体定，半圆天而势齐。谓无物可以激其志，故有识而皆迷。及其碧落右转，阳精西入。抗雄威之独燥，却众柔之繁湿。高浪瀑以旁飞，骇水汹而外集。霏细碎以雾散，屹奔腾以山立。巨泡邱浮而迭起，飞沫电挺以惊急。且其日之为体也，若炽坚金，圆径千里。土石去之，稍迩而必焚；鱼龙就之，虽远而皆靡。何海水之能逼，而不澎濞沸渭以四起。故其所以凌锁，其所以薄激者，莫不魄落，焯烁如爨巨镬，赤色兮不可探乎淼淼之内，呀焉若天地之有龈腭。其始也，漏光迸射，虹截寓县。拂长庚而尚隐，带余霞而未殄。其渐没潗兮若后羿之时，平林载驰，驱貙虎与兕象，慑千熊及万罴。呀偃謇而矍铄，忽划砾而矍铄，划砾而鑫黯。其少进也，若兆人缤纷，填城溢郭，蹄相蹂躏，毂相摩错。哄澶漫，凌强侮弱，倏皇舆之前跸，孰不奔走而挥霍。及其势之将极也，潗兮若牧野之师、昆阳之众，定足不得，骇然来奔。腾千压万，蹴拼沸乱。雄棱后阒，懦势前判。慑仁兵而自僵，倏谷呀而巀断。此者皆海涛遇日之形，闻者可以识其畔岸也。

赋未毕，有知元先生讽之曰："斯义也，古人未言，吾将挥乎文墨之场，以贻永久，为天下称扬。爰有博闻之士，骇潮之义，始盱衡而抵掌，俄颣龂而愕眙。揽衣下席，蹈足掀臂，将欲致诘，领画天地。"久之而乃谓先生曰："伊潮之源，先贤未言。枚乘循涯而止记其极，木华指近而未考其垠。焉有末学后尘，遽荒唐而敢论。先生矍然而疑乃因其后，推车捧席执膝伺颜。言之少间，请见征之所如。"客乃曰："人所不知而不言，不谓之讷，人所未职而不道，不谓之愚。彼亦何敢擅谈天之美，斡究地之俞。指溢漭之难悟，欲盍听于群儒。今将尽索乎波潮之至理，何得与日月而相符。且大章所步，东西有极。容成叩元，阴阳已测。阳秀受乎江政，元冥佐乎水德，莫不穷海运，稽日域。及周公之为政也，则土圭致晷，周髀作则，神灶穷情乎天象，子云赞数于幽默，张衡考动以铸仪，淳风述时而建式。彼皆凝神于经纬之间，极思乎圆方之壶。胡不立一辞于兹潮，以明乎系日之根本也？先生苟奇之，胡不思？先生将宝之，胡不考之？苟由日升，当若准若绳，何春夏差小，而秋冬勃兴？其逾朔也当少进，何遽激而斗增？其过望也当少退，何积日而冯陵？昼何常微？夜何常大？何钱塘汹然以独起，殊百川之进退？何仲秋忽尔而自兴，异三时之滂霈？日之赫焉，犹火之烈，火至水中，其威乃绝。入洪溟以深渍，何日光而不灭？潮之往来，既云因日，日惟一沉，潮何再出？万流之多，匪江匪河，发自畎浍，往成天波，终古不极，盍沉四国，何成彼潮，而小大一式？为潮之外，水归何域？又云水实浮地，在海之心，日潜其下，而逢彼太阴。且其土厚石重，山峻川深，投块置水，靡有不沉。岂同其芥叶，而泛以蹄涔，繄块圠之至大，何水力之能任？吾闻之，天地噫气，有吸有呼，昼夜成候，潮乃不逾。岂由日月之所运，作夸诞以相诬者哉！先生阅赋之初，深通厥旨。及闻客论，欣然启齿。"于是谓客徐坐，善听厥辞。盖闻南越无颁冰之礼，郑人有市璞之嗤。常桎梏于独见，终沉溺于群疑。既别白而不悟，爰提耳而告之。然事有至理，无争无胜。犹权衡之在悬，审锱铢而必应。稽海潮之奥旨，谅余心之足证。当为子穷幽而洞冥，岂止于揆物而称哉！

夫日北而燠，阳生于复。离南斗而景长，迩中都而夜促。当是时也，气蒸川源，润归草木。既作云而泄雨，乃襄陵而溢谷。鱼龙发圻于胎卵，鸟兽含滋于孕育。且水生之数一，而得土之数六。不测者虽能作于溟渤，苟穷之当无羡于升掬。其散也为万物之腴，其聚也归四海之腹。归则视之而有余，散则察之而不足。春夏当气散之时，故潮差而小也。及其日南而凉，阴生于垢。退东井而延夕，远神州而减昼。当是时也，草木辞荣，风霜入候。水泉闭而上涸，滋液归而下凑。瘁万物以如归，运大泽而若漏。缩于此者盈于彼，信吾之理非谬。秋冬当气聚之时，故潮差而大也。两曜之形，大小唯敌。既当朔以制威，阳虽盛而难迫。其离若争，其合如击。始交绥而并斗，终摩垒而先释。日沮其雄，水凝其液。既冒威于一朝，信畜怒乎再夕。且潮之所恃者月，所畏者日。月违日以渐遥，水畏威而乃溢。亦犹群后纳职，来造王门。获命以出，望宁而奔。引百寮而尽退，何一迹之敢存？此潮象之所以逾朔二日而斗增也。黄道所遵，迟迅已均。肆极阳而不碍，故积水而皆振。自朔而退，退为顺式；自望而进，进为乾德。伊坎精之既全，将就晦而见逼。势由望而积壮，故信宿而乃极。此潮之所以后望二日而方盛也。自晓至昏，潮终复始。阳光一潜，水复迸起。复来中州，逾八万里。其势涵澹，无物能弭。分昼于戌，作夜于子。子之前日下而阴滋，子之后日上而阳随。滋于阴者，故铄之于水而不能甚振；随于阳者，故迫之为潮而莫肯少衰。此潮之所以夜大而昼稍微也。尝信彼东游，亦闻其揆。赋之者究物理，尽人谋。水无远而不识，地无大而不搜。观古者立名而可验，何天之造物而难筹。且浙者折也，盖取其潮出海屈折而倒流也。夫其地形也。则右蟠吴而大江覆其腹，左挟越而巨泽灌其喉。

独兹水也，夹群山而远入，射一带而中投。夫潮以平来，百川皆就。浙入既深，激而为斗。此一览而可知，又何索于详究。群阴既归，水与天违。当宵分之际，避至烈之辉。因圆光之既对，引大海以群飞。夫秋之中而阴盛，亦犹春之半而阳肥。事苟稽于已着，理必辨于犹微。故涛生于八月之望者，尤炎炎而巍巍也。万物之中，分日之热。叩琢钻研，其火乃烈。吹烟得焰，传薪就爇。附于坚则难消，焚于槁则易绝。所依无定，遇水乃灭。太阳之精，火非甚匹。至威无焰，至精有质。入四海而水不敢濡，照八纮而物莫能屈。就之者咸得其光辉，仰之者不知其何物。其体若是，岂比夫寒灰死炭，遇湿而同漂汩哉！方舆之下，阳祖所回，历亥子而右盛，逾丑寅而左来。右激之远兮远为朝，左激之远兮远为夕。既因月而大小成，亦随时而前后隔。此日之所以一沉，而潮之所以两析也。天地一气也。阴阳一致也。其虚其盈，随日之经。界寒暑之二道，将无差于万龄。故小大可法，而乾坤永宁也。若夫云者雨者，风者雾者，为雪为霜者，为雹为露者，雷之所鼓者，龙之所赴者，群生之所赋者，万物之所附者。彼皆与日而推移，所以就其衰而成其茂也。然后九围无余，而万流为之长辅。

谈未竟，客又剿而言曰：若乃寒暑定而风雨均也。吾闻之《洪范》云：豫常燠，急常寒。狂乃阴雨为涍，僭则阳气来干。苟日月之躔一定，又何远于王政之大端？彼有后问，姑纾前言。夫三才者，其德之必同。天以阳为主，地以阴为宗。参二仪之道，在一人之功。一人行之，三才皆协。德顺时则雨雾均，行逾常则凶荒接。僭慢所以犯阳德也。故暴尩莫之哀。狂急所以犯阴德也，故离毕为之灾。此则为政之所致，非可以常度而剸裁也。客曰："唯其余如何？"复从而解之曰："惟坤与乾，余常究焉。清者浮于上，浊者积于渊。浊以载物为德，清以不极为元。载物者以积卤负其大，不极者以上规奠其圆。故知卤不积则其地不能载，元不运则其气无以宣。夫如是，山岳虽大，地载之而不知其重；华夷虽广，卤承之而不知其然也。气之轻者，其升万高。故积云如岳，不驻鸿毛。轻而清也，而物莫能劳。及其干霄势穷，霏然下坠。随坳堑而虚受，任畎浍之疏溃。着则重也，故舟楫可以浮寄。至夫离九天，埋九地。作重阴之胶固，自坚冰以驯致。固可以乘鸿溟以自安，受万有而不圮者也。听兹言，较兹道。定一阳之所宗，何众理之难考。且合昏知暮，而翰音司晨。安有怀五常之美，预率土之滨，苟无谅乎此旨，亦何足齿于吾人。子以天地之中，元气噫哕。为夕为朝，且登且没。泛辞波而甚雄，处童蒙而未发。孰观地喙乎深泉之涯，孰指天吭乎巨海之窟。既无究于兹源，宁有因其呼吸而腾勃者哉!"客谢曰:"辞既已矣,欲入壶奥,愿申一问,先生幸以所闻教之。尝居海裔,觌潮之势。或久往而方来,或合沓而相际。曷舛互之若斯,今幸指乎所制。"先生撰屦旁眄,亦穷其变。吾因讯夫墨客,当大索其所见。彼亦告于余曰:日往月来,气回天转。其激也大,则体盛而相疏;其作也小,则势接而相践。惟体势之可准,故合沓而有羡。其何怪焉!

客乃跼躯敛色,交袂而辞。彼圆元方颐,古惑今疑。叹载籍之不具,恨象数之尚遗。方尽迷于阃域,非先生亲得于学者,而孰肯论之。于是乎若卵判雏生,鼓击声随。雷电至而幽蛰起,蛟龙升而云雨滋。形开梦去,醒至醒离。既手之舞之,足之蹈之。乃避席而称诗为贺,庶知元先生之辞。辞曰:噫哉古人,迷潮源兮。刊编麟翰,曾未言兮。罗虚列怪,无藩垣兮。名儒幽讨,理可尊兮。高驾日域,窥天门兮。涛疑一释,永立言兮。若和与扁,祛吾悁兮。昔之论者,何其繁兮。意摩心揣,只为欢兮。阴阳数定,水长存兮。进退与日,游混元兮。一升一降兮寒暑成,下凝浊兮上浮清。随盈任缩兮浮四溟,釜镉蒸爨兮拟厥形。愿扬此辞兮显为经,高夸百氏兮贻亿龄。先生曰:彼能赋之,子能演之。非文锋之破镝,何以解乎群疑。客乃酣然自得,油然而退也。

《两浙海防类考》云:东、南二海之潮,平于东者常先,平于南者常后。北水南来则为长,南水北来则为落。是故气有翕张,则潮有长落。方其气之始张于地,则水为气所拥而南奔,是为长。张之极,则水益南而潮平。张极而翕,翕则水还而潮落矣。翕极则张,张极复翕,此潮又长而落矣。且夫天地之有水,犹人身之有血。水由气以往来于地,犹血之以气往来于脉,皆一气之所致也。故水有潮而不潮者,如人身之血有行脉不行脉者。时刻之不爽者,即一息四至之期也。大小之不同者,即春弦夏洪之道也。日止于一潮,半月东流,半月西流者,亦犹两跷之与两手,迟速大小,所见之不同也。是脉虽皆由于一身,而经络所属自异耳。至于潮必东起者,东乃生气之方。阴阳之气始于此也,百川之尽赴于东,反本之义焉!如人身之气血,必归源于中焦,亦起于寅时,生气之际也。是以每月初一、初二、十五、十六日,潮长于寅时,半于卯,平于辰,落于巳,半于午,尽于未;长于申,半于酉,平于戌,落于亥,半于子,尽于丑。初三、初四、十七、十八日,长于卯,落于卯,落于午,长于酉,落于子。余仿此东海之潮汐也,至于浙江、扬子江,去东海万有余里。水之长落,止差一二时辰,并不外此。况寅时又当以月分定之方准,如"五月日高三丈地,十月十二四更二点"是也。是以每月初五、二十,谓之小水、渐水。至初八、二十三,大亏而不长,为极小水。二十五、初十,谓之起水、渐长。至初三、十八大盈,是谓大潮。春夏之潮,昼小而夜大。九秋之潮,昼夜俱大。八月十八,谓之潮生。三冬之潮,昼大而夜小。凡此潮候,人多习知之。然或有忽不介意者,海贼相搏,多临沙滩。时方平沙衍圹,俨若陆地。须臾潮至遂成巨浸,趋避莫及。嘉靖甲寅秋,会真定兵平倭,战于柘林,南河卒遇潮长偾事,岂不为永戒哉?任海防者固不可不讲也。

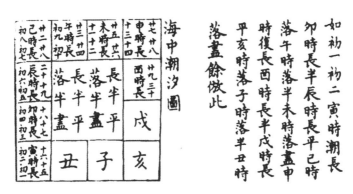

如初一、初二寅时潮长,卯时长半,辰时长平;巳时潮落,午时落半,未时落尽;申时复长,酉时长半,戌时长平;亥时潮落,子时落半,丑时落尽。余仿此。

风 信

海道之险,曰痴风,曰黑风。痴风之作,连日怒号不已,四方莫辨。黑风则天色晦明,不分昼夜。春夏之交大风,有海沙云起,谓之飓风。今人亦谓之风潮。《南越志》谓飓风者,具四面之风也。一曰惧风。《番禺杂记》云:"飓风将发,有微风细雨,先缓后急,谓之炼风。"其先一二日,片云漫空疾飞,海人呼为飓潮。苏过《海赋》云:"断虹饮江而北指,赤云夹日以南翔"此飓风之渐也。或云雾惨然,有晕如虹,长六七尺,此候则飓风必发,故呼为飓母。见忽有震雷,则飓风不作矣。舟人常以为候,预为备之。《田家五行志》云:"风单日起,单日止;双日起,双日止。"凡大风于日出时必略静,谓之风让日。至于春风,则又有踏脚报之谚,言易转如传报不停也。或言吹一日南风,必还一日北风,犹报答也。《沂州府志》云:"明时倭寇犯东境,每视风之所之大抵。"冬春多飓风,不堪渡,风候不常,难以准定。及三月至五月,东南飙动且积久不变,倭可乘风。而至夏秋之交,风渐恶又不可至。及九、十月小阳届令,倭亦可来,是以防海者以三、四、五月为大汛,九、十月为小汛。故舟行者往西以仲春,往北以仲夏,往东以仲秋,往南以仲冬。凡南风防尾,北风防头,南风愈吹愈急,北风吹便大。月尽无风,则来月初必有大风。俗云,二十五、二十六若无雨,初三初四莫行船。每值日于执、破,多风雨。又云,执、破无雨,危承当他。

如正月初九日(玉皇暴)、十五日(上元暴)、二十五日(龙神朝上帝暴),二月初七日(春期暴)、十七日(马和尚过江暴)、十八日(达摩祖师暴)、十九日(观音暴),三月初三日(真武暴)、初七日(阎王暴)、十五日(元天君暴)、二十三日(天妃暴)、二十八日(龙神朝东岳暴),四月初二日(白龙暴)、初八日(太子暴)、二十三日(太保暴)、二十五日(龙神太保暴),五月初五日(屈原暴)、十三日(关帝暴)、二十一日(海母暴),六月十一日(彭祖暴)、二十四日(雷公暴),七月初八日(神煞交令暴)、十五日(中元地官暴),八月十四日(伽蓝暴)、二十一日(龙神大会暴),九月初九日(重阳暴)、二十七(冷风信暴),十月初五日(朔风信暴)、十五日(下元水官暴)、二十日(东岳朝天暴)、二十五日(云接暴),十一月十四日(水仙暴)、二十九日(西岳朝天暴),十二月初八日(腊八暴)、二十四日(扫尘暴)。

一岁之中,凡三十有二日,必有大风。率以为常,俗谓之风暴。虽其命名取义,类皆附会不经,然舟行者习奉其说,而皆验,恒先期而预为备避之处。海中行船,夏秋之间遇西北风,不日必有巨风。须急收安屿。兵船在海,遇晚俱要酌量收船安屿,以防夜半发风至。追贼亦要预计今晚收船何处。若一意前追,遇夜风起,悔之无及。

其在东省海程,若套儿河、大沟河口、牡蛎嘴,可避飓风。大沙河口,避东北、西北风。绛河口,避正南、东南、西南风。淄河门、淮河口、小石岛,避飓风。三山岛,避东北风。岠嵎岛,避正北、东北、西北风。桑岛,避西北、东北、正北风。刘家旺口,避四面风。之罘岛、东南旺,避西北、东北、正北风。崆峒岛,避飓风。养马岛,避西北风。威海卫、教场坞,避西北风。刘公岛,避飓风。柳夼口,避西北、东北风。成山头,避东南、正北、正西风。养鱼池,避东风。马头嘴,可避大风,惟东南风浪巨,不便湾泊。苏门岛,避大南风。靖海卫,避东南、正北、东北风。宫家岛,避飓风。小竹岛,避西南风。小青岛,避南风(一云可避正北、东北风)。塔岛,避飓风。乳山岛口,避飓风。田横岛,避东北风。劳公岛,避飓风。辉村岛、青岛,避东北、西北、正北风。黄岛,避东风。唐岛,避东风、东北、西北风。鼓楼圈,避正北、西北风。

灵山岛、西南嘴,避东北、正北、正东风。斋堂岛,避西北、正北、东北、东南风。计可避之处,凡三十有八。

《摭遗别录》:王师中知登州,一日大风异常,呼问父老。曰:"海鳅将过此,必先有大风。"次日,师中登蓬莱阁候之。须臾,鱼至,不见其首。但见其鳍如山,出水上隐隐。自北而南,经一日始见其尾(按《府志》,无王师中为知府者。惟宋时有李师中,王字当是李字之讹)。

《两浙海防类考》云,孙子曰:"发火有时,起火有日。"时者,天之燥也;日者,月在箕、壁、翼、轸也。凡此四宿,风起之日也。如正月太阳在子,初一日太阴孕于子,谓子朔五日。过两宫,即戌位,此三日内决有风者,月在壁、宿是也。初十日太阴过申,三日内主雨者,月离于毕是也。十五日太阴过午,谓之望。十七、十八、十九,太阴过巳及辰,三四日内有风者,月在翼、轸是也。二十五太阴过寅,二三日内有风者,月在箕、宿是也。二十九、三十日太阴复于子,谓之晦。二月太阳在亥,太阴随之。余放此大率节侯不同,弦望亦异。节候不同者,如立春或在月前月后。弦望不同者,弦有初七、初八、初九,望有十四、十五、十六、十七。是以月之过宫,亦有三四日之差。其风亦应在三四日之内。质以历之,所推无不验矣!

日 色

东海,固羲仲寅宾出日之乡。嵎夷、旸谷,皆在其境。而《齐地记》又谓,古有日夜出,见于东莱。莱子因以立城,名曰不夜。秦始皇东游海,一造桥观日。《封禅书》:八祠,七曰日主,祠成山。今其遗迹犹存。夫日丽于天,四海咸照。临焉而论其所出,则惟东海为特近。故自来观日出者,皆于东海。周密《癸辛杂志》云:扬州有赵都统,号赵马儿,提兵船往援李坛于山东。舟至登莱,滞留数月,常于舟中见日初出海门时,有一人,通身皆赤,眼色纯碧,头顶大日轮而上。日渐高人渐小。凡数月所见皆然。岂即《山海经》所谓东方有羲和国,每日出其国人,为御推而升太虚者耶?或又谓海底三更见日出,光芒四起。盖地处极东而海上又无高山为之障蔽,宜其所见,较异于中土也。

唐 熊曜《琅琊台观日赋》：

秦筑东门于海岸，曰琅琊台。高可望远，而东之人悉以宵分之后，观日于海底者，壮其观而为赋云。

秦门之东，天地一空；直见晓日，生于海中。赤光射浪，如沸如铄；惊涛连山，前拒后却。圆规上下，隐见寥廓，焜煌天垂，若吞巨壑。当扶桑汹涌于云光，阳德出丽于乾刚。汗漫翕纳，将吞六合。冲融青冥，遥浸大莹；羲和首驭，夸父上征；眩转心目，苍黄性情。倾地舆而通水府，吸天盖而骇长鲸。彼秦伊何？崇此为门。委绝人力，其谁敢论？失万邦者，虽设门而必圮；表东海者，谅无门而亦存。步秦亭而在此，伤魏阙而何言？千载之后，石梁斯在。时无鬼功，岂越沧海？念无道而肆志，将不亡而何待？我国家逾溟渤而布声教，穷地理而立郊垧。略秦皇于帝典，参汉武于天经。顾荒台而寂寞，取殷鉴于生灵。尔其秋景超忽，晴光涣发；蜃氛干云，蚌胎候月。长波沃荡，超百谷以深沈；唳鹤徘徊，想三山之灭没。齐鲁郡邑，霜天沴寥；凌虚无而倒景，临沆瀣而乘朝。日向濛汜，云横丽谯。追鲁连之达节，行将蹈海；仰田横之行义，若在云霄。骊龙之珠，群玉之府；想望绵邈，依稀处所。有海客之无心，托扶摇之轻举。

国朝 施闰章《望日楼同杨郡守王司李张蓬莱看日出诗并序》：

日初出时，一线横亘，如有方幅梭角，色深赤，如丹砂。已而焰如火，外有绛帷浮动，不可方物。久之，赤轮涌出，厥象乃圆。光彩散越，不弹指而离海数尺，其大仅如镜，其色如月矣。

烛龙夜半开大荒，羲和振辔严晨装。珊瑚十丈横天出，乍看弦直忽已方。
大如华盖覆金屋，艳如玉盘堆火齐。鲛绡菡萏作帷幛，仿佛隐见无端倪。
车轮熠熠从中跃，赤乌飞起彩云落。光铓倒射鼋鼍宫，扶桑枝胃蓬莱阁。
客云日出光不同，阴晴万变随神工。连朝霾雾今日霁，使君天许开心胸。
数言未毕日千尺，翻如素月城头出。天明万事从此生，安得长绳系白日。

徐绩《崂山观日出记》：

崂山，在即墨县东南七十里。史称秦始皇自琅邪北至劳盛山，说者谓盛即成山，劳则今所谓崂山者是也。山三面环海，上有狮子岩，可以观日。三十九年夏，余阅兵至即墨营，闻其胜，特往游焉。是为四月十有四日。是夜，宿华严庵，黎明登岩观日。是日无云无风，海水澄碧如镜。少焉，红光昱耀，变为万顷胶池，一线金光，横凝天末，稍腾而上，其下如有承盘，又上顶如戴冠，已忽下束其口，而其顶甚平，作覆瓿之状，再上形如八角。先是如盘、如冠、如瓿，日上下皆带绀紫之色，至八角时，其色正赤，又腾而上，形始全员。

时同观者，莱州守王鹗、胶莱运判谢洙、即墨令崔云骒、参将丰伸、守备李进忠、试用武进士张鋐、千总鲍瑛、国子生高源，凡八人，所见皆同。

往时观日者，多于泰山之日观峰，然距海甚远。兹山逼近海滨，所见尤的。顾前代观日出者，但云浮金万里，以是为宇内之奇观，如余所见其形状且数变，昔人未有言及者。余谓，物形虽方、斜、廉、钝之不同，悬诸高处，仰而视之，无有不见为员者。天文家言，月形多凹凸，填星形如瓜，旁有二小星如耳，岁星四周，有四小星绕行不息。太白光有盈缺，如月之弦望，用窥远镜观之，尽人皆可得见。日光炎烁，隔镜辄得火而燃，非如星月之可以仰窥。惟初出时，光不甚赫，而目之平视为最真，故独能有以穷其变。其色带绀紫者，窃谓积阴之气，为初阳所逼，非日之本形。其正赤者，乃为本形。余今所见，盖可补历代《天文志》所未及，则谓日形八角，其说自余始发之，亦奚不可？

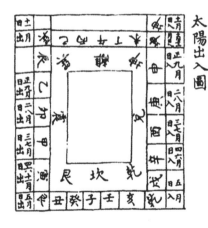

太阳出入图

正九出乙入庚方，二八出兔入鸡场。三七发甲入辛地，四六出寅入犬藏。五月生艮归乾土，仲冬出巽入坤方。惟有十月与十二，出寅入申仔细详。

海 市

地以五云腾气，海市者，云气之聚也。每于春夏之交，风日晴和则见之。见后翌日必雨，梅圣所谓"用之卜阴晴"者是也。东省环海之岛多有之，而登州为特著。常在沙门、鼍矶、牵牛、大竹、小竹五岛之上。观者谓其如宫室、台观、人物、车马变幻莫测，殆史所谓"海旁蜃气象楼台，云气各象其山川人民之蓄积"者欤！夫云气所象，因地而异。《天官书》谓，渤海间气正黑色。《晋志》云，东海气如员箪。《隋书》云，齐云如绛衣。唐邵谔谓，东齐之云，如青靛。登州海市，其即员箪、绛衣之类欤！至于海上舟行，乘风鼓浪，茫然不见端际，尤借云气以为占候。昔人谓，见黄气，知有人烟国土。见白气，知有山峰岩壑。见黑气，则知为水。沈氏《笔谈》云，每日五鼓初起，视星月皎洁，四际无云，便可行舟。至于巳时即止，则不遇暴风矣。又凡云头从东方起必有东风，从西方起必有西风，南北亦然。如前面云头已过，后面云脚未尽，风亦未止，必天色明净后更无云。然后风止，若行云片片相逐，聚散不常，又云脚黄，日色赤，云行急。天色黯淡，日月昏晕，并主大风。予志海市，夫亦因云气而类，及之为渡海者示占候之方云尔。

宋 苏轼《登州海市诗并序》：

予闻登州海市旧矣，父老云："常出于春夏，今岁晚，不复见矣。"予到官五日而去，以不见为恨，祷于海神广德王之庙，明日见焉，乃作此诗。

东方云海空复空，群仙出没空明中。荡摇浮世生万象，岂有贝阙藏珠宫。
心知所见皆幻影，敢以耳目烦神工。岁寒水冷天地闭，为我起蛰鞭鱼龙。
重楼翠阜出霜晓，异事惊倒百岁翁。人间所得容力取，世外无物谁为雄。
率然有请不我拒，信我人厄非天穷。潮阳太守南迁归，喜见石廪堆祝融。
自言正直动山鬼，岂知造物哀龙钟。信眉一笑岂易得，神之报汝亦已丰。
斜阳万里孤岛没，但见碧海磨青铜。新诗绮语亦安用，相与变灭随东风。

梅尧臣《送朱司封知登州》诗：

驾言发夷门，东方守牟城。城临沧海上，不厌风涛声。
海市有时望，闾屋空虚生。车马或隐见，人物亦纵横。
变怪其若此，安知无蓬瀛？昨日闻公说，今日闻公行。
行将劝农耕，用之卜阴晴。

元 于钦《齐乘·海市论》:

海市之名,始见《江邻几杂志·东坡诗序》。或谓类南海蜃楼,蛟蜃嘘气所及成,殆不然。钦尝至登州,海上访之。盖海市常以春夏晴和之时,杲日初升,东风微作,云脚齐敷于海岛之上,海市必现。现则山林城阙、楼观旌幢、毡车驼马、衣冠人物,凡世间所有象类万殊,或小或大,或暂或久,或变现终日,或际海皆满。其为灵怪赫奕,岂蜃楼可拟哉?盖沧溟与元气呼吸,神龙变化,浩不可测。如佛经所谓,龙王能兴种种雷电云雨,居于本宫,不动不摇,山海幽深,容有此理。钦以仲秋后至海滨,天已微寒,知州事李述之,诗人也,亦相与祷于广德王之祠。越二日,忽报云今晨风色云气,海市当现,同登宾日楼候之。日初出大竹岛上,横一巨艘,长余百寻。述之指以示余曰,此海舟耳。述之曰,谛观之何故不动?须臾前后曳数旗,剑戟纷纭,忽不见。惟有空舟,渐变如长廊而灭。述之曰,风稍急而寒,不然现未已也。呜呼神哉!然则史汉所称三神山,蓬莱、方丈、瀛洲,望之如云,未能至者,殆此类耳。且秦汉入海方士,仅能往来于矶岛之间,偶见此异,慕之为仙,亦不为过。非若今人航海,远泛黑水洋外,或飘荡岁月而后返,果有蓬莱仙山,何不闻也?斯言足破千古之惑矣!

明 秦金诗:

晴云昼护蓬莱岛,海上清风翠螺小。 烟波万里驾沧溟,蓦地神工衒奇巧。
珠宫贝阙宝藏兴,恍惚阛阓移山城。 八千世界苍龙窟,十二楼台白玉京。
芙蓉秀出孤松岭,亭子分明傍仙境。 气化氤氲有倏无,万象荡摩皆幻影。
高阁乘风此望洋,乾坤吾道心茫茫。 杂俎披奇竟何补,夷坚志怪诚荒唐。
异哉海市何人传,岁寒健笔惊坡仙。 谁知兹祥非偶然,一而三日占丰年。
海市之名今更显,柱史文章光琬琰。

陈鼎诗:

凌虚出市何冥濛,应与万物同论功。 相传灵蜃解尔尔,云胡独见蓬莱东。
竹山妃子巧妆束,翠屏金镜堆芙蓉。 几回梳云蛟室暗,有时浴日鲸波红。
恍疑根着带鳌极,不然底柱楂骊龙。 海若无言风伯死,六丁白日驱丰隆。
楼居十二隔云雾,齐州九点攒神工。 三朝宜雨卜已久,卷舒谁者尸幽宫。
求仙童男招不返,征辽残卒心犹雄。 无乃精魂依幻劫,不随逝水徒匆匆。
小儿造化只宜此,芦灰色石非谈空。 三山遥指亦有意,桃花未许刘郎通。

归来几席有沧海，终当稽首乘槎翁。

袁可立诗并序：

余建牙东牟，岁华三易。每欲寓目海市，竟为机务缨缠，罔克一觏。甲子春，方得旨予告，因整理诸事之未集，又两阅月，始咸结局，于是乃有暇晷。仲夏念一日，偶登署中楼，推窗北眺，于平日沧茫浩渺间，俨然见一雄城在焉。因遍观诸岛，咸非故形，卑者抗之，锐者夷之；宫殿楼台，杂出其中。谛观之，飞檐列栋，丹垩粉黛，莫不具焉。纷然成形者，或如盖，如旗，如浮屠，如人偶语，春树万家，参差远迩，桥梁洲渚，断续联络，时分时合，乍显乍隐，真有画工之所不能穷其巧者。世传蓬莱仙岛，备诸灵异，其即此是欤？自巳历申，为时最久，千态万状，未易殚述。岂海若缘予之将去，而故示此以酬夙愿耶？因作诗以记其事云。

> 登楼披绮疏，天水色相溶。云霭泽无际，豁达来长风。
> 须臾蜃气吐，岛屿失恒踪。茫茫浩波里，突忽起崇墉。
> 垣隅迥如削，瑞彩郁葱茏。阿阁叠飞槛，烟霄直荡胸。
> 遥岑相映带，变幻纷不同。峭壁成广阜，平峦秀奇峰。
> 高下时翻覆，分合瞬息中。云林荫琦珂，阳麓焕丹丛。
> 浮屠相对峙，峥嵘信鬼工。村落敷洲渚，断岸驾长虹。
> 人物出没间，罔辨色与空。倏显还倏隐，造化有元功。
> 秉钺来渤海，三载始一逢。纵观历巳申，渴肠此日充。
> 行矣感神异，赋诗愧长公。

徐应元诗：

> 有美蓬莱阁，屹然丹山头。高出五云端，俯瞰大海流。
> 坐对三神山，下藏蛟与虬。云气时出没，忽然结为楼。
> 冉冉双城市，鸟隼杂彩旒。见岂山灵发，隐若山灵收。
> 把酒一眺望，因之悟所由。岛云有聚散，世事等蜉蝣。
> 东家铅椠子，篝灯焚膏油。西家羽林儿，跃马试戈矛。
> 一旦受知遇，谈笑致通侯。穷达其何尝，海云一转眸。
> 我生信有缘，家事亦瀛洲。岂其追仙侣，来作蓬岛游。
> 麻姑今何在，所思空悠悠。幻影与浮名，总之任短修。
> 倚栏长啸傲，此外复何求？

国朝　施闰章《观海市诗有引》：

余校士东牟，思见海市，事竣，谒海庙因祷焉。翌日临登，海市适见，歌以记之。

蓬莱海市光有无，元冬物色夸大苏。我亦再拜乞海若，愿假灵迹看须臾。
是时苦旱海水渴，神龙困懒枯珊瑚。鼍鼓忽鸣津吏呼，天吴出舞鲛人趋。
大竹盈盈横匹练，小竹湛湛浮明珠。方员断续忽易位，明灭低昂顷刻殊。
列屏复帐闪宫阙，桃源茅屋成村墟。沙门小岛更奇绝，浮屠倒影凌空虚。
有时离立为两人，上者为笠下为车。恚然双扉开白板，中有琪树何扶疏。
三山十洲一步地，群仙冉冉来蓬壶。神摇目眩看不定，惜哉风伯为驱除。
人间快意亦如此，浮云长据胡为乎？噫嘻！浮云长据胡为乎？

徐绩《崂山道中观海市记》：

自崂山东北，望海中两山，南北峙者为巉山。岛中有平山，《尔雅》所谓山上正曰章是也。岛之西南复一小山，土人以为距岸七十里，而不知其名。余于狮子岩观日后，还食华严庵中。循去道以返二十里，过修真庵小憩。又行二里，见两岛各透一白气，故时，平山与两岛相接，今为白气隔绝，望如横堵，岛南复现一山，与西南小山相类。从者曰："此海市也。"

停舆观之，横堵忽化为城垣，延属岛南，新现之山，雉堞高下隐隐可指数。西南小山幻为庐舍市肆，与林木相间，厕市南，高矗一竿，竿旗微动，若迎风摇扬然者。已而，岛南别起一城，不与故城相接，其上崇楼杰耸，数之凡三层，而西南庐肆渐隐，微见茫茫烟树而已。顷之，崇楼降为方亭，垣周其外，其南复为庐肆如前。凡诸物象变迁，皆在西南新旧二山岛中，城垣固如故也。少焉余象尽泯，惟见岛峰高矗，其他悉化平远之山。已而，但存两岛及西南新旧二山，岛中平山亦灭，意为幻境已穷。俄然，城垣复显，岛南浮图五级，高与峰齐。其南茂树连屋，屋尽处复见竿旗，而城垣直西平海中，复涌出丛林杰庙。庙南数里，林树益茂，谛视见两人先后次入林中。庙势渐高，复幻为城上重楼，上下炮眼皆具，故时林木悉变为附郭民居。民居既隐，而楼南复涌一七级浮屠，瘦削干云。盖自日中以至晡时，凡十数变。其境时远时近，近者如在十数里内，未晡食遂去，而海市尚未已也。

自昔观海市者，多于登州，或祷海神祠始得见（有宋苏轼、国朝施闰章皆然）。余独于莱州即墨道中，不待祷而见之，又凡昔人所见，率皆变灭随风。兹更历三时而不灭，或以是为海神灵贶，则余今受贶之隆，盖又倍蓰前人矣。虽然人世有形之物，无聚而不散，矧其为形之幻者，必俟风伯驱除，始叹浮云之难久据，毋乃见事之已迟。余与诸君皆及半而止，归途弥有充然不尽之趣，翻笑前人碧海青铜之句，为不免看尽鱼龙百变也。时同行者，即平旦观日出诸君，唯胶莱运判先行，独不与余以浃日，而睹异境者二，虽岩处好奇之士，或未能兼遇焉。既归行馆，因次所记忆，而为之记。

胡德琳《用东坡韵题徐中丞海市图》诗：

海水如镜宿雾空，耀灵乍涌澄波中。然犀欲照百怪出，芒角倒射冯夷宫。
公昔阅兵驻海上，洪惟人代钦天工。劳山坐见日五色，羲和晓驭迎六龙。
回车半道报海市，奇绝突过眉山翁。林庐郭色递隐见，旌旗摇荡浮屠雄。
城临不其天不夜，俄顷变幻真无穷。归命绘图纪胜迹，日光海气相为融。
我公度人袖灵宝，祥征有兆福所钟。移节中州作柱石，旸谷应时歌年丰。
好是正直得神祐，依然黑发明青铜。小子读画如有悟，吟成一粲回春风。

《山东海疆图记》卷五

天时部 祷 祀

自秦皇汉武巡游东海,惑于方士巫祝之说。淫祀遍海上,后世讥之。然名江大川,法当秩祀。即八神之属,亦本之郊社,六宗有其举之,固莫敢废也。今八神之祀,海滨居其五。亦时着呵护之灵,因先之以东海神祠,而并及之。

东海神,按《山海经》曰:"东海之渚中,有神,人面鸟身,珥两黄蛇,践两黄蛇,名曰禺貌。黄帝生禺貌,禺貌生禺京。禺京处北海,禺貌处东海,是惟海神。"《养生杂书》曰名阿明龙鱼。《河图》曰,姓冯名修,夫人姓朱,名隐娥。《通典》云,天宝十载正月,始封四海神为王。以东海为广德王,分命卿监诣,取三月十七日一时备礼册祭。《省志》谓,宋仁宗康定二年,又封为渊圣广德王(任万里《海神庙祀考》:渊圣作润圣)。

元前至元三年夏四月,定岁祀海渎之制:以立春祀东海于莱州界,立夏日遥祭南海、大江于莱州界,立冬日祭北海于登州界。祀官以所在守土官为之。中统二年,以东海为东道遣官代祀。既而又以驿骑迂远复为五道,道遣使二人,集贤院奏遣汉官,翰林院奏遣蒙古官,出玺书,给驿以行。中统初,遣道士或副以汉官。至元二十八年正月,帝谓中书省臣言曰:"五岳、四渎祠事,朕宜亲往,道远不可,大臣如卿等又有国务,宜遣重臣,代朕祠之。"汉人选名儒及道士官祀事者,其礼物则每处岁祀银香合一,重二十五两。海则销金幡二钞,二百五十贯。至则守臣奉诏使行礼。皇帝登宝位或他有祷礼亦如之,二十八年加封广德灵会王。

明洪武七年(《莱府志》作三年)诏去封号,改称东海之神。国朝雍正四年,诏封显仁龙王之神。其庙滨海郡邑皆有之。《汉书·地理志》临朐城注有海水祠,则海之有祠自汉已然。《会典》:在莱州府祭,庙在城西北十八里海岸上,建自隋大业间,宋开宝六年重修,洪武、宣德、成化,屡加修整。正德七年,毁于寇。嘉靖十九年,海道吴道南重修。神宗二十八年,知府龙文明大加修造。

国朝雍正六年,发帑重修。乾隆二年,大门、仪门毁于火。知府严有禧请帑修葺。其制中为正殿,前为庙门,门前翼以碑亭,左右列以钟鼓楼。又前为山门,门前竖以白石坊,曰朝宗。左右廊庑各九间,塑海山云龙之像,饰以金碧。至寝殿、厨、库、道流栖息之馆、使臣斋宿之堂、吏役祗候之所,无不备焉。康熙四十二年,御书"海天浴日"四字,额于庙中。规模宏大,古树郁然,碑碣林立,海滨称为巨观。国有大事,遣官祭告,岁以春秋二仲月中丁日,有司致祭。其制自洪武间已著焉。令主祭者海防道,祭品帛青色,羊一、豕一、铏一、笾四、豆四、簠二、簋二他若。

黄县有海渎庙,在城东北二十里大人城,见《寰宇记》。蓬莱有广德王庙,在城北丹崖山上,唐贞观中建,即苏轼祷海市处。元中统三十八年修。明洪武十八年,指挥谢规监修,学士谢溥记。神宗时,参政李本纬、知府徐应元重修其在宁海,则州北十里。元至正四年建文登,则县南六十里。相传秦皇东巡,欲渡海观日,海神为之驱石造桥之处。海阳则县南丁字嘴,诸城则琅邪台上,日照有二海神庙,一在县东南二十里石臼所海岸。宋绍兴中,李宝督海舟捍御完颜亮,抵石臼岛,亮兵已泊唐岛相距。宝祷于龙王庙,俄有风自柂楼来,如钟铎声。乘风疾击,亮兵掣碇举帆,帆皆油,缬风浪卷聚一隅。宝命大箭环射,遂克之。诏封为佑顺侯,赐额"威济",即指此也。一在安东卫城东南八里,即元人海运舶舟处。嘉靖间即旧址重建。

《博物志》云,太公为灌坛令,武王梦妇人当道夜哭。问之曰:"吾是东海神女,嫁于西海神童。今灌坛令当道废我行,我行必有大风雨,而太公有德,吾不敢以暴风雨过也。"武王乃召太公三日三夜,果有疾风骤雨去者,皆西来也。

唐 陈子昂《祭海文》:

万岁通天二年　月　日,清边军海运度支大使、虞部郎中王元珪,敢以牲酒沉浮海王之神,神之听之:

我国家昭列象胥,惠养戎貊,百蛮率职,万方攸同。鲜卑猖狂,忘道悖乱,人弃不保,王师用征。故有度辽诸军,横海诸将,天子命我,赢粮景从。今旌甲云屯,楼船雾集,且欲浮碣石,凌方壶,袭朔裔,即幽都。而溟涨无倪,云涛洄滴,孤山远岛,鸿洞天波。惟尔有神,肃恭祀典,导蠲首,屏鲸鱼,呵风伯,遏天吴,使苍猊不惊,皇师允济,攘慝剿虐,安人定灾,苍苍群生,非神孰赖?无昏汩乱流,而作神羞,急急如律令。

宋 贾黄中《新修东海广德王庙碑文》:

惟尧之圣,就如日,望如云,而下民罹洪水之患。惟禹之德,声为律,身为度,而尽力有浚川之劳,垂利无穷,流惠斯大。然而究其本末,论乎委输,苟疏凿不使于朝宗,渟蓄非由于善下。则尧欲济难,虚罄知人之明。禹无成功,徒施焦思之苦。夫成二圣之丕绩,冠乎古今;解万方之倒悬,免其垫溺。满而不溢,大无不包,则其唯东海广德王乎!

若乃验五行之用,习坎推先;纪四渎之序,东方称首。太昊是都于析木,大帝实馆于扶桑。限蛮夷以分疆,兴云雨而成岁。其广也,尽天之覆,助玄化以无私;其深也,载地如舟,使含生而共济。统元气以资始,擅洪名而不居。涤荡日月之精,推斥阴阳之候。物惟错以称富,润作咸而兴利。龙门导其九曲,吸为安流;鳌峰耸其八柱,锁为巨镇。祸淫如响,驱山岂足以加威?福善必诚,航苇皆期于利涉。是故毳冕之制,异其章以著明;黦水之洁,法其左以定位。信夫太极兼之以生,万物资之以成。九州因之以平,百谷赖之以倾。至若不以污浊分别,见其仁也;不以寒暑增损,全乎义也;卑以为体,含乎礼也;深而无际,包乎智也;潮必以时,著乎信也。如是则象止可以目睹,神莫得而智知。三王之际,已严祀典;万世而下,率修旧章。德若非馨,罔有昭答;祭或如在,必闻感通。惟品汇之盛衰,系时风之隆替。允属昌运,遹光令猷。应天广运圣文神武明道至德仁孝皇帝,覆载群生,照临下土。飞龙正在天之位,丹凤效来仪之资。负斧扆以朝诸侯,登紫坛而款太一。执玉帛者万国,防风无后至之诛;舞干羽于两阶,有苗悛不恭之罪。九流式叙,七德用成。化洽雍熙,美溢图史。然后较步骤之优劣,论礼秩之等夷。声教所通,人神具举。

东莱之地,海祠在焉。岁月滋深,规模非壮,岂称集灵之所,徒招偪下之讥。盖累朝以来,中夏多故,垣墉虽建,诚异于可圬;牲牢虽设,或乖于掩豆。噫!太平之难遇既如彼,亵黩之成弊又如此。惟大圣以有作眷,皇明而烛幽,经久之图,自我为始。于是大匠颁式,百工献能,暗叶占星,岂烦兼并?不资民力,盖示于丰财,无夺农时,诚彰于悦使。长廊千柱以环布,虚殿中央而崛起。窗牖回合其寒暑,金碧含吐其精荧。衮冕尊南面之仪,羽卫图永远之制。节内外以严关键,宽步武而辟轩庭,固久极物表之瑰奇,尽人间之壮丽。且黄金为阙,止是虚谈;紫贝开宫,何尝目睹?于是祝史举册而致命,彻侯当祭而为献。肃肃庙貌,雍雍礼容。牢醴载陈而有加,光灵拜赐以来格,斯盖答贶于穹昊,属意于黎元,使俗被和平,物消疵疠,于以隆治,道于无穷。若夫信徐市之言,将游方丈;惑文成之妄,欲访安期。意在虚无,事皆怪诞,校其得失,何止天壤哉?宜乎九译来庭,不睹扬波之兆;三时多利,屡臻大有之年。膺宝历以永昌,率群神而授职。殷诗考义,遐播无疆之休;望秩陈仪,长垂不刊之典。昔汾、洮二水,《左传》尚纪其始封;泾、渭两川,马《史》犹书其命祀。况兹广德王之盛烈,焉可阙如?爰诏下臣,俾文其事。虽逢时备位,固绝乘桴之嗟;而为学甚芜,愈增持翰之愧,乃勉为铭曰:

在昔洪水,下民其咨。唯天命尧,当数之奇;唯尧命禹,救时之危。赖二圣之有德,导万流之东驰。纳而无所,功将安施?以圣翊圣,无为而为。幽鉴不昧,聪明可知。既载既奠,以京以坻。运有否泰,时有盛衰。崇其秩望,俟乎雍熙。我后之明,照临寰瀛;我后之德,覆载蛮貊。乃丰礼秩,乃盈严祀,乃荐牲币,乃洁樽彝。宫室羽卫,王者之规。衮冕剑佩,南面之仪。眷彼平野,蔓草如束。既图既铲,树以嘉木。眷彼旧址,坏垣相属。既经既营,峙以华屋。玄贶斯答,皇明斯烛。神之来兮,君受万福。庙貌惟赫,享献惟肃;神之来兮,臣荷百禄。疵疠消于八纮,和气浃于群生。披文勒石,超三代之英。

开宝六年岁次癸酉六月癸未朔十二日甲午建

苏轼诗并序:

顷年,杨康功使高丽还,奏乞立海庙于板桥。仆嫌其地湫隘,移书使迁之文登,因古庙而新之。杨竟不从,不知定国何从见此书,作诗称道不已。仆复不记其云何也。次韵答之。

> 退之仙人也,游戏于斯文。谈笑出伟奇,鼓舞南海神。
> 顷年三韩使,几为蛟鳄吞。归来筑祠宇,要使百贾奔。
> 我欲迁其庙,下数浮空群。移书竟不从,信非磊落人。
> 公胡为拳拳,系此空中云。作诗颂其美,何异刻剑痕。
> 我今已括囊,象在六四坤。

《明太祖改定诸神位号告东海文》：

生同天地，浩瀚之势既雄，深浅之处莫测。古昔人君，名之曰"海神"而祀之。于敬则诚，于礼则宜。自唐以及近代，皆加以封号。予因元君失驭，四方鼎沸，起自布衣，承上天后土之祐、百神之助，削平暴乱，以主中国。职当奉天地、享鬼神，以依时式古法以治民。今寰宇既清，特修祀仪。因神年别一祭，牲用太牢。祀官以当界都督刺史充之。宪宗元和中，庙祀南海，韩愈为记。又封东海为广德王，独无庙祀？宋臣尝曰，本朝沿唐制，莱州立祠，即此。推之，则庙建于唐，不亦为可信哉？自是而后，皆因旧以增饬之。而俗传宋太祖微时至海上，每获奇应。及即位，乾德六年，有司请祭东海，使莱州以办品物。开宝五年，诏以县令兼祀事。仍籍其庙宇、祭器之数，于受代日交之。六年，大修海庙，规制焕然一新。仁宗康定二年，又封海神为润圣广德王。徽宗遣使祭东海于莱郡。孝宗时，太常少卿林栗请：照国初仪，立春以祀之。宋未尝不以海庙为重。至元辛卯，加封广德灵会王。至顺壬申及至正四年，大加增修，而奉使致祭者，或赏金幡，或赏银盒，每为不绝。我太祖高皇帝御极之初，谓岳、镇、海、渎俱受命于上帝，幽微莫测，固非封号之所能加，乃去王爵，止称东海之神。盖革元之滥，以从其实，诚迈历代而莫之京矣！更遣使降香，岁以春秋致祭。庙始修于洪武乙卯，再修于宣德乙巳并甲寅。至成化乙巳，大加修拓如今制，皆有司事也。睹庙貌可以仰见圣代祀事之重且慎，如此云。

黄克缵《谒海庙观海》诗：

元气茫茫接太清，乘春一望水云平。雪花浮浪千层起，日色蒸霞四散明。
海上烽销旗半偃，津头潮落棹空横。馨香好答神灵贶，莫遣鲸波又震惊。

国朝　施润章《祭海庙文》：

维丁酉四月之望日，提督山东学政按察司金事施润章，谨以一羊一豕，致祭于东海广利王之神。曰：

惟神育含万灵，吐吸百谷。沐日浴月，化无为而自成；出雨兴云，诚有祈而斯应。乃有蜃楼海市，飘忽迷离，既隐见之，靡常亦淹。速之莫测，远者愿见而不得至，至者屡月而不得观。润章待罪于斯，不揣固陋，窃欲寓目俄顷快意平生。是用斋沐洗心，肃将牲帛，维春夏既交之节，乃鱼龙吐气之期，伏冀鞭蛟驾螭，现神奇于翌日。行将洞心骇目，著词赋于将来者，子瞻获觏于非时事为创见。岂今日告虔而不贶,神或弃予润章冒渎尊严,不胜惶悚,谨告。

《雍正四年敕封东海神位号遣官祭告文》:

维神派衍扶桑,膏流析木。元精润物,宏纳百川。朕抚驭寰区,考稽典礼,将祈福以庇民,宜加封而致祭。爰命所司,崇神封号曰东海显仁龙王之神。所冀波澜永息,蒸黎获利济之安,风雨以时,稼穑享屡丰之庆,神其昭鉴,来享苾芬。

劳之辨《谒海庙》诗:

古庙丹青半画龙,百川东注此能容。燔柴大典伴苍帝,沉璧常经并岱宗。

千祀长松寒雪冻,历朝遗碣旧苔封。蜃楼气象无边幻,直等江河作附庸。

沈廷芳《祈雨告龙神文》:

维　年　月　日,山东登莱青道参议沈某,谨昭告于东海龙王之神:

惟神德协正中,泽溥天下,列兹震位,宅镇归墟。国家有行庆施惠之举,必遣重臣祭告复荷。累朝御书匾额敬悬祠宇,典礼尊崇,逾于岳渎,诚以昭应用之神,能溉乎民物也。

今三郡入夏,雨泽愆期,麦禾兼槁,农民愁苦,奔走叩祈,日不遑暇。某观察斯土,目睹旱干,尽焉伤惨。深愧尸位,瘝官救济无术,以致吾民重困。痛自怨艾,谨斋沐修省,步祷祠前,祗望神庥,即降霖雨,以出民于水火,而登诸衽席。神宜酬朝廷之德,心有感必应,自不漫视民瘼。某为民蒙佑,当永矢报祀弗懈益虔。神其有灵,幸鉴诚意。谨告。

前人《陪祀东海神庙》诗:

东海泱泱表大风,神祠肃穆仰龙公。千秋特重浮沉祭,万派群归雨泽功。

蕃国版图长在驭,圣朝清晏庆攸同。遥天斗转潮初落,庭燎光争绮旭红。

《山东海疆图记》卷六

人事部

夫依山负海，地非不险也。然如明代倭匪荡摇莫过，虽其帆樯所向，一视乎风，若有天意存焉，要亦人事有未尽也。昔贤谓，地利不如人和，又谓人定可以胜天。则度时势以策机宜，其在人为之耶！盖防海之制，兵戎为要。其次则城、寨、墩、台，其次则战艘、操防，又其次则讥察非常。夫如是，斯商贾之出入是途者，皆履险如夷矣。因为次第书之，以见人事之不可废。有如此者，若夫海运之法，今虽无籍于此，然既行之而有效，是亦筹国用者之一策也。予志海防，而并次之。岂曰侈陈掌故以示博乎？夫亦学古圣人足兵足食之遗意云尔。

兵戎志

海道用师，古人盖屡行之。考之史，传吴徐承率舟师，自海入齐，则苏州之通山东海道也，自春秋已然矣！其后唐太宗遣强伟于剑南，伐木造舟。舰自巫峡抵江、扬，趋莱州。宋李宝自江阴率舟师，衄金兵于胶西之石臼岛。此又自江南下海而达山东也。其自山东下海用师，则有若汉武帝遣楼船将军杨仆，从齐浮渤海，击朝鲜。晋元帝大兴元年，掖人苏峻帅众，浮海奔晋。魏明帝遣汝南太守田豫督青州诸军，自海道讨公孙渊。秦苻坚遣石越率骑一万自东莱出，右径袭和龙。隋文帝开皇时，总管周罗睺自东莱泛海征高丽。炀帝大业间，敕幽州总管元宏造船三百艘于东莱，命总管来护儿率楼船由东莱渡海讨高丽。唐太宗伐高丽，命张亮率舟师自东莱渡海趋平壤，薛万彻率甲士三万自东莱渡海入鸭绿水。宋都统制徐文率战舰数十泛海投金。他若公孙度越海攻东莱诸县，侯希逸自平卢浮海据青州，此又辽东下海，而至山东也。迨自元迄明，则海上用兵且习以为常，而设官守御之事，亦日以密矣！我朝德威远被，寰海咸宾，民生几不知有金革之事。然而简精锐、汰冗滥,镇帅控制于东牟,战舰分巡于三汛。桑土绸缪之计,固未尝废也。爰为博考旧典,近稽今制,凡有关海上之军政者,咸著于焉。

官制　水陆营汛弓兵

　　山东防海之制,汉晋各朝史不概见。魏天赐元年夏五月,置山东诸治,发州郡徒,谪造兵甲以备海防,此海防所自始欤,然不言设官。唐天宝元年,设登莱守捉,莱州领之;东牟守捉,登州领之。则设官防御,当自唐始。宋时有登州都督,乾德元年罢。庆历二年,登州郡守郭志高奏置刀鱼巡检,水兵三百,戍沙门岛备御。每仲夏仍居鼍矶以防不虞,秋冬还南岸,著为令,于是始有水兵战船出哨防汛之事。康定初,增置登州弩手,升登州军为禁兵。元祐三年制:擅乘船,由海入界河及往高丽、新罗、登莱州境者,罪以徒,往北界者加等。此即严禁私渡出洋之始。元初,金山东沿边州民户为军。益都淄莱所辖,登、莱州李坛旧军内,起金一万人,差官部领御倭讨贼。而水军之防,仍循宋制。中统元年七月,以张荣实从南征多立功,命为水军万户,滨棣州海口。总把张山军一百人,悉听命焉。是海口水军在元时,武定亦有之也。至正八年十一月,命买列的开分元帅府于沂州,以镇御东海群盗。十一年三月,置山东分元帅府于登州,提调登、莱、宁海三州三十六处海口事。十二年二月,置安东分元帅府。二十三年三月,置胶东行中书省于莱阳,总制东方事。明洪武初,武定之大沽海口属蓟、辽,宿重兵,领以副总兵。于山海卫要地,保一郡者设所,连郡者设卫。大率五千六百人为卫,千一百二十人为千户所,百十有二人为百户所。设总旗二、小旗十。凡五十人为总旗,十人为小旗。沿海之卫,凡十有一(登州卫、青州左卫、莱州卫、宁海卫、安东卫、灵山卫、鳌山卫、大嵩卫、威海卫、成山卫、靖海卫)。所凡十有四(胶州千户所、诸城千户所、海阳千户所、宁津千户所、雄崖千户所、浮山千户所、福山中前千户、奇山千户所、金山左千户所、寻山千户所、百尺崖后千户所、王徐寨前千户所、夏河寨前千户所、石白岛寨千户所)。领以备倭都指挥使驻扎登州。二十三年,从山东都司周彦言,建五总寨于宁海卫,与莱州卫八总寨,共辖小寨四十八。永乐六年,始命都指挥王荣总领之。七年,给符验。九年,加总督,兼设巡察海道驻莱州,而青州别有海防道巡检司分隶之(丰国镇、大沽河、久山镇、鱼儿铺、海仓、柴葫寨、东良口、马停镇、高山、杨家店、孙夼镇、乳山寨、行村寨、辛汪寨、温泉镇、赤山镇、古镇、逢猛镇、楼椇岛、南龙湾海口、夹仓镇),凡二十有一。有民兵马快,谓之兵备海防道。

其谓之兵备者,则自弘治中,虑武职不修始有之。正德六年,惩流贼乱,奉敕与备倭都司参同军务,仍合莱州壮快以实行伍。嘉靖三十四年,建署于登州以备巡,历四十一年,专设海防道于登州,以副使佥事推补。时各道皆设道标营,有守备、把总、哨官、标兵隶之。则海防道固以文职而兼武备者也。万历二十年,因倭寇朝鲜,调集南北水陆官兵防海,于是登州遂为重镇,与诸边等设登莱巡抚,以都御史任,驻登莱州,称防抚军门。专辖沿海屯、卫,兼辖辽东各岛(《明史》云,天启元年设,崇祯二年罢,三年复设)。二十二年登州设陆营七(陆左、陆右、陆中、陆前、陆后、陆游、火攻)。水营五(水左、水右、水中、水游、平海)。或以参将或以游击领之,悉听防抚提调(按《莱州志》,万历二十年二月,知府龙文明以倭寇屡警,议请添设水寨一营在三山。下设把总一员、哨官二员、沙船十三只、唬船六只、水兵四百十八名,寻废)。四十八年,设登莱总兵官。崇祯元年,裁总兵改副将。十年,仍设总兵。十一年,移镇临清州。登州但设城守水师二营。

本朝定鼎,海夷咸服。因时易制,悉去指挥千百户之职。顺治九年,撤登莱巡抚。十八年,复移临清镇于登州,凡沿海各营汛皆隶焉。康熙五年,裁莱州道,归并登州道,改衔为登莱道。六年,裁青州分巡道。九年,复设青州海防道。四十二年,又裁并登莱道为分守登莱青道,兼管通省海防,至今无改。登、莱、青、武四府,各有同知,皆司海防。而以沿海之县丞、巡检分任稽查水师、营将,配船巡哨。国初存明制什分之一,领以守备、千总等官。沙唬边江船十三只、水兵三百八十六名驻水城,分防东西海口。初属城守营,移镇后建为前营水师。康熙四十三年,添设游击二员,守备、千总副之。增兵为一千二百名。改沙唬船为赶缯船二十只,分巡东西海口。东至宁海州,西至莱州府而止。因分为前后二营,统隶本标,水陆各专其责。四十五年,前营移驻胶州,巡哨南海。后营驻水城,巡哨北海。五十三年,裁水师后营。经制官减兵七百名,分发各营补缺还伍。裁赶缯船十只,送关东旅顺口,新设水师营管驾。止存前营水师,游击一员,守备一员,千总二员,把总三员,赶缯船十只。分南北两汛游击守备,各分辖兵船之半,而北汛少一把总。雍正七年,每船添兵十名,南北两汛共添兵一百名。又添设双篷艍船七只,每船配兵三十名。南汛艍船三只,北汛艍船四只。北汛添把总一员。九年,又添设艍船三只,添兵一百九十名。每艍船并前共配兵四十名,南北汛各五只,两汛官兵船只悉同。雍正十二年,添设外委千总二员、外委把总四员。又于成山头添设一东汛,于南北二汛内抽拨赶缯船各一只,双篷艍船各一只,战守兵共二百名。南汛拨把总及外委把总各一员，北汛拨把总及外委千总各一员。今制，东汛增设守备一员，共额设将弁十二员，实任差操战守。兵五百十八名，赶缯战船十只，双篷艍船二只（每战船各带随行脚船一只）。其濒海陆营汛地为武定营（游击领之）、莱州营（参将领之）、登州中营（游击领之）、右营（都司领之）、宁福营（都司领之）、文登营（副将领之）、即墨营（参将领之）、胶州营（副将领之）、安东营（都司领之），互为犄角。至于分汛设官，代有更易，欲稽往制，固有更仆，而难终者也，故不备载。

宋　苏轼《登州召还议水军状》：

元丰八年十二月某日，朝奉郎、前知登州军州事苏轼状奏：右臣窃见登州地近北虏，号为极边，虏中山川，隐约可见，便风一帆，奄至城下。自国朝以来，常屯重兵，教习水战，旦暮传烽，以通警急。每岁四月遣兵戍驼基岛，至八月方还，以备不虞。自景德以后，屯兵常不下四五千人。除本州诸军外，更于京师、南京、济、郓、兖、单等州，差拨兵马屯驻。至庆历二年，知州郭志高为诸处差来兵马头项不一，军政不肃，擘画奏乞创置澄海水军弩手两指挥，并旧有平海两指挥，并用教习水军，以备北虏，为京东一路捍屏。虏知有备，故未尝有警。

议者见其久安，便谓无事。近岁始差平海六十人，分屯密州信阳、板桥、涛洛三处。去年本路安抚司人更差澄海一百人往莱州，一百人往密州屯驻。检会景德三年五月十二日圣旨指挥，今后宣命抽差本城兵士往诸处，只于威边等指挥内差拨，即不得抽差平海兵士。其平海兵士虽无不许差出指挥，盖缘元初创置，本为抵替诸州差来兵马，岂有却许差往诸处之理？显是不合差拨。不惟兵势分弱，以启戎心，而此四指挥更番差出，无处学习水战，武艺惰废，有误缓急。

伏乞朝廷详酌，明降指挥，今后登州平海澄海四指挥兵士，并不得差往别处屯驻。谨录奏闻，伏候敕旨。

水师南汛驻胶州头营子　游击一员，统领、千总、把总、外委千总、外委把总各一员。游击管驾"登字第五号"赶缯船一只，战守兵四十五名。千总管驾"登字第二号"赶缯船一只，战守兵四十五名。外委把总管驾"登字第三号"赶缯船一只，战守兵四十五名。把总管驾"登字第四号"赶缯船一只，战守兵四十五名。所辖海洋，东至荣成县马头嘴，南至江南交界，计程二十六更。

东汛驻成山养鱼池　守备一员，统领、千总、把总、外委千总、外委把总各一员。守备管驾"登字第六号"赶缯战船一只,战守兵四十七名。千总管驾"登字第七号"双篷艍船一只,战兵三十名。把总管驾"登字第一号"赶缯船一只,战守兵四十五名。外委千总管驾"登字第六号"双篷艍船一只,战兵三十名。所辖海洋,南自马头嘴,北至成山头,计程六更。

北汛驻登州府水城 中军守备一员,统领、把总、外委把总各二员。守备管驾"登字第九号"赶缯船一只,战守兵四十七名。把总管驾"登字第七号"赶缯船一只,战守兵四十六名。外委把总管驾"登字第八号"赶缯船一只,战守兵四十六名。把总管驾"登字第十号"赶缯船一只,战守兵四十六名。所辖海洋,南自成山头,西至直隶祁河口,计程二十四更。又自天桥北,至隍城岛北,计程五更半。

武定营海丰县汛大沽河口分防 把总一员、守兵十三名。利津县分防台子关海口,守兵二名(按,台子关以东,所经沾化、滨洲、博兴、乐安、寿光、潍县诸沿海汛地,未能详考,姑缺之)。

莱州营参将领存营 实任差操马守兵一百八十九名。西海汛分防把总一员,马兵十三名,守兵三十一名。掖县北海汛驻防把总一员,马兵十二名,守兵三十三名。

登州中营游击领存营 实任差操马守兵五百三十二名。分防西海汛黄河营、岠嵎岛把总一员,守兵十三名。

登州右营都司领存营 实任差操马守兵五百四十五名。驻防八角口汛把总一员,马兵二名,守兵二十一名(湾子口、城儿岭两处墩台各四名,八角口炮台马兵二名,守兵十三名)。之罘岛东西两大口汛协防外委千总一员,马兵一名,守兵十七名。

宁福营都司领存营 实任差操马守兵一百十五名。宁海州汛分防海口把总一员,守兵十二名(养马岛六名,清泉、金山、崆峒岛三海口各守兵二名)。威海汛驻防把总、外委把总各一员,马兵七名,守兵四十名(祭祀台、炮台马兵二名,守兵十四名,东门外墩守兵六名,庙前、双岛二海口城内巡查守兵各二名,差操马兵五名,守兵十四名)。行村汛驻防外委把总一员,马兵四名,守兵二十六名(丁字嘴守兵二名,小纪墩守兵二名,桃林、何家、羊圈、李家四海口,行村汛毛子阮、纪塘、河东村、石拉沟、盘石店、神通庙六处步拨,各守兵一名,差操马兵四名,守兵有七名)。

文登营副将领存营 实任差操马守兵二百七十三名。荣城县汛驻防千总、外委把总各一员,马兵十六名,守兵七十四名(在城马兵十名,守兵二十六名。桥头、柳埠步拨,守兵各二名,龙口崖炮台马兵二名,守兵十四名。墩台守兵五名,养鱼池炮台马兵二名,守兵十四名。墩台守兵五名,里岛守兵五名)。靖海汛驻防把总、外委把总各一员,马兵九名,守兵六十六名(在城马兵三名,守兵十六名。朱家圈墩台守兵五名。在岛、马头嘴、五垒岛三处炮台,各马兵二名,守兵十四名。高村、黄山二拨,各守兵一名)。海阳县汛驻防把总、外委千总各一员,马兵十四名,守兵五十四名(在城马兵十二名,守兵二十四名。黄岛炮台马兵二名,守兵十四名。南横、乳山两墩台守兵各五名,南横、夏村、管村、刘格庄、八里店,五拨守兵各一名)。

即墨营参将领存营 实任差操马守兵二百九十四名。鳌山汛驻防千总、协防外委把总各一员,马兵十二名,守兵六十一名(存汛马兵十名,守兵四十三名。巉山炮台马兵二名,守兵十四名。臧村、窝落守兵各二名)。雄崖所汛驻防把总、外委把总各一员,马兵七名,守兵四十一名(存汛马兵五名,守兵十七名。黄龙庄炮台马兵二名,守兵十四名。栲栳岛炮台守兵六名。全家口、王家集各守兵二名)。

胶州营副将镇存营 实任差操马守兵二百五十六名。登窑口汛驻防把总一员,马兵三名,守兵十八名。浮山所汛驻防把总、外委把总各一员,马兵九名,守兵四十七名。灵山汛驻防千总、外委把总各一员,马兵十四名,守兵六十九名。

安东营都司领存营 实任差操马守兵一百八十一名。日照汛分防龙汪口外委把总一员,马兵三名,守兵二十七名。本营及分防岚山、张雒、涛雒、夹仓四海口千总一员,外委二员,额外外委一员,马兵十四名,守兵一百四十名(以上兵额皆据登镇四十六年各营造数之册纂入)。

前代有"马快民壮,皆有操防"之责。有司不操练民壮、私役、杂差者,如役占军人罪。嘉靖间,增州县民壮额,大者千人,次六七百,小者五百二十。登州设民壮五百名为团,隶营海道中军,守备领之。万历间,增至二千六百九十五人,分左、右、中、前四营。而沂州复设长竿手三千二百人,每百人设百长一人、伍长二人领之。月赴州操演,有警内则防护城郭,外则分遣从征。盖不独隶于营伍者之为兵也。

元时巡检司有弓手,明制曰弓兵,分隶各道,以资防御。考旧志所载,沿海巡检司二十有一,其额设弓兵。若莱州府属之鱼儿铺、海仓、柴葫、古镇、逢猛、灵山、鳌山、雄崖、浮山,各设弓兵二十名。登州府属之杨家店,守城弓兵二十一名、守墩弓兵九名。高山守城弓兵二十四名、守墩弓兵六名。马亭镇守城、守墩弓兵各十五名。孙夼镇守城弓兵二十名,守墩弓兵九名。东良口守城弓兵二十四名,守墩弓兵六名。行村寨守城弓兵二十二名,守墩弓兵九名。乳山寨守城弓兵二十一名,守墩弓兵三名,守堡弓兵四名。辛汪寨守城弓兵二十七名,守墩弓兵三名。温泉镇守城弓兵二十四名,守墩弓兵六名。赤山寨守城弓兵二十七名,守墩弓兵三名。沂州府属之南龙、夹仓无考。

按今制于旧志所列之巡检司,已去其半。其现设之巡检司为海丰县之大沽河,黄县之黄山馆,福山县之八角口,文登县之靖海、威海,海阳县之行村,荣成县之石岛,胶州之灵山卫,即墨县之栲栳岛、鳌山卫,诸城县之信阳,日照县之安东,所设弓兵,递有裁减,无复知有训练者矣!然弓兵之名如故,是在巡检司之循名责实耳。

城寨墩台志

夫众志成城,岂必专借金汤之固?然揆诸王公设险之义,则缮城垣以待不虞。固守土者所不容缓也。又况滨海之地,尤资保障。邑有城乡,有寨设炮曰台,司烽曰墩。前民所以寓安不忘危之意,盖綦重矣。山东海上诸郡邑,在明代时屡遭倭警。洪武十七年,命汤和巡视海上,筑山东、江南北、浙东西沿海诸城。二十三年,山东都司周彦言建五总寨于宁海,与莱州卫八总寨,共辖小寨四十八。故其时城、寨、墩、台之设,其比如栉。今承平日久减,存不过什一。然旧设之地,何可忘诸?故一一稽其在处,而备书之。至其建造修筑之由,高卑周广之数,皆足以见昔人经画之方,尤不敢从其略也(凡距海远者不载)。

海仓巡检司城 在掖县西北九十里,土城。元时开胶莱河运道所筑,遗址犹存。

莱州府城 本汉东莱郡治,故址掖县,附郭。明洪武四年,莱州卫指挥使茅贵修筑砖城。神宗二十六年,因倭警,莱州道盛稔、知府龙文明,复加缮治。周五里有奇、高三丈五尺、厚二丈。池阔四丈,四门。

灶河所寨 城所裁。在掖县北五十里,砖城。周二里、高一丈五尺、厚一丈。

池阔一丈、深八尺。南北二门。

王徐所寨　在掖县东北八十里,砖城。周二里、高一丈五尺、厚一丈。池阔一丈、深八尺。南北二门。

马停寨城　在黄县西四十五里,石城。周二里、高一丈五尺,南北二门。

黄水河寨城　在黄县东北二十里,唐时建寨。明崇祯间增筑。石城。周一百三十八丈、高二丈五尺、厚一丈余。池阔一丈、深五尺。敌台十二座,南一门。

登州府城　古蓬莱镇,汉武帝于此望蓬莱山,因筑城以为名。唐贞观八年,置蓬莱镇。神龙三年,移黄县治蓬莱镇,改县蓬莱。石城。周九里、高三丈八尺、厚二丈。池阔二丈、深一丈。四门,水门三。明神宗因倭警,增筑敌台二十八座,今名旱城。

唐　骆宾王《蓬莱镇》诗:

> 旅客春心断,边城夜望高。野楼疑海气,白鹭似江涛。
> 结绶疲三入,承冠泣二毛。将飞怜弱羽,欲济乏轻舠。
> 赖有阳春曲,穷愁且代劳。

宋　苏轼《知登州谢表》:

臣轼言。伏奉告命,授臣朝奉郎、知登州军州事,臣已于今月十五日到任上讫者。登虽小郡,地号极边。自惊缧绁之余,忽有民社之寄。拜恩不次,陨涕何言。臣闻不密则失身,而臣无周身之智;人不可以无学,而臣有不学之愚。积此两愆,本当万死。坐受六年之谪,甘如五鼎之珍。击鼓登闻,安求自便;买田阳羡,誓毕此生。岂期枯朽之中,有引遭逢之异。收召魂魄,复为平人;洗濯瑕疵,尽还旧物。此盖伏遇皇帝陛下,内行曾、闵之孝,外发禹、汤之仁。日将旦而四海明,天方春而万物作。于其党而观过,谓臣或出于爱君,就所短而求长,知臣稍习于治郡。致兹异宠,骤及非才。仰惟先帝全臣于众怒必死之中,陛下起臣于散官永弃之地。没身难报,碎首为期。

宋　苏轼《登州谢两府启》:

右轼启。蒙恩授前件官,已于今月十五日到任上讫者。迂愚之守,没齿不移。废逐之余,归田已幸。岂谓承宣之寄,忽为枯朽之荣。眷此东州,下临北徼。俗习齐鲁之厚,迹皆秦汉之陈。宾出日于丽谯,山川炳焕;传夕烽于海峤,鼓角清闲。顾静乐之难名,笑安庸之窃据。此盖伏遇某官,股肱元圣,师保万民。才全而德不形,任重而道愈远。谓使功不如使过,而观过足以知仁。特借齿牙,曲成羽翼。轼敢不服勤簿领,祇畏简书。策蹇磨铅,少答非常之遇;息黥补劓,渐收无用之身。过此以还,未知所措。

国朝 施闰章诗:

> 郡僻沧洲外,城孤绝岛边。乱云时结蜃,六月未闻蝉。
>
> 水气垂天阔,涛声裂地穿。乘槎问牛女,消息转茫然。

备倭城 在府城北海,本宋之刀鱼寨也。明洪武九年,指挥使谢规疏通海口,由水闸引海入城中,名小海,为泊船所设立。帅府城周三里许、高三丈五尺,一门,楼铺二十五座。神宗时,总兵李承勋以砖甃东、北、西三面,增建敌台三座,今名水城。

明 蓝田《总督备倭题名记》:

登州,故嵎夷境也。三面距海,为京东捍屏。东海之东,有岛夷焉,曰日本。国在汉曰倭奴。至于有唐,自恶其名,更曰日本,以其国近日所出也。或曰,日本乃小国,为倭所并,故曰日其名云。岛夷之地为国者,无虑百数。北起拘邪韩,南至邪马台,旁又有夷洲、绖屿,皆倭种也,附庸于倭。是故倭之强悍,东夷莫敌焉。倭奴稍知文字,赋性以狡狲,习波涛,若凫雁然。艨艟巨舰,乘风张帆,瞬息之间,百有余里。其战具有铠甲,有戈矛、战剑钴锋淬锷,天下无利铁焉。昔者元人东征,舟师十万,弃于平台岛,得生还者三人耳。是虽元之佳兵不祥,而亦倭之恃险善战也。厥后航海报怨,燔炳城郭,抄掠民庶。濒海而南,自青、营以及吴、越、闽、广,皆罹其荼毒。我高庙之逐元氏,革夷咸臣,倭尝入贡矣。后胡惟庸之不轨也,倭实阴预其谋,遂拒绝之,载于《祖训》者可考也。是以沿海之地,设诸卫所堡寨,屯兵防御。至于文庙继统,倭复入贡。夫拒之者,讨逆之威也。纳之者,怀远之恩也。恩威并施,庙谟宏深矣。永乐戊戌,立帅府于登新城,即宋刀鱼寨,实御倭要冲。命宣城伯卫青镇守,而协以都督李凯,赐以玺书符验,佩以关防,以节制三营及诸卫所。成化丙申,命都指挥高通来,改为总督备倭使,与臬备协议行事,迄今仍之。嘉靖乙巳,临清卫指挥使王氏子承,大司马荐之曰:"若子承,可当一面之寄。"遂擢都指挥金事,建牙于此。乃考昔询故,叹曰:"伐柯,伐柯,其则不远。"此之谓也。然自开府以来,几百七十年当是寄者,已数十人矣。名氏漫无纪载,日月于征多至湮没不传。于是稽诸唐牒,以侯伯来者二人,以都督金事来者二人,以都指挥使来者一人，以都指挥佥事来者五人，以署都指挥佥事来者十三人，以都指挥体统行事来者六人。其衔之列于督府都司。虽异名之为镇守总督，虽殊而備倭之责任则同也。乃采其名氏，录其里址，次其爵位、履历岁月之概，勒诸坚珉。树诸堂左，以昭垂永久介。武举千户施礼，来问记于予，予曰："公署题名非古也，其昉于有唐诸署之壁记乎？至于有宋，诸署之题名记，则刻之石矣。我朝中外，诸署咸刻题名记，独登之帅府未之有也。夫记者，所以张善而不党，指恶而不诬，竦神示人不朽之义也。夫何居位而自记者，则媚己；不居其位而代人记者，则媚人。春秋之旨，盖委于地矣。"予尝询诸老兵，言帅于登能惜士如子而得其心者，前有卫宣城伯，后有徐永康。是以至今有画像在。兵家饮食祝之，遍询诸师，亦有可录资者，吁可畏哉！夫诸卫之兵，困于分番。三营之兵，困于资装。而有司之馈饷，困在告乏。由是近者潜匿，远者逃避，而行伍尺籍空名，鲜实长顾，却虑者之所寒心也。近者癸未，倭奴入寇，宁绍震惊，此殷鉴也。万一不虞，何以取刘广宁之捷乎？势有不可仍，而机有不可缓者。此则总督者之责，而非草野病废者之所敢闻也。王都阃民之来，申战阵之法，而习搜狩之礼。师律既和，军容丕肃，君子曰："王氏之子，有宣城永康之风矣！"帅府题名之举，后事之师也。虚其左方，以俟后之来者。

国朝 徐可先《增置天桥铁栅记》：

登，海郡也。三面鲸波，万家蜃气，俨然称东国雄藩焉。故郡城翼峙海陬，控引巨浸，虑其孤特，更设水城。齿赖唇安，车资辅立，依倚盖甚重也。顾水城北隅突兀，波而中开，广浦以泊艟艨。城缺丈余，以通出入，上横巨板，名曰天桥，制诚善已。独天桥之下，不设开关，咫尺怒涛，飞帆迅驶。倘寇艘突犯，阑入周垣，仓卒张皇，堵御无策。是天桥非通行之口，直揖贼之门也。水城有事，迫近郡城，敌得所凭，我失所恃。是水城非维干之助，直借寇之资也。夫郡城必不可无水城，水城必不可无天桥。乃以天桥一隙，使水城失其利。郡城滋其害，犹不思所以严扃钥、固防闲，非所称虑患，周详御侮镇密者也。余以顺治戊戌拜命莅登，当海氛昌炽之时。值年土戡残之，后彷徨战守，夙夜靡宁。审视天桥，尤深顾虑。谓塞以门关，风涛之喷薄可畏。甃以砖石，舟师之作止难通。爰采众谋最宜栅闸。疏其罅，任潮汐之往还。密其楗，杜奸宄之窥窃。无事则悬之，而舟航不阻。有事则下之，而保卫克完。外施铁叶，攻击无虞。内斫坚材，久长可恃。备万全之纤漏，图永逸于一劳，议罔有逾焉也己。于是详允各宪，刻日庀工，始于己亥之秋，竣于庚子之夏。慎司启闭，允协舆情。而登之两城，遂若封函谷以丸泥，更无不测震惊之恐矣！兼设郡城水门板闸三座，亦以铁叶固之，计费共一千五百有奇。惟时民资方殚，国课正殷，加派不堪，关支不便，边督抚许公文秀、直指程公衡、兵道朱公廷璟，实捐资首倡，而同守马君思才，司理彭君舜龄、陆佳，司理王君鼏，以及蓬莱令成克襄、黄县令王作、福山令申修、招远令张作砺、栖霞令翟进仁、宁海牧王之仪、文登令李荫澄，咸志乐输。蓬莱丞王启疆、尤克任综理。虽余亦裁俸赞襄，要不过成事因人，何敢自矜劳勋？所患燕安日久，渐底废弛，或忘劝始之艰，不时加修葺焉。则非所冀于将来，而不能不几几望之者，是为记。

刘家汪寨城　在县东北四十里。石城。周一里、高二丈五尺、厚一丈三尺。池阔一丈、深五尺。南一门，楼铺五座。

解宋寨城　在县东北六十五里。石城。周一里六十丈、高二丈五尺、厚丈余。池阔一丈、深七尺。南一门，楼铺五座。

卢洋寨城　属福山县，在县西北五十里，与蓬莱接壤。砖城。明洪武二十九年，百户张刚所筑。周二里、高一丈七尺、厚一丈五尺。池阔一丈、深七尺。东西二门，楼铺六座。

福山县城　金天会中，析登州之两水镇置县，本土城。明永乐九年，备御千户周玘重筑，砌以砖石。周三里有奇、高二丈四尺、厚二丈。池阔一丈五尺、深八尺。三门。崇祯间，增置炮台八座。

奇山所城　所裁，在福山县东北三十里，与宁海接壤。砖城。周二里有奇，高二丈二尺，厚二丈。池阔三丈五尺、深一丈。楼铺十六座。

清泉寨城　属宁海州，在州西北四十里。砖城。周二里，高二丈五尺，一门。楼铺六座。

宁海州城　本汉牟平县，金大定二十二年，置州。旧土城。明洪武十年，指挥陈德砌以砖石，周九里，高三丈二尺、厚四丈。池阔三丈二尺，深九尺。四门。神宗二十二年，知州张以祥增修城楼并敌台十二座。

金山所城　所裁，在州东北四十里，砖城。周二里，高二丈三尺。池阔二丈，深一丈。二门，楼铺二十座。

威海卫城　卫裁，今为巡检司，属文登县。在县东北一百二十里。砖城。明永乐初筑，周六里有奇、高二丈五尺、厚一丈二尺。池阔一丈五尺，深八尺。四门，楼铺二十座。

靖海卫城 古名普庵郡,明置卫,今改为巡检司,属文登。在县南一百二十里。石城。洪武三十年筑,周六里七十一丈、高二丈四尺。池阔二丈五尺、深一丈。东、南、北三门,楼铺二十九座。

宁津所城 所裁,在文登东南一百二十里。砖城。周三里,高二丈五尺、厚二丈三尺。池阔二丈、深一丈。四门,楼铺十六座。

百尺崖所城 所裁,在文登东北一百四十里。砖城。周一里、高三丈。池阔一丈五尺、深九尺。东、西、南三门,楼铺十五座。

荣成县城 古名天水郡,明置成山卫,今改为县。洪武三十一年,置卫筑石城。周六里一百六十八步,高一丈八尺,厚二丈。池阔一丈五尺,深一丈。四门,楼铺二十四座。

寻山所城 所裁,在荣成县东南一百二十里。砖城。周二里三十六丈、高二丈五尺,厚二丈。池阔二丈,深一丈。东西二门,楼铺二十九座。

海阳县城 旧为大嵩卫,今改为县,砖城。明洪武三十一年,指挥邓清筑。周八里,高一丈九尺,厚一丈五尺。池阔八尺,深一丈。四门,楼铺二十八座。

海阳所城 所裁,在县南十里,砖城。周三里许、高二丈、厚一丈二尺。池阔一丈二尺、深八尺。南、西二门,楼铺二十九座。

大山所城 所裁,在县西二十里,砖城。周四里、高一丈五尺。池阔一丈、深七尺。四门,楼铺一十五座。

行村寨 古高丽戍也,在县西境。《寰宇记》:魏司马懿讨辽,于此置戍。金时因旧址筑以防海。按苏东坡《论高丽奉进状》云,伏见熙宁以来,高丽入贡,至元丰末,十六七年间,两浙、淮南、京东三路筑城造船,建立亭馆,所在骚然。又徐兢《奉使高丽图经》云,元丰七年,自密之板桥,航海而往。则此戍或亦当时祗候之所欤?

南龙湾镇海口近检司城 在诸城县东南一百三十里,石城。周一百二十丈。

胶州城 本隋胶西县治,土城。明洪武初,千户袁正重筑。八年,千户申义甃以砖石。周四里、高二丈、厚一丈二尺。池阔二丈五尺、深一丈五尺。三门,角楼四座,敌台八座。《齐乘》云,胶州,宋移临海军理此。大德间,东岳庙碑云,临海军治胶西,为东武剧邑,盖控东南海道,风帆信宿可至吴楚。

灵山卫城 卫裁,改为巡检司。在州东南九十里,土城。明洪武二十五年,指挥佥事朱兴筑。永乐初,指挥佥事郭景易以砖。周五里、高一丈五尺、厚二丈。

池阔二丈、深一丈五尺。四门。

夏河所城　所裁,在州西南八十里。石城。明洪武间,灵山卫百户管成筑。周三里、高一丈七尺、厚二丈。池阔一丈五尺,四门。

鳌山卫城　卫裁,改为逃检司,隶即墨。在县东四十里。砖城。明洪武二十一年,卫指挥金事廉高筑。周五里,高三丈五尺,厚一丈七尺。池宽二丈五尺,深一丈五尺。四门。

雄崖守御所城　旧隶鳌山卫,今裁,并即墨。在县东北九十里。土城。周二里。

浮山守御所城　隶鳌山卫,今裁,并即墨。在县东南九十里。土城。周二里。

栲栳岛巡检寨　县东北九十里,土城,仅存遗址。

石臼寨所城　所裁,在日照东南二十里。石城。周三里有奇,高一丈四尺,厚三丈。池阔三丈二尺,深一尺。三门,楼铺十五座。

国朝　方正玭诗:

江淮红粟达神京,转运都由石臼行。鲛室冰销留楚客,鲤堂银甲拨蛮筝。
悬灯洋货舟中市,插汉虹梁郭外城。坐拥貔貅当地险,备倭分设水师营。
东牟回首是尸乡,三岛横云入混茫。死怪英雄无姓字,幻成楼阁入文章。
椒浆远吊鲛龙宅,蕙圃常留草木香。曾记年时登日观,铜钲侵晓挂扶桑。

夹仓镇巡检司城　在日照东南二十里。石城。周六十丈。

安东卫城　在日照南九十里,南距江南海州七十里。石城。明弘治三年筑。周五里,高二丈一尺,厚二丈。池阔二丈五尺,深八尺。四门,东接日照、诸城,直达斋堂岛大洋,为南海重汛。

明　王士贞《提兵安东海上》诗:

新提千骑向东方,剑客材官尽束装。桃叶初衔珠勒马,梨花半吐绿沈枪。
拍天涛拥军声合,驾海云扶阵气扬。莫笑书生无燕颔,斗来金印出明光。

明洪武五年,立墩军例设五名,堡军例设五名,各有汛地,分辖于营弁巡司(见《莱府志》)。神宗七年,副使蔡叔逵置墩,军田每名二十亩(见《登府志》)。今官制数更,地无专辖,墩军田固不可考,即墩台故迹,皆湮没难稽。按省府诸志所载,现存炮台曰三山岛(属莱州北海汛,有外委把总一员,马兵二名,守兵十四名),曰天桥口(属登州水师营,有兵五名),曰八角口(属登州右营,有千总一员,马兵二名,步兵十四名),曰之罘岛(属登州右营,有外委一员,马兵一名,步兵十七名),曰祭祀台(属宁福营威海汛,马兵二名,守兵十四名),曰龙口崖(属文登营荣成汛,有马兵二名,守兵十四名),曰养鱼池(属荣成汛,有马兵二名,步兵十四名),曰石岛口(属靖海汛,有马兵二名,步兵十四名),曰马头嘴(属靖海汛,有马兵二名,步兵十四名),曰五垒岛(属靖海汛,有马兵二名,步兵十四名),曰黄岛口(属文登营海阳汛,有马兵二名,步兵十四名),曰丁字嘴(属宁福营行村汛,有守兵六名),曰黄龙庄(属即墨营雄崖所汛,有外委把总一员,马兵二名,守兵十四名),曰巉山口(属鳌山卫汛,有外委把总一员,马兵二名,守兵十四名),曰栲栳岛(属雄崖所汛,守兵六名),曰董家湾(属□□汛,有兵□名),曰青岛口(属登窑口汛,有马兵二名,守兵十四名),曰唐岛口(属灵山汛,有外委把总一员,马兵二名,守兵十四名),曰古镇口(属灵山汛,有外委千总一员,马兵二名,守兵十四名),曰亭子栏(以下属安东营,有行营炮六位,汛兵十名),曰董家口(有行营炮五位,守兵十名),曰宋家口(有行营炮五位,汛兵十名),曰龙湾(有行营炮五位,汛兵十名),曰夹仓口(有子母炮二位,行营炮一位,汛兵十名),曰龙汪口(子母炮二位,行营炮一位,汛兵十名,安东营以下六所皆据《青州府志》书之,《省志》于董家、宋家、龙湾、夹仓四所炮台,谓今已无存。而《青州府志》于炮位、汛兵纪载特详,恐未必遽尔湮没,然终不敢臆断,故书之以备后日考),凡二十所。其旧设之炮台,而今已无存者,凡七十所,曰牡砺口,曰鱼儿浦,曰虎头崖,曰海庙口,曰黑港口,曰小石岛,曰黄沙,曰石灰嘴,曰王徐,曰屺岰岛,曰黄河营,曰安子口,曰刘家汪,曰白石,曰卢洋,曰大口,曰沿台,曰清泉寨,曰貉子寨,曰威海卫,曰三官营,曰樵子埠,曰长峰口,曰海埠口,曰灶埠口,曰朝阳口,曰池北,曰里岛,曰倭岛,曰青鱼滩,曰家鸡旺,曰石岛北墩,曰马头嘴,曰朱家圈,曰龙王庙,曰望海,曰长会口,曰浪暖口,曰白沙,曰南洪,曰旗竿,曰琵琶口,曰草岛嘴,曰羊角盘,曰北墩,曰何家口,曰金家口,曰米粟,曰七口,曰望山,曰周哥庄,曰新庄,曰走马岭,曰大桥,曰七沟,曰登窑口,曰石老人,曰野鸡台,曰女姑口,曰张头嘴,曰大湾口,曰龙王口,曰董家口,曰宋家口,曰石臼所,曰东墩,曰夹仓口(《青州志》于龙湾、宋家、董家、夹仓四所,炮台并所存,炮位汛兵俱详,与《省志》互异),曰涛雒口,曰涨雒口,曰岚山口(按《沂府志》云,岚山口有大铁炮九尊,中铁炮四尊,小铁炮五尊,则炮台不宜遽废。《省志》于岚山口炮台,亦无其旧设,今无,尚当别考),然据各郡志所载,明制烽堠墩堡有数百十所,今存者已不及什之一二。然间有遗址,野老尚能指其处。因备录于后,以见前人用意之周,且使后之留心防御者,亦可因旧而修复也。

旧制:鱼儿铺司北墩六(黑沙、韩城、烟火河口、本司、立鱼河)。海仓司东墩八(海郑、土山、东关、玉皇、白堂、后灶、花儿、禄山)。柴葫司北墩五(小皂河、上官、大原、武家庄、柴葫)、西墩一(诸高)。马埠所北墩二(海庙、趴埠)、南墩一(马埠)。灶河所北墩三(单山、本寨、三山)。马停所北墩二(盐场,铃铛)、南墩三(界首、黄山、河口)。王徐所北墩五(虎口、磁口、庄头、识会、王徐)、西墩一(高沙)。登州卫墩六(西庄、田横寨、蓬莱阁、教场、林家庄、抹直口)。刘家汪寨墩五(矫家庄、湾子口、淋嘴、西峰山、城儿岭)。解宋寨墩三(木基、解宋、虚里)。杨家店司墩三(黄石、庙城后、石圈)。高山司墩二(大山,高山)。芦洋寨墩六(郭家庄、磁山、鸡鸣、八角嘴、城阴、白石)。孙夼镇司墩三(旗掌、塔山、岗崊)。福山所墩二(灶后、营后)、堡二(福山、芝阳)。奇山所墩四(木栅、埠东、熨斗、现顶)、堡二(黄务、西牟)。清泉寨墩二(清泉、石沟)。宁海卫墩六(后至山、草埠、小峰、戏山、貉子窝、马山)、堡十二(宋家、曲水、管山、板桥、石子观、楼橹、观汤西、修福、杏林、峰山、辛安、芜蒌)。金山所墩五(庙山、凤凰、小峰山、骆驼、金山)、堡四(邹山、清泉、石沟、朱家)。威海卫墩八(绕绕、麻子斜山、磨儿山、焦子埠、陈家庄、古陌顶、庙后)、堡四(曹家、豹虎、峰西、天都)。辛汪寨司墩一(辛汪)。百尺崖所墩六(望天岭、蒲台顶、百尺崖、嵩里、老姑顶、曹家岛)、堡三(芝麻岭、窦家崖、转山)。温泉镇司墩二(可山、半月山)。成山卫墩十(白峰头、狼家顶、高础山、仲山、太平顶、夺姑山、马山、岜嘴、俞镇、里岛)、堡九(神前、祭天岭、报信口、堆前、歇马亭、洛口、石础北、留村、张家)。寻山所墩八(青鱼、葛栖山、马山、杨家岭、小劳山、黄连嘴、古老石、长家嘴)、堡七(曲家埠、胜佛口、大水泊、老翅、纪了埠、蒸饼、青山)。宁津所墩八(慢埠、龙山、羊家岛、芝麻滩、万古、柴家山、青埠、孟家山)、堡九(帽子山、岜山寨、高楼山、拖地岗、王家铺、大顶山、土现口、龙虎山、岜山)。赤山寨司墩一(田家岭)。靖海卫墩二十(柘岛、铎木、郭家口、石岗山、□浪顶、标杆顶、艾蒌寨、狗脚山、石脚山、路家、马头、赤石、长会口、经王崖、明光山、青岛嘴、姚山头、峰窝浪、浪大湾口、黑夫厂)、堡八(蒸饼、孤西、憨山、望将、坟台、店山、葫芦山、起雨山)。海阳所墩七(乳山、帽子山、棍山、白沙、峰子山、城子港、小龙山)、堡十(合山、猪港、扒山、桃村、孤山、黄利河、孔家庄、撒雪山、老埠港、汤山)。乳山寨司墩一(里口)、堡二(长角岭、高庄)。大嵩卫墩七(望石山、擒虎山、草岛嘴、幸家寨、刘家岭、麦岛、杨家嘴)，堡五(小山、黄山、青山、管材、界河)。大山寨所墩二(光山、虎巢山)、堡二(双山、黄阳)。行村寨司墩三(高山、田材、灵山)。灵山所南墩十(帽子峰、敲尧山、西子埠、沙嘴、将军台、李家岛、峰火山、黄埠、唐岛、安领)、东墩七(野人埠、臧家疃、黄山、张家庄、长城岭、捉马山、呼兰嘴)、东北墩一(沙嘴)、北墩七(孙家港、白塔夼、青石山、东石山、刘家沟、交人涧、崇石山)、西墩五(石喇、焦家村、大虎口、花山、鹿角河)。夏河所南墩八(夏河、黄埠、徐家埠、紫良山、沙岭、车垒、大盘、海王庄)、北墩八(显沟、赵家营、封家岭、王家庄、沙岭、走马岭、小滩、丁家庄)。鳌山卫南墩十(分水岭、栲栳岛、小劳山、横担、石老人、捉马嘴、石岭、劈石、龙口、萧旺)、东墩三(高山、狼家嘴、羊山)、北墩十三(峰山、桑园、黄埠、大村、走马岭、石炉山、明壮、马山、挪城、蛸皮岭、石张口、营前、孙疃)。浮山所东墩五(麦岛、双山、瓷窑、错皮岭、塔山)、南墩七(桃村、中村、东城、狗塔山、程家庄、转头山、张家庄)、西墩六(城阳、楼山、女姑、孤山、红石、斩山)。胶州所南墩八(鹿村、塔埠、洋河、板沟河、八里庄、沙埠、石河、江家庄)、东墩十(孤埠、大埠、陈村、石河、杜家、港沙岭、栾村、辛庄、沽河、会滩)、东南墩六(三里河、陈家岛、海庄、千斤石、刘家庄、龙泉)、南墩二(围林、龙潭)。雄崖所南墩五(椴材、王家山、望山、土筹、公平山)、北墩六(青山、朱□、米粟山、陷牛山、白渐山、白马山)。逢猛司西墩三(户埠、鸟儿河、彭家港)。古镇司西墩一(西庄)、东墩二(古迹、□青)。栲栳岛司城内墩一(栲栳岛)、西南墩一(丈二山)、东墩一(金钱山)。南龙司墩三(即和台、胡家濠、陈家贡)，新增墩五(宋家口、东岸、董家口、西岸、亭子栏)、西墩(琅邪台)、东墩(龙湾)、东北墩。夹仓镇司墩四(相家、焦家、蔡家、三岔口)，新增墩三(夹仓北岸、涛雒口、涨雒口)。石臼寨墩十五(南石臼、孤耆山、温桑沟、北石臼、青泥、董家、钓鱼、湘子泊、金线石河、古城、滕家、湖水、本寨、西堡、董家堡)，新增墩四(岚头山、海口、二石臼所、海口二)。安东卫墩十三(栏头山、雅高山、大河口、泊风珠、蹄沟、张洛、黑漆石、涛雒、小皂儿、三桥、风火山、虎山、关山)。

明 郑若曾《万里海防烽堠论》：

自古守边不过远斥堠，谨烽火。至于海中风帆，瞬息千里，烽堠尤为紧要。凡滨海墩台，俱应尽数修复。或年远为水所冲没，或民居树木遮蔽，或仍旧贯可恃，或就中加添，或改移可瞭之所。以十里内为率，难瞭者三四里，亦可墩法举狼烟。南方狼粪既少，烟火失制，拱把之草，火燃不久，数里之遥，岂能接应？且遇阴霾昼晦，何以瞭望？宜多积柴草，火势大而且久，庶邻墩相望可见。国初，沿海卫所，每卫分左右二路，各设营墩官一员，以千百户充之。每所如卫，例以旗舍充之。各省以指挥一员总其事，称为提调墩哨，近视为闲散之局。废弃职守，或台堠不修，或器械不整，索受军士，常例听其偷安，略无惩究。寇犯地方，则烽火之号不传；贼艘在内，则声息之警不报。玩愒废弛，莫此为甚。夫内地防御，安危边海，居民趋避，调发军旅，机宜全在烽堠。传报所系非鲜小，须责成总兵、参游等官，详明守墩号令。风汛时月，既闻警报，督令巡守军兵昼夜分番瞭望，俾无疏虞庶计之得哉？（按，若曾，昆山人，为魏庄渠、王阳明两先生高第，与茅鹿门交。）

《明史》：营堡墩台分极冲、次冲，为设军多寡，哨探守瞭无敢惰，稍违制辄按军法。武安侯郑亨充总兵官，其敕书云："各处烟墩，务增筑高厚，上贮五月粮及柴薪药弩，墩旁开井，井外围墙与墩平，外望如一。"重门御暴之意，常凛凛也。

《山东海疆图记》卷七

人事部 战 船

《墨子》曰："公输般自鲁之楚，为舟战之具，谓之钩拒。"此战船所由始。与水战之具，详于《越绝书》："阖卢见子胥；敢问船运之备何如？"曰："船名大翼、小翼、突冒、楼船、桥船。令船军之教比陵军之法，乃可用之。大翼者，当陵军之重车。小翼者，当陵军之轻车。突冒者，当陵军之冲车。楼船者，当陵军之行楼车也。桥船者，当陵军之轻足剽定骑也。"

一云大翼，艘长十丈，小翼九丈。舟制之大，无过于晋武帝伐吴王濬所作之大船。连舫方百二十步，受二千余人。以木为城，起楼橹，开四出门，其上皆得骑马往来。又画鹢首怪兽，以惧江神。其次若《隋书》所云，杨素在永安造大舰，名曰五牙。上起楼五层，高百余尺。左右前后置六拍竿，并高十尺，容战士八百人次。曰黄龙，置兵百人。他若宋洞庭贼杨么有四轮激水，行船如飞。绍兴二年，王彦恢制飞虎战舰，旁设四轮，每轮八楫，四八旋转，日行千里。杨诚齐《海鳅船序》谓，虞允文于舟中踏车以行船破房，但见船行而不见人，其用尤为神异。至晋时，水战有飞云船相去五十步，仓准船相去四十步，金船相去二十步。小儿先登飞鸟船相去五十步，则又为水面列阵之法。

海船之制与江船各异，明代海氛屡警，特重舟师。故《明史》言海舟之制最备。其略云，海舟以舟山之乌槽为首，福船耐风涛且御火。浙之十装标号软风、苍山亦利追逐。广东船，铁栗木为之，视福船尤巨而坚。其利用者二，可发佛狼机，可掷火球，大福船亦然，能容百人，底尖上阔，首昂尾高，柁楼三重，帆桅二，傍护以板。上设木女墙及炮床，中为四层，最下实土石。次寝息所，次左右六门，中置水柜，扬帆炊爨皆在是，最上如露台。穴梯而登，傍设翼板，可凭以战。矢石火器皆俯发，可顺风行。海苍视福船稍小。开浪船能容三五十人，头锐，四桨一橹，其行如飞,不拘风潮顺逆。艟艞船视海苍又小。苍山船首尾皆阔,帆橹并用。橹设船傍近后,每傍五枝,每枝五跳,跳二人,以板闸跳上,露首于外。其制上下三层,下实土石,上为战场,中寝处。其张帆下椗,皆在上层。戚继光云:"倭舟甚小,一入里海,大福、海苍不能入,必用苍船逐之,冲敌便捷。温州人谓之苍山铁也。"沙、鹰二船,相胥成用。沙船可接战,然无翼蔽。鹰船两端锐,进退如飞。傍钉大茅竹,竹间窗可发锐箭,窗内舷外隐人以荡桨。先驾此入贼队,沙船随进,短兵接,战无不胜。渔船最小,每舟三人,一执布帆,一执桨,一执鸟嘴铳。随波上下,可掩贼不备。网梭船,定海、临海、象山俱有之,形如梭。竹桅布帆,仅容二三人,遇风涛辄异入山麓,可哨探。蜈蚣船,象形也。能驾佛郎机铳,底尖面阔,两傍楫数十,行如飞。两头船,旋转在舵,因风四驰,诸船无逾其速。

按郑若曾云,战船有七百料、五百料、四百料、二百料。尖舡之殊,因贼舟不大,停造七百料。其余五百料之类,亦以不便海战停造。福清等船,复调发广东。横江、乌尾船雇税苍沙。民船又有小哨、草撇船。军驾八桨,船装火器,出奇埋伏划网船。明代海舟之大略如此,今制各省设立。外海战船称名各异,要皆随地势之险,易合驾驶之宜,以供操防之用。其在以东,旧有沙船、唬船、边江船,名目今皆废去。但有赶缯船、反双篷艍船二者,赶缯船自头舨至尾楼,长八丈八尺。双篷艍船自头舨至尾楼,且长六丈四尺。盖遇贼于岛屿萦回之处,赶缯船大,或不利于行,则以艍船追逐。故成山汛于赶缯船二之外,特设艍船二。东南两汛,皆临大洋,则但用赶缯足矣。或云艍船者,即福苍船也。江南又有单篷艍船,视双篷尤小。东省所云双篷者别于江南之单篷而言也。至赶缯之义,尚当别考。船式仿照福建乌船,盖其龙骨尖底,抵御风浪为尤便。

凡有修造,皆镇臣及海防道查验,请领部价委员经理。如战船拆造,应领部价银一千零八十六两有奇。大修应领五百二两有奇,小修应领三百十六两有奇。艍船拆造,应领部价银四百九十七两有奇。大修三百二十两有奇,小修一百八十五两有奇,别有津贴运料之费,其银与所领部价之数同。以新造之年为始,届三年一小修,三年一大修。再届三年,如船只尚堪修理,仍令再大修;否则奏明拆造。

造船之厂,一在登州,一在胶州。需用工料,于修期八月之前,委员领银赴江浙采办。或玩视,船工将应领之帑延挨不领,照迟延预备军需例,降一级调用。大修以四月,小修以三月为限。如违限至五月以上未完,及捏报完工转报者,皆予革职,督修官降二级调用。船不坚固,未至应修年限损坏者,承修官革职,督修官降二级调用。仍令分贴工竣,交与地方官看守,如看守不慎损坏一二只者,降二级留任,七只以上革职。

《癸辛杂志》云:南海诸国有泥油,浅番船相遇海中,战船则用四人立于桅斗,上以泥油着小瓶中,槟榔皮塞其口,燃火于槟榔皮上,自高挂之。泥油着板,令人即仆以水沃之愈炽。所制者,干泥与灶灰耳。今官兵船不能近,浅番者正畏此物也。

《武备志》云:飞艎、斗舰战于水中,俱受命于风涛。冲风破浪,相机用力,在人所为,非舟之大小而能取胜,于人之勇怯也。水战非乡兵所惯,乃沙民所宜,盖沙民生长海滨,习知水性,出入波涛如履平地。在江南、大仓、崇明、吴淞等处有之,故船曰沙船。但沙船仅可于各港协守内洋出哨,若欲赴马迹、陈钱、花鸟、尽山(俱东北大洋中山名)等处,必须用福苍船(即艍船也)及广东乌尾(即乌船也)等船。盖沙船能调戗使逆风,然惟便于北洋,而不便于南洋。北洋浅,南洋深。沙船底平,不能破深水大浪。北洋有滚头浪,福苍船底尖,最畏此浪,沙船却不畏此浪。北洋可抛铁锚,南洋水深,惟下木椗。

明盛万年《岭西兵纪》云:哨船内宜设捕盗一名,提督、船兵、舵工、斗手、缭手、椗手各二名,各执镖枪。队长四名,各管理喷筒、九龙箭各项火器。枪门兵一名,执斧头。锣鼓兵二名。挞刀手兼理发烦,各锐没水兵一名,执镖管灰罐。蒺藜兵一名,管犁头。小镖兵一名,执钩。镰兵一名,左右鸟锐兵十六名,橹兵十六名,系牌枪挞刀手。船使风则各执器械。无风则各摇橹。如哨官坐驾船,增掌号令一名,执镖斧头。

《两浙海防类考》云:防御之术,据险为先。截杀之机,在洋为易。若纵之登陆,则为下策。彼将殊死战斗,我兵难于收功矣。故探哨莫便于刀舠,冲犁必资于楼舰。惟福船体胖高大,形势巍峨,望若邱山。建大将之旗鼓,风行瀚海,扑贼艇如鹰鹯。若遇大举,非此无以取胜。但其转折艰难,非顺风潮莫动。若造作脆薄,或冒飓浪难支。惟利深淀,难泊浅岸。至小哨、叭喇唬等船,反觉追剿便捷,遇敌收功，故或设小船当增，大船当减。殊不知小船止利于零贼之追捕，而不利于大举之仰攻。当要两利而并存之，岂可因噎而废食耶？惟在依期拆造，底梁坚厚，自然巨浪无虞，兵船在外海，卒遇异常飓风。收泊不及、人力难支、事出不测者，查勘的实，所失军器，姑准免赔。如在近港或事势稍缓、不行预防及捕舵不识风候、怠缓误事、临期弃船不顾者，责令官捕赔追军器，重加罚治。

戚继光云：凡捕盗专管一船之务，无所不理。凡入船者，俱听管束。当重其事权，俾有专力无掣肘可也。舵工专管舵，兼防舵门下攻守。椗手专管椗正头前攻守。缭手专管帆樯绳索，主持调篷。斗手遇贼则上斗用犁头镖，下射敌舟。掌号专管接应、司哨号令及独船对敌进止号令。队长司一队内攻守。督兵用命，贼近专发火桶，平时督兵习艺，修治军火器械。守舱门者，临敌牢守舱门，平时管一应家伙、杠具、支销、昼夜出入、防闲。

火　器

海上遇敌船，其为先而恃以制胜，曰惟兵器。兵家器械甚多，然资以为用水陆异宜，其利于海战者，无过火器。《明史》中，于火器之制，特详名类有二三百种。总兵戚继光云：惟飞天喷筒及埋火药筒二者，至易至便，万用无差。即火箭神机、火砖喷筒皆不及也。盖飞天喷筒，截径二寸，竹装药，制打成饼。修合筒口，饼两边取渠一道，用药线拴之，下火药一层，下饼一个，用送入堆紧，可高十数丈，远三四十步。径粘帆上如胶，立见帆燃，莫救。故远则用飞天喷筒，近则用火药桶烧之。大抵火攻之法，先须自为水备。假如一舟五十人，只用十人持火器，其四十人俱执水斗、水桶。设敌人亦以火攻，群手倾水灭之。

操　防

明时最重舟师。滨海卫所每百户及巡检司皆置船二，巡海上。非独水军造舟防倭也。且置多橹快船，无事则巡徼，遇寇以火船薄战，快船逐之。定出哨之期，初哨以三月，二哨以四月，三哨以五月，是为春汛。而十月小阳汛，亦慎防之。按《明史》，江防有总哨官，五日一会哨于适中地，将领官亦月两至会哨。阅旧志，如登莱、即墨诸营，皆设哨官。其制亦与江防等，其防守海汛必相其形势，分别缓急轻重之宜,斯可知用兵多寡。

顺治十五年,总督三省张元锡献海防图,分为八汛。一曰险汛,两山相厄,水多礁石,风潮不测者,宜用把截,如淮子口(要汛)、田横岛(险冲汛)是也。二曰要汛,众道必由,舍此无歧者,宜屯重兵,如延真岛、刘公岛、长山岛、沙门岛(皆冲要汛)、成山头(险要冲汛)是也。三曰冲汛,往来必经,驻泊定程者,宜用守防,如莺游山(入东第一程也,两山对峙如门,又谓应由门。自金山卫者必泊此。凡由海运正道来,无不于此候风。旧设虚沟营守备南城,把总正以防其卫也)、斋堂岛、福岛、之罘岛、八角口、三山岛(西抵旅顺,东收天津,一水平洋北海要道)、海仓口(对岸即天津,南风半日可到北海之枢纽,东省之咽喉也)、唐岛(次冲汛)是也。四曰会汛,居中控制,众途总集者,宜立军门。如登州水城是也。五曰闲汛,潮水出入小口,狭滩不堪驻船者,宜设墩卒,如古镇口(在大珠山前海道迤西。其北岸多礁石,船不敢近。或有商船重载,必停泊洋中,用小舟拨运。一遇东南风起,则拔锚他徙,顷刻难停。设有巡检、弓兵,可以哨守)、薛家岛(无险可守,无口可防)是也。六曰散汛,道旁岛屿,暂可避风者,宜用巡哨,如头营子(距胶州三十里,海至此仅阔四五十里,但谓之港。且有栏门沙,潮落即成沙岭。潮生用长竿点水,方可行船。商船没入沙内者,必经旬月待潮汛大涨,然后得出。长行之船,不能旋入旋出,闲、散之汛,实为厄塞之地)、二营子(距胶州四十余里,东接麻湾口。西抵守风湾,胶州海尽于此。欲用守兵,则离水三里无可守。欲用哨兵,则已面前无容哨,故谓之散)是也。七曰迁汛,避风入口换风,出口无关正道者,宜用瞭望,如灵山岛、鼓楼圈、登窑口(在劳山南,本捕鱼之口,非戍守要地。因人烟辐辏,贼船昔曾犯抢,遂设兵防之)、董家湾(距登窑十里,亦海滨市镇)是也。八曰僻汛,支流回曲,偏在一隅者,宜用侦探,如柴葫荡(在灵山岛对岛,乃海道之西北。石矶险窄,港派回曲,仅容二三百石之小船拨载以入。稍重则浅矣,待东南风始入,西北风始出。若长行之船,断不敢入)是也。其说颇为详备。

《万里海防》云:每月初一至初六,十五至二十等日,子午之交,潮汛长大,沙礁平没,港口流通,贼船正可乘潮突入防汛,□尤宜预备。又于每日晨昏,升旗放炮于海表之高山。先声振夺,贼知有备,不敢登泊,是皆防御之良法。今山东水师南、东、北三汛,皆于春末驾船出洋巡哨,秋尽乃还,循旧制也。其巡哨地界,南汛自莺游山起,东至荣成县马头嘴,与东汛会旗。东汛自马头嘴起,北至成山头,与北汛会旗。北汛自成山头起,西至直隶交界,北至隍城岛北九十里,与奉天水师分界。莱州三山岛以西皆沙港海口，不临大洋，易于防守。故北汛所辖之洋面，较南、东两汛为多。平时将弁各于洋面，训练水操。至五月间，总兵官亲诣，三巡简阅。巡抚亦再岁一至海上阅视焉。

明 郑若曾《山东预备论》：

倭患之作，岭峤以北，达于淮扬，靡不受害。而山东独不之及者，岂其无意于此哉？亦以山东之民，便于鞍马，而不便于舟楫，无通番下海之人为之向导接济焉耳。然迩年，青齐之兵多为所掳，安知其中无识海道而勾引者乎？愚观山东诸郡，民性强悍，乐于战斗。倭之短兵不足以当其长枪劲弩，倭之步不足以当其方轨列骑。万一至此，是自丧其元也。所虞者，登莱突出海中，三面受敌，难于堤备。国朝专设备倭都指挥一员。巡海副使一员，分驻二郡卫所。森严墩堡周备，承平日久，不无废弛。申明振厉，庶几其无患乎？虽然倭船至岸，而后御之亦末矣！孰若立水寨，置巡船，制寇于海洋山沙，策之上也。尝闻宋以前，日本入贡，自新罗以趋山东。今若入寇，必由此路。但登莱之海，危礁暗沙，不可胜测。非谙练之至，则舟且不保，何以迎敌而追击乎？故安东以北，若劳山、赤山、竹篙、旱门、刘公、之罘、八角、沙门、三山诸岛，乃贼之所必泊，而我之所当伺焉者也。若白蓬头、槐子口桥（疑有脱误）、鸡鸣屿、夫人屿、金嘴、石仓庙，浅滩乱矶，乃贼之所必避，而我之所当远焉者也。必严出洋之令，勤会哨之期，交牌信验，习熟有素。则将来庙堂或修海运，以备不虞之变，亦大有赖，焉独御寇云乎哉？

登州营守御论

登、莱二郡，突出于海，如人吐舌。东南北三面受敌，故设三营连络，每营当一面之寄，登州营所以控北海之险也。登、莱二卫并青州左卫，俱隶焉。策应地方，语所则有奇山、福山中前、王徐前诸所，语寨则有黄河口、刘家汪、解宋、卢洋、马停、皂河、马埠诸寨，诸巡司则有杨家店、高山、孙夼镇、马亭镇、东良海口、柴葫、海仓、鱼儿铺、高家港诸司。三营各立把总二员总辖之。在海外则岛屿环抱，自东北崆峒、半洋，西抵长山、蓬莱、田横、沙门、鼍矶、三山、芙蓉、桑岛，错落盘踞，以为登州北门之护。过此而北，则辽阳矣，此天造地设之险也。然诸岛虽近登州，而居岛中以取鱼盐之利者，乃辽阳之编伍，非山东之戍卒也。叫呶跳梁，可畏而不可恃。故北海之滨，既有府治，复建备倭城于新河海口，以为屏翰，且有本营之建焉。沿海兵防特重其责，非若他省，但建水寨于岛屿，良有以也。夫岛屿既不设险，则海口所系非轻，自营城东，若抹直、石落、湾子、刘家汪、平畅、芦洋诸处，自营城西，若西王庄、西山、栾家、孙家、海洋山后、八角城后、之罘、莒岛诸处，皆可通番船登突。严外户以绥堂阃，其本营典守之责乎？

文登营守御论

登莱乃太山余络，突入海中，文登县尤其东之尽处也。成山以东，曰旱门滩、九峰、赤山、白蓬头诸岛纵横，沙迹联络，潮势至此冲击腾沸。议者谓倭船未敢猝达。然考之昔年，倭寇成山掳白峰寨、罗山寨、延大嵩、草岛嘴等处，海侧居民重罹其殃，倭果畏海奭而有是哉？故文登县东北有文登营之设，所以控东海之险也。宁海、威海、成山、靖海四卫，皆隶焉。策应地方，语所则有宁津、海阳、金山、百尺崖、寻山诸所，语寨则有清泉、赤山等寨，语巡司则有辛汪、温泉镇、赤山寨诸司。透而北则应援乎登州，迤而南，则应援乎即墨三营，鼎建相为犄角形胜，调度雄且密矣！有干城之寄者，其思昔年成山之变，而儆戒无虞也哉！

即墨营守御论

山东与直隶连环，即墨县南望淮安，东海所城左右，相错如咽喉关锁。迩年登莱海警告宁，然淮扬屡被登劫。自淮达莱，片帆可至。犯淮者，犯莱之渐也。故即墨所系较二营，似尤为要。自大嵩、鳌山、灵山、安东一带，南海之险，皆本营控御之责。策应地方，语所则有雄崖、胶州、大山、浮山、夏河、石洞诸所（洞当是白之讹），语巡司则有乳山、行村、栲栳岛、逢猛、南龙湾、古镇、信阳、夹仓诸司。其海口若唐家湾、大任、陈家湾、鹅儿、栲栳、天井湾、颜武、周疃、松林、金家湾、青岛、徐家庄等处，俱为冲要，堤防尤难。昔年倭寇鳌山，毒痛甚惨，即本营所辖之地也，殷鉴不远，其可以不慎乎？

冯琦《东省防倭议》：

防倭犹防黄河也。夫虏患如海，虽复浤漾濆洞，与天无际。然潮汐有所届而止，河则奔突横益，迁徙无常。可使平陆为河，可使河为平陆。当其冲决不知所向，亦不知所止。今倭患有能知其所向与所止者乎？倭所向非辽左则天津，非天津则登莱。愚以为犯辽左则难入也，犯天津暂扰而易定，犯登莱则易入且难定，中国之祸未有已也。

辽左皆军卫，又岁当虏，城有可守，野无可掠。今四方有事，皆调辽左兵。彼所入即我精兵处，无论能战，守必有余。我能自坚，彼将坐困。故曰犯辽左难入。

犯天津畿辅重地,为国咽喉。一有缓急,远迩大震,然进可攻,而退无巢穴以自守。各边之兵,远者十日,近者五日,一呼立集。平原广野,以骑蹂步,万矢齐发。我用其长,彼无所据,一战而胜,立可芟夷,故曰犯天津暂扰而易定。倭水战不及南兵者,舟不如也。陆战不及边兵者,骑不如也。若出于无水兵无边兵之处,彼捣其一虚,而我违其两长。腹里州县,城既不坚,人无固志。郡城自守不足,安能救人?各城披靡,则郡城亦难孤立,北震邦畿,西梗运道。游兵杂沓,道路不通。须我南北兵集,彼已自立窟穴,我反劳,彼反逸。我反为客,彼反为主。我反致于人,彼反致人。故曰犯登莱则易入且难定也。

请略陈三郡之形势,齐之所以称四塞者,何也?东面海,西、南面山也。惟正北一面,绾谷其口。北自井山,南至穆陵,万山绵亘二百里不绝;山势西起泰山,南接蒙山,钩连至郡城北始尽。故青州者,海山之间一大都会也。登、莱负海险在郡东,青州负山险在郡西。山东海面二千七百里,处处可登。出于登,则莱不能救;出于莱,则登不能救。南而诸城、日照,北而乐安、寿光,则直出于青之境内,而反抄登、莱之后。盖登、莱可捍外不可卫内。若外控登、莱,内护省直,抱山海而居其会,则惟青州为重。凡用兵必先积饷,积饷必先求屯饷之处。夫有重饷无坚城,非吾饷也。有坚城无重兵,非吾城也。有重兵无厚饷,非吾兵也。兼此三者,则可以为重镇矣。

青州因山势为城,可据以守,其人轻悍好斗,可训以战,若结以恩惠,授以纪律,则皆可使为兵。内凭百雉,外阻群山。强者秉城,弱者入山以避难,不至尽委以资敌。壁可坚,野可清,亦惟青州为然,故莫若建青州为重镇。厚增陴,广积饷,多屯兵,以据登莱之项背,互相声援,互相灌输,而内于中原添一重保障,窃以为于计便。倭入朝鲜,且战且前。守如处女,忽如脱兔,此非进掠之兵,而据地之兵。非浪战之兵,而有前后著之兵也。有如彼知我空中国兵赴辽左,而潜以水军乘风渡海。处处无备,登、莱两郡城不可知。其他州县望风瓦解,必将望名城以为归。青素无蓄积,一年耕不足一年之用。若使闭城坐食,加以四方避乱之众,不出一月,立困矣。青州之民勇私斗,怯公战。平居皆鲜衣怒马,六博蹋踘,游食恶少,比肩接踵。无事尚且思乱,一旦有事,乘机报仇。缓之则不减于倭,急之则潜应于倭。今倭在大海外,而不逞之徒,谈之已津津有喜色,故青之城必可守而必难守者,人心然也。倭至登、莱,我失大海之险,一矣。至青州,我失郡山之险,二矣。过此一往更无险阻,我无地不可忧。而彼反可战可守,可进可退。外倚海为门户,西抱河山以自固。而以北向一面,与中国争衡。我即以信臣精卒,带甲十万临之。未易岁月,定也。

窃忆计之,倭越大海,载糇构器具以来,跣足登岸。负米而驰,多不过赍一月食,而因粮于我。海边空阔,人烟稀少,加以逃避,鸟惊兽散。彼即抢掠,能得几何。我诚以重兵居要地,阻群山以扼之。清野固垒以老之,宜有可胜之理。故青州守,则我东面以扼倭。青州不守,则倭北面以扼我。然则青州者,天下大胜大败之机也。就我畿辅论,则天津急于登莱。就彼盘踞论,则登莱便于天津。就彼进犯论,则登莱急于青州。就我控扼论,则青州重于登莱。山东六郡,青州城坚固第一,地险要第一,然则建青州为重镇,一定不易之策也。

谨献其说,以俟筹国者采焉。

刘应节《海岛悉平疏》:

臣等看岛民盘据三十余处,负固三十余年。时久难于羁縻,势重难于驱逐。惟设官两处,协同缉捕,使居者不增,来者渐止。侍郎汪道昆所议庶为得策。但海水无涯,岛屿分峙,半夜扁舟瞬息千里。在内不能周防,在彼岂肯待毙?如壅水必决,养痈必溃。虽幸目前之稍安,终贻后日之巨祸。臣等日夜以养衅为忧。每与总兵官李成梁、巡按御史郭思极计议,杀之则倖切,留之则遗患。佯示剿捕,以寝逆心。曲为招抚以系归念,必使岛无一人,庶可患绝。

两省因选乖觉丁男数人,同都司苏成勋执票,驾舟遍赴岛,中恳宣谕。一则谓,尔等虽有旧犯罪恶,今两奉诏书,通行赦免。一则谓,尔等祖宗田墓俱在辽地,安忍久弃。一则谓,尔等已往粮差,亦不追赔。一则谓以后帮军帮马,通不许攀扯。此正尔等生还故土、保全身家之时。失此不从,今造楼船百只,会发镇城家丁,选锋前来,荡平巢穴。于是尔等进退无路,虽悔无及。每岛俱逐一宣布,岛民感泣,极口称愿回卫,其中间桀黠者,恐系诱回,擒拿治罪。

议令岛首罗景桐等八名,随苏成勋见巡按御史,又至广宁,见张巡抚以探进止。皆许以复业、免罪,又量赏米布。各首感悦而去,比至二月未见回岸消息。张巡抚屡行文查催,该郭御史因岛民已顺,不来必畏卫官恐吓。因带苏承勋先出巡金州,再差人往谕各岛闻知。先有张辅等八十二名口上岸见郭御史,面加安谕,又行给赏。张巡抚即行,分别壮丁、老幼,酌给银粮,由是欢呼传布。才及半年,共四千四百有余尽数回还。张巡抚仍恐未的,又重复差官查勘取,安插地方邻口,及荡平居巢,甘结并花名卫所,领认册状前来。又行该寺及苏承勋等,逐一再行安慰,务令得所去后。

今据前因,为照天下之患,养成者甚于激成。平患之方,既乱者难于未乱。今岛民潜住已非一日,节年为害尤非一端。始本负罪以逃生,后敢负险以怙乱。每纠众驾船,潜赴登莱行劫,彼中奸民乘机为盗,莫可究诘,一害也。两镇逃军逃民,杀人亡命之徒,利其递送,趋为渊薮,二害也。沿海人民,捕鱼为生,多被抢夺,甚至沉其人于海而夺船以归,不敢赴官司告诉,三害也。朝鲜相去甚近,每劫其财物、马匹,公然赴州县变卖,不敢缉捕,四害也。逃军半渡中流,尽夺其行资而沉之海,在辽以逃伍行原籍清勾,在原籍不知生死,五害也。

先议起发,未有一人敢至其地,敢交一言者,此起发之说不可行也。后议两镇发兵夹剿,但彼以逸居岛内,我以劳趋海中,计岛三十余处,非官兵万余不克,非巨舟数百不济。工费之多,粮饷之耗,固不可胜纪。即舟师近岛,彼岂肯束手就缚,且此辈习于潮汛,凿舟焚舟之事惯习已久。我军一挫,官船官兵俱归覆没。即使力以尽剿,但叛逆未甚而玉石俱焚。上亏朝廷好生之德,下伤数千无辜之命。此夹剿之说不可行也。又谓止宜严加巡逻,来则防捕,去则勿追,不必与较。然各岛物产甚多,赡养极便。今盘住未久,处置已难,年复一年,转相倚附。雄长一出号召为乱,如周御史所言,浙直臻滔天之患,安保必无。况圣明在上,威如雷霆,而使捕逃有众,南不属之山东,北不属之辽镇,可乎?但此辈盘据海洋,年深人众,治之过急,是促之使乱也。付之不问,是纵之为乱也。待其大乱而图之,其难有百倍于今日者矣。

故揣时度势,必使尽数招回,方得永无后患。但其往抚也,宣谕失机,则褒威而辱命。风帆不稳,则覆众而丧生。因选差都司苏承勋入岛招谕,及行,苑马寺卿朱金、今代事金事贺溱,巡查海岛,副使杨家相、备倭都司姚天与协力催督。今不出数月,尽数招回。凡房室、井灶及碾磨居食所需之物,俱荡平无存。不加一刃,消数千里根据之忧。不戮一人,平数十年痈肿之患。今复业者,已逾四千。若后日生息者,何止数万计?!辽镇各卫在册之军,未有见在如此之众。查各边招降之列,未有归正如此之多。拟各省献捷擒斩之功,亦未有生全如此之甚者。且往返海涛半年以外,不伤一命,不覆一舟,尤为异事。盖由我皇上九天垂雨露之恩,万里普生成之化。故百神受职,驱逆命者相率朝宗。沧海效灵,俾反侧者各全躯命。伏乞敕下兵部细加查议,将各官分别升赏,以劝有功。再照患每积小成大之谋,当谨始虑终。

登、莱沿海诸岛,旧有州县奸民,始利辽人交易,继留辽人潜居,一人勾引数人,一岛蔓延数岛。两地官司,容隐推诿,坐视因循,养成厉阶,几至大乱。今虽荡平,若责成不专,禁缉不密,恐日复一日,又蹈前辙。臣等反复思善后之计,其议有四。一曰专责成。查得登州都司今改都司金州守备,原为备倭防海而设,近倭寇绝迹,而岛民初平,似应不妨原务。悉令管辖诸岛,每当三月、六月、九月,约日登舟,量带兵卒,遍诣各岛,搜捕一次。每月委官搜捕一次。如有一人一家在岛潜住,即擒拿到官,照谋叛未行。拟以重罪,如敢拒捕,许官兵登时杀死勿论。如登莱人先在岛勾引,罪坐登州都司。辽东人逃至岛潜住,罪坐金州都司。仍将此项增入敕书以便遵守。其辽东苑马寺卿、山东巡察海道副使,亦要时时稽考各岛有无居人,分别功罪。岁终呈报,两镇抚按以凭举劾。庶各官不敢推诿,而岛民不敢逃匿。一曰严防守。金、复两卫,地皆濒海。如石城、广鹿、长山诸岛,皆卫所额地,去岸远者二十里,近者不十里。见有军余在种纳办粮差,卫所官亦不时赴岛催征,与登、莱远岛不受官法者不同。除将岛民安插各卫城堡外,内有男妇不及一千,原系前项岛内旧有田产亲族者,若一概勒令登岸,恐居食俱无,相将就毙。合无将前三岛各建公馆一所,移本卫官一员,在内专住,如守堡官之例。编岛内旧军为堡首,以新来者附之。凡征粮纳差,俱属本官钤束。本官俱听金州都司节制。但有罪犯及谋逃别岛者,拿送苑马寺拟罪,以绝再逃之望。一曰加存恤。岛民初归携老扶幼,家口众多,贫病相仍,极可怜悯。职等已行于金州仓库,照人口多寡、大小量给银粮,又将原遗田房,许其取赎。近虽相安,但各卫捕军、帮军、买马、养马之费,俱按照所丁出银。此辈初到,居产且无,安能办纳?又畏卫官追究已往罪过,疑畏靡定,合无先给印帖,准免以后杂差十年。其已往罪犯,不分轻重,遵奉隆庆六年诏书悉与宥免。以广朝廷浩荡之恩,以慰各丁生还之愿。一曰编船只。查得国初,山东俱以本色饷辽,故通舟楫。今山东本色既不可卒复,则海运之说必不可行。若两处私船不禁,是仍开递送之途也。合将海岸民船,规制不过盈丈,每口不过三只,令其搬运米薪,捕捉鱼虾。仍编立字号,籍名在官,旦夕听岛民查点。见今私船大者,给与官银改为官船。别为印记,联系海岸,专官看守,以备公差巡岛之用。小者照前留数只,其余悉行劈毁。如有不行告官,私造船只者,卖者买者枷示。本地原船入官,其余归并渡口。申严讥察,设立保甲,禁革科敛,拨给荒田,候复墩堠及未尽事宜。

职等见今应行者行,应禁者禁。不敢缕缕条陈,以上渎天听。至于建都司衙门于登州,见奉钦依,议有次第。但今岛民已归,似应停止,以省劳费。并乞敕下兵部通行酌议,题复行臣等遵奉施行。

国朝 陈谦(莱州府知府)《条陈节略》:

窃照沿海地方每多失事,贼艘饱扬而去,缉捕无从,皆由口岸辽阔,汛广兵单,水师一营鞭长莫及。除州县海口水浅不能泊船者,姑缓置议外,其水深可以就岸者,宜急选乡勇而团练之。寓兵于农,寓战于守,最为简便。请条其法。

每家门牌内签壮丁一名,每十家举一牌长。除牌内老废孤寡毋庸挑选外,余者以年二十岁以上,每牌止用一人,每十人统于一牌长。

每五牌长内举一材勇过人者,为练长。每一大村内,无论十牌长与二三十牌长,总以同甲为主。举一材勇过人者,为练总。壮丁听牌长指挥,牌长听练长指挥,练长听练总指挥。如沿海稍有警息,各练总听文武官会同调遣。

民间所有器械,如刀枪木梃,随其所习之用;如有善于弓箭、鸟枪者,官给注册。

民间齐集丁众,或以铜锣,或以钟鼓,听其随便,自为立号。

凡应防应御之处,听地方官相机筹划。如应用若干,练总用印信、小旗分传各总。或不足数,则益以附近之练总。如旗到而练总不到,练总到而练长、壮丁不到,以法惩之。

无事时,遇春秋令节,地方官分巡检阅。勤者犒赏,如有事防御,果能打退贼船、擒获真贼者,分别以次请赏。

如此训练有方,永远遵行。与水师陆汛互相犄角,可无顾此失彼之虞。即地方居民亦可有恃以无恐矣!

《沂州府志》曰:倭之所以为寇者,以其知海道也。自明初招谕入贡,往来习惯,始犯辽东。继犯江浙后,犯山东。虽竭力驱之,而彼谓可口试也。况倭四面皆海,于闽浙为北隅,至辽东远而闽浙近。若淮扬、山东,则在远近之中。其入寇也,每视风之所之在江以南者不论,而在江以北,则首犯淮扬,以为犯日照之渐次而及莱及登。盖其在大洋而风敱东南也。过步州洋,乱沙入盐城口,则寇淮安矣。入庙湾港则犯扬州矣。再越而北则山东矣。日照者,山东之首冲也。故安东卫尤为紧要。倭勇而憨,不甚别生死,每战辄捉刀而舞,无能捍者。又善设伏,以寡击众。然陆战则骑,不若北兵。水战则舟,不若南兵。故南当扼之于海,北当歼之于陆。海则沿海宜设卫、所以待,陆则宜开屯田、筑堡戍之。倭至互为角逐,蔑不济矣!

徐绩《蓬莱阁水操记》:

登州北濒大海,其山曰丹崖,其最胜者曰蓬莱阁。士大夫燕游歌咏,必集其处。盖不独海市幻形,荡摇万象,有珠宫贝阙之奇,而风帆沙屿,灭没于沧波浩淼之区。云物诡殊,顷刻百变。意古高世隐德之士,若安期、羡门之徒,犹有往来栖息于是中者。明季倭犯朝鲜,登州外接重洋,距朝鲜不远,故御倭之制为特备。既于城北增筑水城,而水师兵额最广,至分营为六(明季登州水师有左营、右营、中营、游营、平海营、火攻营)。近制但有前营,设兵六百余名,分南、北、东三汛。百数十年来,海波恬息,民生不见有犬吠之惊,反得倚巨浸为天堑,而鱼盐蜃蛤不待他仰而足,黄发垂髫皆熙然自遂其生。岂非国家声灵遐暨,寰海咸宾,吾民父子祖孙,其涵濡于郅治之泽者为已深哉!闲尝按图考志,得故学使施闰章《海镜亭记》,谓此亭先朝台使者阅水师处,而讶今武备之不讲也久矣,辄为之低徊三复。感二百年来,前后事势之异。而叹本朝之治化为独隆,又念吏兹土者,荷圣化之骈蕃,得优闲岁月,苟禄以冒迁者,亦复不乏其人,是则登览之余又可以动旷官之戒也。

三十七年秋,余以阅兵至此,得游所谓蓬莱阁者。于焉勤习水师,纵观诸战艘扬帆捩舵,往来驶疾之纷纷。而总戎窦公复募善水士,教以蹴波列阵,跃入深潭计三四丈余,而腰以上不没,藏火药具于帽檐旁侧。忽焉炮声四起,与洪涛声砰訇互答,烟幕重溟,回风环卷,云瀹雾乱,博望迷离。已复各出牌刀,相斫击撇,旋左右出没如神。余为目眩者久之,爰加厚赏,以旌其能。窦公特请余为文以记之。余既叹本朝治化之隆,幸斯民得生海不扬波之盛世,又嘉窦公之勤于其职,而余得藉是以讨军实,时训练庶非无事而漫游者。公又检得大小炮位五十四,具为故时兵琐所不载,一一稽其在处而籍书之,此皆海防军政所关,于事为可书者,遂不辞其请而为之记。若夫写云涛之壮观,而肆登览之奇怀,前人之所述者侈矣,余又何以加焉?窦公名琇,山西平定州人。

《山东海疆图志》卷八

人事部 商 贩

　　班氏谓，货通然后国实。而通财鬻货者，曰商。商不出则三宝绝，其何以足国而富民？故牵车服贾，儒者不废。而齐之富强，实始于鱼盐之通。今武、沂、青、登、莱诸郡，负山面海，地狭且确，黍稷所产，不足以供终岁之食给。生不甚舒愉，故其民多贾。大抵籍辽东，以通有无。凡食用财贿，咸仰给焉。驾短楫凌惊涛，所在皆然也。盖设防御以安民，尤必通财货以厚其生，此皆任海疆者之责也。故继之以商贩，至其利害之宜，则明副使陶朗先论之详矣。变而通之，是在存实心而行实政者。

　　明 陶朗先《登辽原非异域议》：

　　职府于四十三四两年，设厂煮粥，赈救饥民。因登地僻在一隅，本地既已绝粮，商贾又复难至。百万灾黎，嗷嗷待毙。惟有辽阳与登相望一水可通，而又闻辽民苦于粟多，无从贸易，具禀两院，请弛辽禁。大约谓登州粟价每市斗且及一金，而辽价每市斗仅一钱。程途切近，朝发夕至，无淮米迁阻之艰，水道平夷，无漕运陆运之苦。随蒙抚院一面具题，一面发给招商路引。职遵奉招徕，共得商粟二十余万，再发官兵唬船八十余只，往来接运而街衢充溢，市价骤平。厥后，麇至愈多，登粟之价反贱于辽。而孑遗之众，始欣然庆更生矣！

　　此当日之景状然也。然疏未奉钦依以危急暂通者，以事平即禁辽粟乍涌，发粜不行，辽商贮粟登城，日久红腐。再欲运还故土，而海禁又绳其后，始所为慕救荒之招而来者，今且自救其身之不给矣。于是有如佟国用、沙禄、匡廷佐辈；或甘弃粟而遄归，如丁后甲、芳茂、李大武辈；或至流落而难去，相率而泣控于职者，日数十百人。其词如怨如诉，盖消职疏禁之议，职始之职不能终之。而此数十百人，职招之来，职又不能利之往也。职乃泫然对泣，尤不胜怅然，扪心深慨。

夫登州自有利而自失之，乃仰给于辽，迨辽稍有利于登，而登又以此困辽也。请先言登辽不可相离之故，而后及登辽相通之利，可乎？我太祖高皇帝肇造区夏，再涤乾坤，其经营天下何所不周？宁不知登辽与倭共此一水，又宁不知辽于京畿陆地相接，登于辽左隔水如堑而卒属辽左，于山东也岂无深意？厥后，判辽东与山东而二之宜其一，判不复相关矣。

乃自正德年间疏通海运，而后如嘉靖三十七年，辽境阻饥。从巡按辽东御史陶之请，而转登、莱之粟以救。至万历十四年，辽境又饥，从海盖道按察使郝之请，而又转登、莱之粟以救。至十九年，倭奴侵犯朝鲜，大兵东剿，又从巡抚山东都御史宋之请，而转全省之饷以饷官军；又从巡按山东御史何之请，许商人由海贸易。至万历三十年间，又从巡抚辽东都御史赵之请，添设辽东海防同知，而商旅乃为之大通。至三十七年，因登州总兵吴有孚以兵船兴贩私货，蒙山东、辽东各抚、按两院参奏，复立海禁。合言之，登、辽两地，通者其常也，不通者其变也。精言之，登、辽海禁无事尚能禁也，有事未有不议开者也。然曰："无事禁之，既无事矣，将焉用禁？"曰："有事开之，夫有事尚议开矣，无事又何为禁？"议者曰："与其有事开之，无事禁之，不若无事开之，有事禁之。"与其待有事而开之，而令两地扞格不相习，又不若乘无事而尝开之，使两地旋相为用之为便也！

昨岁三月间，辽东按院不尝以此说疏请于朝乎？内言辽之通登有利六焉，彼辽言辽尚未及于东省之利也。职调登州，而通辽东其利亦有六。

一曰粟谷通则丰凶相济，而地方可保无荒乱也。四十二三年，东省之饥，至于父食子、夫食妻。东省之乱，至于攻城池、劫库狱。初犹斗粟千钱，后至绝无粒粟，甚有抱金而自缢者，为荒、为乱皆起于无可疗饥耳。登州以辽粟焱至，乃免此厄，其期效大验也。诚使先无禁辽之令，则辽闻粟贵将不召而自来，其来常继，其粟常盈，何至死亡遍沟中，而潢池接踵也？由此以推，而辽之需登当不异于登之需辽。辽为边境，安危所系，尤自不小，胡可谓昨年轮运为一时之计，而非久长之算也？

二曰货殖通则农末相资，而军民可保无逃亡也。登之为郡，僻在一隅，西境虽连莱、青而阻山介岭，鸟道羊肠，车不能容轨，人不能方辔。荒年则莱、青各与之同病而无余沥，以及登丰年则莱、青皆行粜于淮、扬、徐、沛，而登州独无线可通之路。是以登属军民，不但荒年逃，熟年亦逃也。故登民为之谚曰："登州如瓮天，小民在釜底。粟贵斗一金，粟贱喂犬豕。大熟赖粮逃，大荒受饿死。"谓有无之不相应也。盰彼辽阳一水可渡也,是天造地设以为登民生路者,奈何天固与之,人固绝之。诚令登、辽两地,不为禁限,则商贾往来络绎不绝,不惟登辽边腹之间,征贵征贱,人可使富,即青、莱、淮、泗皆可与。登辽转相贸易,则登州且为一大都会,奚翅丰年败粟可以完粮?且市侩牙竖之业,俱可自食其力,而何患户口之不殷繁,方舆之不充实也?言登而辽可知也,辽不通登,更有何术以富?否则相通之法,又何惮而不为也?

三曰汛哨通则战守相应,而兵食可以互酌也。登、辽两境俱设南兵以御倭,初谓其习于水战,与北兵殊耳。然登州营南兵多至二千八百余名,坐糜厚饷二三十年,既不闻与倭夷有束矢之加,亦不闻与辽东效丰臂之用。岁费东帑五万六七千金,识者已自嗤之。辽东为一大镇,而所募南水兵,止旅顺营五百名耳。以之备哨探,则不必如是之多。以之当折冲,则何至如是之少?倘遇有事,能不调登兵以充之乎?欲调登兵,可以素不识辽路者应之乎?及查登辽防信,登兵出城,五百里至皇城岛为信地。辽兵出旅顺,四百里亦至皇城岛为信地。则知春秋两汛两营之兵,原未尝不往来水面也。且四十二年,旅顺兵船岁久枯坏,特遣把总唐尧弼驾至登州庇材修艘,则知辽之水箱、楼橹,又不能舍登州而别为坚利也。独奈何登兵饱食安眠,老之陆地。旅兵孤悬一堡,徒守枯鱼水道。既通谓宜,无事则合。操以习水战,出汛则更番以轮戍守。或每年于春秋二汛中,先期择抽数日,听登州总兵与旅顺守备轮管一季,于交界处所如皇城岛等处,操演水战。俾指臂之势,时时服习。庶临时不至仓皇,此武事之有裨者也。而又有可议者,御倭专重水战,而南水兵二十年不闻水操,则与土兵何异?乃土兵每名月食粮九钱,而南兵每名月食粮有二两一钱者,有一两七八钱者,最少亦不下一两四五钱,则多费饷金无谓也。人谓南兵乘船惯便,北兵乘船股栗,此诚有之,然在习与不习耳。窃见登民专以捕鱼为业,乘潮出洋,目不加瞬,此独非北人乎?况今在唬船充火兵者,半系北人,安见北兵之不可以水也?今若南兵时演水操,即酌于战船中,兼用一二北兵,以渐教演。行之久久,北兵皆知水战,即以土人充水兵。而以北兵之饷,饷北人南兵之在陆营并不习水者,不可散归以省饷乎?饷省而派征自少,此亦与民同休息之急务也。

四曰舟楫通则水道相习,而缓急可以为用也。万历十九年倭寇朝鲜,大兵□援,欲觅舟师不得,而招太仓州沙船以为战舰。沙船者,商船也。用商船者何以官船?价轻料粗不倚命耳。国家既过防登人,而恐其构倭,则奚不并防倭寇而虑其躏入乎？设或朝鲜乞师，如十九年故事，其不能不募沙船，甚明也。平时则防商舟如巨寇，跬步不许动移。有事则招之于太仓，旦夕惟恐其不至，抑何愚已？孰若无事之时，俾商旅出于途，家有沙船，人知水性，有事之时，一呼可云集也。至于海商，虑其通倭，则或编定字号，或给引刻期，或造成一式。非身家良善者，不得驾使。非保结的确者，不许开行。况由登达辽，不及千里。非若浙闽之海杳茫无掾，给引于此，验泊于彼，违限有惩，夹带有禁，自然不能为奸，万万不必过计。倘曰，国家何患无金钱作舟楫，而焉资此商船为？殊不知沙船一只非八百金不能造。无事而议兴作，众必嗤以为迂造之。而徒若清人之在彭，则又终归。于涣析未有东海有事，而不思招募沙船者也？

五曰禁令通则海贼屏迹，而草莱可辟以为利也。由登至辽之路，从东北行而海中，诸山如螺如黛，绕于登辽之间，俗谓之岛。岛有在登境而应属登辖者，有在辽境而应属辽辖者。其中灌莽阴森，鞠为茂草者，固有之。乃平衍膏腴，可井而耕者，不少矣。自登辽戒绝往来，而海中诸岛一并弃而不问，海贼乘机盘据其中，非夏非夷，自耕自食。问之辽，曰登之流民也；问之登，曰辽之捕寇也。如刘公岛一处，离威海卫不百里，海贼王宪五造房五十三座，据而有之。职督率汛兵逐其人，火其庐。而其地见在丈耕，他如黑山、小竹、庙岛、钦岛、井岛等处，业已开中八千余亩。此外格于海禁，不得过而问之。此辈不靖，将寇在门廷，而又奚用远虑倭也？诚令登辽水道不隔，则汛舸岁有稽查，民轲时有往返，彼兔营鼠犬之辈，自不能潜藏岛中，膏地刻木，可以为薪，焚畬可以则赋。即今黑山等处，募民耕种，初开三年，设令纳谷。再耕三年，议照开荒例纳银。再越三年，可成沃土。即照内地科粮见报，抚按两院作止济迹充饷，则何独以诸岛而不然？其为利亦既彰明较著矣。

六曰商贩通则货财毕集，而国税可因以为课也。昨岁，辽东按院疏请通辽，谓山东不通于辽东，尚有六通四辟之途。辽东不通于山东，止余山海一线之路。且谓辽东形势，东南则朝鲜，正东则建州，东北则北关、宰赛、煖兔，正北则歹青诸夷，西北则贵英诸夷。而旧辽阳既去，则炒花诸夷反进而牧马于两河之间。微独海之咽喉无几，而三岔河又为蜂腰之势，此其为辽东虑至深远也。但常人狃于目前苟幸无事，山海一线不以为危。而反欲借此一线，以为国税之咽喉。在谓海路有恐山海关之税坐亏，而登辽两处，瀚漫不可稽查者，殊不知九衢之达，终出城门之轨，千章之干，不离乎甲之根。由山东达辽，虽由大海，而水路必由之途，未有能越旅顺口而飞渡者也。今旅顺见属辽东，原与山海关同一枝派，而近金山，去旅顺不远。原设有海防同知一员，专管海务。莫若并以税务，令其兼管稽。以海盖道，臣稽以山海关部臣，万一山海之陆税稍亏，则旅顺之水税旋溢。况海运轻便，往者必多，计其所税。山海关之外，未必不有赢余。况事权尽属于辽东，则国税仍归于山海旅顺口之熙攘，孰非山海之金钱，合旅顺口与山海关之金钱，又孰非国家之利耶？

以上六条，皆下访士民之同情，上稽祖制之深意。质之事理既可行，酌之边计亦无悖。故敢即与论而为请耳。而世犹有难六者，不过曰恐海船之通倭也，曰恐边军之逋逃也，抑不思国家，因近倭而□为登辽也。将令其并力以拒倭乎？抑欲登拒辽，辽拒登乎？果登与辽皆为拒倭而设。政如同室之救，然平时耳目交相识，器用交相习，而后临事可使相救，如左右手也。奈何不忍拒敌，而徒自相拒，曰此防倭也，则不知何策也。至于逃军一项，何地无之？亦何地必欲以海为限？虑辽军之逃，而以不通海运堑之矣。彼大同、宣府、宁夏、延绥□边，皆无海者，将特凿一海以界之乎？察弊杜隙存乎人耳。人之不求，而乞灵于海，一事偶失遂欲指噎以禁食，可乎哉？语曰，利不百者，事不举；害不百者，事不废。通辽之事在辽，先有按疏之六利，而在登尤有今议之六利，而害则无之似乎无不可行者。若夫天津一路，莱州之民往返最便此。又属在内海，防警策应皆与山东青、登、莱、武总四道相关，载在敕书，则又不必于议通，自随时可行者也。

徐应元《辽运船粮议》：

东省六郡，惟有登州僻居东隅。阻山环海，地瘠民稀，贸易不通，商贾罕至，非自今日然也。即向来所称淮商，亦只至胶州、行村而止，未有涉历成山之险，营求刀锥之利者。迨海运一开，淮商裹足，该本府节奏院道明文，自四十六年迄今，招商之示，南至淮扬，北抵德津，不啻数十。复奉督饷部院，召买三十万之檄，再行揭示。今又数阅月矣，并无一商来应。及查南贩，淮安有子母之利，而无涉波之虞。北抵辽阳，有戎马之警，而兼风涛之苦。今淮商实无一人来，非禁之不使南往也。南往尚且不应，若令北至辽阳，又谁肯舍平就险而应之？至以钱银易来，必须加值然。与其加值招商而商不来，毋宁加值于民，而民可办。是阴为救人以寓自救之术也。然必其有银，而后有粮也。乃库藏空虚，即欲加值于本地，而无米之炊将焉能。为今之计，宜总计登莱新旧辽饷并起运之银，为数不足，更须合之通省加派之银。田粮计价，先行借发，庶可措手。故岁稔即多方储蓄以待运，岁歉则通融转输以济急，总之完此三十万石而止，此犹就召买三十万石而言也。若总计四府通运之数，年岁之丰歉，银两之多寡，又不可以一定拘。登、莱岁稔则枭买于登、莱，登、莱岁歉不妨枭买于青、济。而计所加之值，作为搬剥之费。总之完此六十万石而止。然粮备而船不给，亦安能飞渡乎？又须雇造为急，而雇造之任当专委府佐以董其事，则任专而事克济矣。说者曰："登、莱程近，而造船有木驾，使有人收买有米以专属之。"然为路程近者，彼济青独不有近海州县乎？登之文，莱之胶，即不俱转成山之险，而远于济之沾、利，青之乐、寿乎？至于山多沙碛，地尽斥卤，产木有几。即有几，许杨木以之造船，恐难涉险，而任重载也。捕鱼之辈，不敢一到深洋驾筏之流，安能善持橹棹乎？故买粮惟有先备，多艰登、莱两府分任之，而雇船尤须专委一官，济青两府择任之，则旧运与新添，自当勉襄厥事，而不敢有所委矣！

丁泰　疏：

山东海岸迤北，由利津以达天津者，无庸赘陈。其迤南则由胶州、诸城、日照，以至前岁所复海州之云台山，仅半日程。由海州海边至淮安之庙湾镇，亦一日可到。庙湾迤南则山阳、高邮一带之里河，直通江淮，不用海舟矣。是庙湾镇、云台山皆为海边内地，而南北贸易之咽喉也。况云台山今已收入界内，居民复业已久，其自山东海岸以达海舟庙湾者，之为海边内地也明甚。南北丰歉不常，未禁海口以前，所恃以转连兴贩，南北互济者，米豆非船不能运载，船非至庙湾不通河口。但淮扬地方，系山东贸易必由之路。而山东地方官，或凛越俎之嫌，不敢令贸易者逾东省地方一步，是欲其出而闭之门也。如民生何？臣以为淮安迤南通大洋者，仍应禁也。而庙湾、云台一带，为山东门户者，应通行也。数百石大艘，可通大洋者，仍应禁也。而一二百石之小艇，沿边行走者，应通行也。况庙湾设专汛游击、海防同知，海州、云台山亦设游击、守备，足供稽察，毋庸更议，防守增兵弁也。至货物之纳税，船只之挂号，皆有旧例可循。特恐事属新复，贪黩官役，或借稽察以行私，强横弁兵，或假巡拦而生事，甚之势要光棍，霸行渔利，种种厉民，皆不可定。伏乞严敕禁止，俾小民得安生理，以享乐利，所关非渺小也。

讥　禁

自我朝扩无外之规，而薄海咸宾。舟楫之往来如织，然不有厉禁以讥察非常，安保无意外之虞乎？是以圣朝立法防御之役，责之营汛稽查之事，掌自有司。于通商柔远之中，默寓戢暴安良之意。今百数十年来，卒伍安见海波恬息，夫孰非法详荣密之效欤？因仿前史《刑法志》例，敬就□功，令所载。凡有关于海上之禁者，胪列备书。俾司土者得有所省，庶几严法，即以固疆圉也。

商渔船只，不分单双桅，悉从民便。造船时呈报州县官，查取澳甲、户族、里长、邻佑保结，方准成造。完日报官亲验，给照。开明在船人、年貌、籍贯，并商船所带器械、件数，及船内备用铁钉等物数目，以便汛口查验。

若夹带违禁硝磺、钉铁樟板等物，接济外洋者，船户以通贼论。斩舵工、水手知情同罪，不知情者皆杖八十，徒二年。原保人皆徒三年，杖一百。若船主在籍，而船只出洋，有事并责问船主。承查取结之地方官、汛口盘查之文武官，失察俱革职。卖放者，流三千里。税关衙门先验看地方官印照，然后给牌。有妄给者，亦照地方官议处。汛口盘查挂号，有勒索疏纵者，亦照例议处。

船只出洋，十船编为一甲。取具连环保结，一船为非，余船并坐。能首捕到免坐。

出口时汛口挂号符，船照呈送地方官或营官验明，验注日月，盖印放行。入口亦如之。经过省分，一省必挂一号，回籍仍于本籍印官处送照查验。违禁者治罪，如有不由各汛偷越外洋者，船户舵工人等并富民谋利造船租与人及租之者，各杖一百，枷号三个月。州县官失察，罚俸一年。明知造船受租而容其造者，降二级调用。

渔船出洋，不许装载米酒。进口不许装载货物，违者严加治罪。商、渔船只分别书刻字号，营船刊刻某营第几号，哨船舵工水手人等各给腰牌，刊刻姓名、年貌、籍贯。如船无字号，人有可疑，严加治罪。守口文武官不行盘查照，奸船出入海口，律罚俸一年。沿海一应采捕及内河通海之各色小船，地方官取具澳甲邻佑甘结一体，印烙编号，给票查验。如有私造、私卖及偷越出口者，俱照违禁例治罪。邻甲不行呈报，一体治罪。

呈报遭风船只，必查讯实据，方准销号。捏报者即行究治。

盘获形迹可疑之船，货物、人数不符税单、牌票者，限三日内查，系商船即速放行，系贼船交地方官审鞫。如巡缉官兵以贼船作商船释放，照讳盗治罪。以商船作贼船扰害，照诬良治罪。索取财物者，拿问上司，失察照例议处。

出洋船只，将本船作何生业贸易，照内详细填注。到口上岸之日，官弁将货物核对,原数相符,即行放进。若货物与照内不符,即时盘诘,来历不明,交有司官审鞫。来历有因亦详记档簿,遇洋面报有失事,地方官即开具失单。关查各口,没有报窃日期并所失货物与档簿相符者,立即根究严拿。兵役人等不得借端索诈,揸留影射滋事。如有失察故纵,及扰累无辜,各照讳盗诬良分别治罪。

失察匪船不由汛口地方沿边私驾出洋者,文职地方官及守口官均照不实力稽查例降一级留任。专汛武职守口员弁加一等,降二级调用。承审官意存回护,不将盗匪偷越地方究明指出,照徇隐不报例降二级调用。

将马牛、军需、铁货、铜钱、鞋匹、绸绢、丝绵私出下海者,杖一百。货物船只入官,以十分之三付告人充赏,受载之人,减一等。

将人口、军器下海者绞监候,因而走泄事情斩监候。该官司及守把之人,通同夹带或故纵,与犯人同罪,失察者官减三等,罪止杖一百。兵又减一等。私造海船,将违禁货物往番国买卖,潜通海贼,同谋结聚,及为向导劫掠良民,正犯照谋叛已行,枭示,全家边卫充军。

打造海船,卖与外国图利者,斩监候,从边卫充军。

将大船雇与下海之人,分取番货,到来私买贩卖苏木、胡椒至一千斤以上,俱发边卫充军,番货入官。

守把海防职官,听受外番金银货物,许令船货私入,串通交易,贻害地方,及引惹番贼海寇出没,戕杀居民,除犯死罪外,余发边卫充军。

贩卖黄金出洋,照铁货、铜钱等物出境下海,律治罪。守口官弁受贿故纵者,与犯人同罪,失于觉察者,照律参处。

将废铁潜出海洋,货卖一百斤以下,杖一百,徒三年。一百斤以上及舟车捆载,发边卫充军。卖与外国及边海贼寇者,照军器下海,律绞监候。文武员弁照商渔船夹带铁钉出口,照例议处。汉夷船只,将铁锅出洋货卖,亦照此例。每日煮食之锅,照旧置用。

将红黄铜器、铜筋出海货卖,一百斤以下,杖一百,徒三年。一百斤以上,发边卫充军。为从及船户各减一等。铜筋、船只入官,文武员弁知情故纵,革职。卖放,革职治罪。失察,降一级调用。

奸徒偷运米、谷及豆、麦、杂粮出洋,接济奸匪者,绞立决。但将米谷偷运出口图利,并无接济奸匪情弊,米过一百石,发边卫充军。一百石以下,杖一百,徒三年。不及十石,枷号一个月,杖一百。为从及船户知情各减一等,船只货物俱入官,豆、麦、杂粮照二谷一米料断。该管文武通同受贿知情故纵,照违禁货物出口律治罪。如巡查懈弛,及偷越各处汛口后,经别汛拿获查明。失察,米过一百石,降一级调用。一百石以下,罚俸一年。不及十石,罚俸半年。

奉天米石停其运往江南等处。

东省黄豆照运赴江南之例,听商由海运浙。

东省有票船只,夹带无票流民,私渡奉天。无论单身、成伙及携眷者,船户照无票船只,夹带流民例量,减一等,杖九十,徒二年半。船只入官,其私渡民人及舵工水手,均照例分别治罪。右船户不能亲身出洋,别令亲属押驾,已经报官不给者,将押驾之人即照船户治罪,船只入官。

郑若曾云,稽查之说有二。其一曰稽其船式。滨海之民以海为生,采捕鱼虾有不得禁者,则易以混焉。要之双桅尖底,始可通番。各官司于采捕之船,定以平底单桅,别以计号,违者毁之,照例问拟。则船有定式,而接济无所施矣。其二曰稽其装载。盖船虽小,亦分载出海。合之以通番者,各官司严加监诘。如果采捕之船,则计其合带水米之外,有无违禁器物乎。其回也,鱼虾之外,有无贩载番货乎?有之即照例问拟,则载有定限而接济无所容矣。此须海道严行设法,如某寨责成某官,某地责成某哨,某处定以某号,某澳束以某甲。如此而谓,通番之不可禁,吾未之信也。

《山东海疆图志》卷九

人事部　漕　运

　　《史·秦纪》谓,飞刍挽粟,起于黄、腄。则海上漕粟之事,当自秦始。其后魏景初二年,司马懿征辽,屯粮于黄县,造大人城,船从此出。隋开皇十八年,汉王谅军出榆关,值水潦,馈饷不通,周罗睺自东莱泛海。大业七年,敕幽州总管元宏嗣往东莱海口,造舟三百只。唐贞观二十二年,将伐高丽,敕沿海具舟舰为水运。故杜甫有"云帆转辽海,粳稻来东吴"及"幽燕盛用武,供给亦劳哉。吴门持粟帛,汛海凌蓬莱"之句。他若《旧唐书》所载,懿宗咸通二年,南蛮陷交趾,征兵赴岭南时,湘漓溯运,功役艰难。军屯广州乏食,以润州人陈璠石为盐铁巡官,往扬子院专督海运。是海舟输运又不独东省海上行之,然此仅以供一时之饷储,而非以足国用。至元代则遂定为恒制,造舰设官。终元之世,专仰海运。《元史》所谓民无挽输之劳,国有储蓄之富,诚一代之良法。明永乐十年,会通河成,始罢去海运。运论者谓,海运视河漕之费十省七八,中间议复议止者屡矣。今虽不敢妄言,更复然如昨岁,黄水溢入运河,济宁以下一望汪洋,挽运为难。幸赖庙算神谟,俾无阻塞,则海运之事当亦思患预防者,所宜留意也。盖使海运复兴,则停泊之所必有逐利之民迁徙,有无以就之者。将荒洲孤屿,皆为阛阓之场。且运官漕卒络绎往来,不待巡哨而海中奸宄潜踪,其于防海之策,又未尝无所裨益也。若夫胶莱新河,议者以为海运捷径,虽劳费不赀,势难浚然。以昔人惓惓于此,当非漫无所见也。因并著于篇,庶有所折衷焉。

元制　明制　胶莱河

元制:

　　元都于燕,去江南极远。而百司庶府之繁,卫士编民之众,无不养给于江南。

自丞相伯颜献海运之言,而江南之粮,分为春夏二运,盖至于京师者,一岁多至三百万余石。民无挽输之劳,国有储蓄之富,岂非一代之良法欤?

初,伯颜平江南时,常命张瑄、朱清等以宋库藏图籍,自崇明州从海道,载入京师。而运粮则自浙西涉江入淮,由黄河逆水至中滦旱站,陆运至淇门,入御河,以达于京城。又开济州泗河,自淮至新开河,由大清河至利津河入海。因海口沙壅,又从东阿旱站,运至临清,入御河。又开胶莱河道通海,劳费不赀,卒无成效。至元十九年,伯颜追忆海道载宋图籍之事,以为海运可行。于是请于朝廷,命上海总管罗璧、朱清、张瑄等造平底海船六十艘,运粮四万六千余石,从海道至京师。然创行海洋,沿山求屿,风信失时,明年始至直沽,时朝廷未知其利。是年十二月,立京畿、江淮都漕运司二,仍各置分司,以督纲运。每岁令江淮漕运司运粮至中滦,京畿漕运司自中滦运至大都。二十年,又用王积翁议,令阿八赤等广开新河。然新河候潮以入,船多损坏,民亦苦之。而忙兀歹言,海运之舟,悉皆至焉,于是罢新开河,颇事海运。立万户府二,以朱清为中万户,张瑄为千户,忙兀歹为万户府达鲁花赤。未几,又分新河军士、水手及船,于扬州、平滦两处运粮,命三省造船二千艘于济州河运粮,犹未专于海道也。

按是年,定仰江淮岁漕一百万石,海运十万石,胶莱运六十万石,济州运三十万石。又按是年,敕漕江淮米一百万石,从海贮于高严之合浦。二十四年始立行泉府司,专掌海运。增置万户府二,总为四府。是年遂罢东平河运粮。二十五年,内外分置漕运司二,其在外者,于河西务置司,领接运海道粮事。二十八年,又因朱清、张瑄之请,并四府为都漕运万户府二。止令清、瑄二人掌之。其属有千户、百户等官,分为各翼,以督岁运。

至大四年,遣官至江浙议海运事。时江东宁国、池、饶、建康等处运粮,率令海船从扬子江逆流而上。江水湍急,又多石矶,走沙涨浅,粮船俱坏,岁岁有之。又湖广、江西之粮运至真州泊入海船,船大底小,亦非江中所宜。于是以嘉兴、松江秋粮,并江淮、江浙财赋府,岁办粮充运。海漕之利,盖至是博矣。

初,海运之道,自平江刘家港入海,经扬州路通州海门县黄连沙头、万里长滩开洋,沿山嶼而行,抵淮安路盐城县,历西海州、海宁府东海县、密州胶州界,放灵山洋投东北,路多浅沙,行月余始抵成山。计其水程,自上海至杨村马头,凡一万三千三百五十里。至元二十九年,朱清等言其路险恶,复开生道。自刘家港开洋,至撑脚沙转嘴,至三沙、洋子江,过匾担沙、大洪,又过万里长滩,放大洋至青水洋,又经黑水洋至成山,过刘岛,至之罘、沙门二岛,放莱州大洋,抵界河口,其道差为径直。明年,千户殷明略又开新道,从刘家港入海,至崇明州三沙放洋,向东行,入黑水大洋,取成山转西至刘家岛,又至登州沙门岛,于莱州大洋入界河。当舟行风信有时,自浙西至京师,不过旬日而已,视前二道为最便云。然风涛不测,粮船漂溺者无岁无之,间亦有船坏而弃其米者。至元二十三年始责偿于运官,人船俱溺者乃免。然视河漕之费,则其所得者盖多矣(见《元史·货食志》)。

大德七年,官司招雇两浙上户造船运粮,分拨春夏二运。延祐以来,各运海船,大者八九千石,小者二千余石。是以海道富盛,岁运三百六十万石,供给京师,甚为易便。迤南番海,皆从此道,贡献仿效其路矣。其运粮之船,有仙鹤哨船,每船三十只为一纲,大都船九百余只,漕米三百余万石。船户八千余户,又分其纲为三千。每纲设押纲官二人,以常选正八品为之。其行船者,又雇募水手,移置扬州,先加教习。领其事者,则设专官,秩三品,而任之又专责。朱清、张瑄等但加秩而不易其人,此所以享利几百年。至正之末,犹借张士诚给数年,岂非措置得宜,久而不变哉!(见《通漕类编》)

附《元史》岁运之数

至元二十年,四万六千五十石,至者四万二千一百七十二石。

二十一年,二十九万五百石,至者二十七万五千六百一十石。

二十二年,一十万石,至者九万七百七十一石。

二十三年,五十七万八千五百二十石,至者四十三万三千九百五石。

二十四年,三十万石,至者二十九万七千五百四十六石。

二十五年,四十万石,至者三十九万七千六百五十五石。

二十六年,九十三万五千石,至者九十一万九千九百四十三石。

二十七年,一百五十九万五千石,至者一百五十一万三千八百五十六石。

二十八年,一百五十二万七千二百五十石,至者一百二十八万一千六百一十五石。

二十九年,一百四十万七千四百石,至者一百三十六万一千五百一十三石(按,是年中书省言,今岁海运粮至京师者一百五万石,至辽阳十三万石,比往年并无折耗,然以所列之数较之,不符合也)。

三十年,九十万八千石,至者八十八万七千五百九十一石。

三十一年,五十一万四千五百三十三石,至者五十万三千五百三十四石(按,

《省志》云,是年以所储充足,止海运三十万石)。

元贞元年,三十四万五百石,至者三十三万七千二十六石(按,是年减海运脚价钞一贯,计每石六贯五百文,着为令)。

二年,三十四万五百石,至者三十三万七千二十六石。

大德元年,六十五万八千三百石,至者六十四万八千一百三十六石。

二年,七十四万二千七百五十一石,至者七十万五千九百五十四石。

三年,七十九万四千五百石。

四年,七十九万五千五百石,至者七十八万八千九百一十八石。

五年,七十九万六千五百二十八石,至者七十六万九千六百五十石(按,是年畿内钱诏,增明年海运为百二十万石)。

六年,一百三十八万三千八百八十三石,至者一百三十二万九千一百四十八石。

七年,一百六十五万九千四百九十一石,至者一百六十二万八千五百八石。

八年,一百六十七万二千九百九石,至者一百六十六万三千三百一十三石。

九年,一百八十四万三千三石,至者一百七十九万五千三百四十七石。

十年,一百八十万八千一百九十九石,至者一百七十九万七千七十八石。

十一年,一百六十六万五千四百二十二石,至者一百六十四万四千六百七十九石(按,是年中书省言,每岁海运漕粮一百四十五万石,今年江浙岁俭,不能如数,请仍旧例。湖广、江西各输五十万石,并由海道运京师)。

至大元年,一百二十四万一百四十八石,至者一百二十万二千五百三石。

二年,二百四十六万四千二百四石,至者二百三十八万六千三百石。

三年,二百九十二万六千五百三十二石,至者二百七十一万六千九百一十三石(按,是年,江浙漕三百万石)。

四年,二百八十七万三千二百一十二石,至者二百七十七万三千二百六十六石。

皇庆元年,二百八万三千五百五石,至者二百六万七千六百七十二石(按,是年增江浙海运漕粮二十万石)。

二年,二百三十一万七千二百二十八石,至者二百一十五万八千六百八十五石。

延祐元年,二百四十万三千二百六十四石,至者二百三十五万六千六百六石。

二年，二百四十三万五千六百八十五石，至者二百四十二万二千二百五石。

三年，二百四十五万八千五百一十四石，至者二百四十三万七千七百四十一石。

四年，二百三十七万五千三百四十五石，至者二百三十六万八千一百一十九石。

五年，二百五十五万三千七百一十四石，至者二百五十四万三千六百一十一石。

六年，三百二万一千五百八十五石，至者二百九十八万六千一百一十七石。

七年，三百二十六万四千六石，至者三百二十四万七千九百二十八石。

至治元年，三百二十六万九千四百五十一石，至者三百二十三万八千七百六十五石。

二年，三百二十五万一千一百四十石，至者三百二十四万六千四百八十三石。

三年，二百八十一万一千七百八十六石，至者二百七十九万八千六百一十三石。

泰定元年，二百八万七千二百三十一石，至者二百七万七千二百七十八石。

二年，三百六十七万一千一百八十四石，至者二百六十三万七千五十一石。

三年，三百三十七万五千七百八十四石，至者三百三十五万一千三百六十二石。

四年，三百一十五万二千八百二十石，至者三百一十三万七千五百三十二石。

天历元年，三百二十五万五千二百二十石，至者三百二十一万五千四百二十四石。

二年，三百五十二万二千一百六十三石，至者三百三十四万三百六石。

明制：

洪武元年，命汤和造海舟，饷北征士卒。天下既定，募水工运莱州洋海仓粟以给永平，后辽左及迤北数用兵。五年，命靖海侯吴祯总舟师数万，由登莱转运饷辽。二十年，封都督张赫为航海侯，朱寿为舳舻侯，自是每年一举，军食赖之督。

江浙边海卫军大舟百余艘,运粮数十万。赐将校以下绮帛、胡椒、苏木、钱钞有差,民夫则复其家一年,溺死者厚恤。三十年,以辽东军饷赢羡,第令辽军屯种其地,而罢海运。永乐元年,平江伯陈瑄督海运粮四十九万余石,饷北京、辽东。二年,以海运但抵直沽,别用小船转运至京,命于天津置露囤千四百所,以广储蓄。四年,定海陆兼运。瑄每岁运粮百万,建百万仓于直沽尹儿湾城。天津卫籍兵万人戍守。至是,命江南粮一由海运,一由淮黄,陆运赴卫河,入通州,以为常。十三年五月,会通河成,复罢海运,惟存遮洋一总,运辽苏粮。正统十三年,减登州卫海船百艘为十八艘,以五艘运青、莱、登布花钞锭十二万余斤,岁赏辽军。

成化二十三年,侍郎邱浚请寻海运故道,与河漕并行。其言曰:海运之法,自秦有之。唐人亦转东吴粳稻,以给幽燕,然以给远方之用而已。用以足国则始于元焉。初,伯颜平宋,命张瑄等以宋图籍,自崇明由海道入京师。至元十九年,始建海运之策。命罗璧等造平底海船运粮,从海道抵直沽。是时犹有中滦之运,不专于海道也。二十八年,立都漕万户府,以督岁运。至大中,以江淮、江浙财赋府,每岁所办粮充运。以至末年,专仰海运矣。海运之道,其初也,自平江刘家港入海,至海门县界开洋。月余始抵成山。计其水程,自上海至杨村马头,凡一万三千三百五十里。最后千户殷明略又开新道,从刘家港至崇明州、三沙放洋,向东行入黑水大洋,入界河。当舟行风信,有时自浙西至京师,不过旬日而已。说者谓其虽有风涛漂溺之虞,然视河漕之费,所得盖多。故终元之世,海运不废。我朝洪武三十年,会通河通利,始罢海运。

考《元史·食货志》论海运有云,民无挽输之劳,国有蓄积之富,以为一代良法。又云,海运视河漕之数,所得盖多。作《元史》者,皆国初史臣。其人皆生长胜国,时习见海运之利,所言非无征者。窃以为,自古漕运之道有三,曰陆,曰河,曰海。陆运以车,水运以舟,而皆资乎人力,所运有多寡,所费有繁省。漕河视陆运之费,省什三四;海运视河运之费,省什七八。河漕虽免陆行,而人挽如故;海运虽有漂溺之患,而省牵率之劳。较其利害,盖亦相当。今漕河通利,岁运充积,固无资乎海运也。然善谋国者,恒于未事之先,而为意外之虑。今国家都幽,养极北之地,而财赋之入皆自东南而来,会通一河,譬则人身之咽喉也。一日食不下咽,立有死亡之祸,况自古皆是。转搬而以盐为佣直,今则专役军夫长运,而加以充支之耗,岁岁常运,储积之粮虽多,而征戍之卒日少,食固足矣。如兵之不足何?迂儒为远虑,请于无事之秋,寻元人海运之故道,别通海运一路,与河漕并行。江西、湖广、江东之粟照旧河运，而以浙西东濒海一带，由海通运，使人习知海道，一旦漕渠少有滞塞，此不可来而彼来，是亦思患预防之先计也。家居海隅，颇知海舟之便，舟行海洋不畏深而畏浅，不虑风而虑礁。故制海舟者必为尖底，首尾必俱置柁，卒遇飓风转航为难，亟以尾为首，纵其所如。且飓风之作，多在盛夏。今后率以正月以后开船，置长篙以料角，定盘针以取向，一如番船之制。夫海运之利也以其放洋，而其险也亦以其放洋。今欲免放洋之害，宜豫遣习知海道者，起自苏家港，访问傍海居民、捕鱼渔户、煎盐灶丁，逐一次第踏视海涯，有无行舟潢道、舶船港汊，沙石多寡、洲渚远近，亲行试验，委曲为之设法，可通则通，可塞则塞，可回避则回避。画图具本，以为傍通海运之法，万一可行，是亦良便。若夫占视风候之说，见于沈氏《笔谈》，每日五鼓初起，视星月明洁，四际至地，皆无云气，便可行舟。至于巳时即止，则不遇飓风矣。中道忽见云起，即使易舵回舟，仍舶旧处，如此可保万全，永无沉溺之患。万一言有可采，乞先行下闽、广二藩，访寻旧会通番航海之人，及行广东盐课提举司归德等场，起取惯驾海舟灶丁，令有司优给津遣。既至，访询其中知海道曲折者以海道事宜，许以事成加以官赏，俾其监工，照依海舶式样，造为运船及一应合用器物，就行委官督领其人，起自苏州，历扬、淮、青、登、莱等府，直抵直沽滨海去处。踏看可行与否，先成运舟十数艘付与驾使，给以月粮，俾其沿海按视经行停泊去处，所至以山岛，港汊为标识，询看是何州县地方，一一纪录，造成图册，纵其往来十数次，既已通习，保其决然可行无疑。然后于昆山、太仓起盖船厂，将工部原派船料差官于此收贮，照依见式造为海运尖底船只，每只量定军夫若干、装载若干，大抵海舟与河舟不同，河舟畏浅故宜轻，海舟畏风故宜重。假如海载八百石，则为造一千石舟，许其以二百石载私货。三年后，军夫自载者，三十税一。客商附载者，照依税课常例，就于直沽立一宣课司收贮，以为岁造船料之费。其粮既从海运，脚费比漕河为省，其兑支之加耗宜量为减杀，大约海船一载千石，则可当河舟所载之三，河舟用卒十人，海舟加五或倍之，则漕卒亦比旧省矣。此又非徒可以足国用，自此京城百货骈集而公私俱足矣。考宋《朱子文集》，其奏札言，广东海路至浙东为近，宜于福建、广东沿海去处招邀米客。《元史》载，顺帝末年，山东、河南之路不通，国用不继。至正十九年，议遣户部尚书贡师泰往福建，以闽盐易粮给京师，得数十万石，京师赖焉。其后，陈友定亦自闽中海运，进奉不绝。况今京师公私所用，多资南方货物，而货物之来，苦于运河窄浅，舳舻挤塞，脚费倍于物值，货物所以踊贵，而用度为难。此策既行,则南货日集于北,空船南归者,必须物实。而北货亦日流于南矣。今日富国足用之策,莫大于此。说者若谓海道险远,恐其损人费财,请以《元史》质之,其海运自至元二十年始至天历二年止,备载逐年所至之数,以见其所失不无意也。窃恐今日河运之粮,每年所失不止此数,况海运无剥浅之费、无挨次之守,而其支兑之加耗,每石须有所减,恐亦浮于所失之数矣。此策既行,果利多而害少,又量将江、淮、荆、湖之漕折半入海运,除减军卒以还队伍,则兵食两足。而国家亦有水战之备,可以制服朝鲜、安南边海之夷,诚万世之利也。章句末儒,偶有臆见,非敢以为决然可行,万世无弊也。念此乃国万年深远之虑,姑述此尝试之策,请试用之,试之而可则行,不可则止。

其说未行。弘治五年,河决金龙口,有请复海运者,朝议弗是。嘉靖二年,遮洋总漂粮二万石,溺死官军五十余人。五年,停登州造船。

二十年,总河王以旂以河道梗涩,言:"海运虽难行,然中间平度州东南有南北新河一道,元时建闸,直达安东。南北悉由内洋而行,路捷无险,所当讲求。"帝以海道迂远,却其议。

四十五年,从给事中胡应嘉言,革遮洋总。

隆庆元年,户科魏时亮言:"辽阳自罢海运,转饷甚艰,乞稍通旧路。于每岁年或大熟极荒之秋,间一行之。万一盆河戒严,而襟喉之地可无阻矣。"从之。五年,邳州河道淤平一百八十里。诏议海运给事中宋良佐言,复设遮洋总,存海运遗志。

山东巡抚梁梦龙极论海运之利,言:"海道南自淮安至胶州,北自天津至海仓,岛人商贾所出入。臣遣指挥王惟精等,自淮安运米二千石,自胶州运米一千五百石,各令入海,出天津以试海道,无不利者。淮安至天津,三千三百里,风便两旬可达。舟由近洋,岛屿连络,遇风可依,视殷明略故道甚安便。五月前风顺而柔,此时出海可保无虞。而海防卫所犬牙错落,又可以严海禁、壮神都,命量拨近地漕粮十二万石(《省志》作二十万石),并与银万五千两,充佣召水手之费,俾梦龙行之。"

六年,山东左布政司王宗沐,督漕请行海运。曰:"朝廷都燕,北有居庸,巫闾以为城,南通大海以为漕,犹凭左臂从左胁下取物也。元人用之百余年乃弃之,而专借一线之河非计矣。"遂以十二万石(《省志》作二十万石)自淮入海。其道,由云梯关东东北历鹰游山、安东卫、石臼所、夏河所、斋堂岛、灵山卫、古镇、胶州、鳌山卫、大嵩卫、行村寨，皆海面。自海洋所历竹岛、宁津所、靖海卫东北转成山卫、刘公岛、威海卫、西历宁海卫，皆海面。自福山之罘岛至登州城北新开口沙门岛，西历桑岛、峄屺岛，自峄屺西历三山岛、芙蓉岛、莱州大洋、海仓口，自海仓西历淮河海口、鱼儿铺，西北历侯镇店、唐头塞，自侯镇店西大清河、小清河海口，乞沟河（乞字当是迄字之讹，沟上疑脱一大字）入直沽，抵天津。凡三千三百九十里。

万历元年，即墨福山岛（山字当衍文，盖徐福岛也）坏粮运七艘，漂米数千石（《省志》言龙跃覆溺数万），溺军丁十五人。给事、御史交章论其失，罢不复行。

二十五年，倭寇作，自登州运粮给朝鲜军。山东副使于仕廉复言："饷辽莫如海运，海运莫如登、莱。盖登、莱度金州六七百里，至旅顺口仅五百余里（《省志》云，登州至庙岛六十里，七十里至鼍矶，七十里至羊陀岛，二百五十里南隍城岛，四十里至北隍城岛，一百八十里至老铁山，又四十里至金州旅顺口），顺风扬帆一二日可至。又有沙门、鼍矶、隍城诸岛居其中，天设水递，止宿避风。惟皇城至旅顺二百里差远，得便风半日可度也。若天津至辽，则大洋无泊（按辽巡抚言，天津入辽之路，自海口至右屯河通堡不及二百里。其中，曹泊、店月、坨桑、姜女坟、桃花岛，皆可湾泊），淮安至胶州，虽仅三百里，而由胶至登千里而遥，礁碍难行，惟登、莱济辽，势便而事易。"时颇以其议为然，而未行也。

四十六年，山东巡抚李长庚奏行海运，特设户部侍郎一人督之。山东派运辽饷米豆十万石抵盖州套（《登志》云，自老铁山西北至老猫圈五十里，至牧羊城一百里，至羊头四八十里，至双岛六十里，至猪岛一百五十里，至中岛二百五十里，至北信口一百八十里，至盖州套三百二十里）。加至十五万石岁额，济、登、莱、青共六十万石，副使道陶朗先又于额备十万并运（《登志》云，天启间，登属派运米豆倏派倏止，倏多倏寡，殊无定额，大抵照粮估值，或照值抵作正供）。崇祯十二年，崇明沈廷扬为内阁中书，复陈海运之便，且辑《海运书》五卷进呈。命造舟试之。廷扬乘二舟，载米数百石（《省志》云一万石），十三年六月朔，由淮安出海，望日抵天津。守风者五日，行仅一旬。帝大喜，加廷扬户部郎中，命住登州，与巡抚徐人龙计度。

十四年，登州府学生员田士龙疏言："海运贵在乘时，惟是三月以至七月柔软，海不扬波。及是时，自淮口扬帆，不经月而即至天津，万万无虞。若云成山始皇桥之险，卧龙石之危，则有知路之向导，自能避险而之易，避危而之安。此外臣又有开河之捷径焉。以臣之卫迤正东三十里名曰成山所，迤西北五里名曰朝阳口，内有一小海口。迤南七里名曰养鱼池，内有小海口。迤正西为进京大路，南北小海相联一线，止十二里许。此地并无峭山坚石，俱是沙冈土埠，由此而开凿一渠，引两小海之水合为一处，往来运船可行，永避成山所而兴利万世。且开凿之费，不烦发帑劳民。但留东三府京班两边军丁挑掘，不日即可告成，其图可验也。倘虑海运以通番，臣以为商船必于淮安抚臣、登州抚臣各讨给引行票，至成山卫先设一官挂号验引，两票相同方许放出海口，转至天津。则天津抚臣亦必讨给引票，验号不差始为真商。且又有登府额设巡海之兵船，兼治沿海墩官瞭望，更有何路可通番也？此皆一一可行之实事，惟皇上俯赐采纳焉。"

十五年，山东副总兵黄久恩上《海运九议》。帝即命领米五万石抵天津。先是宁远军饷，率用天津船赴登州，候东南风转米至天津。又候西南风转至宁远。廷扬自登州直输宁远，省费多。寻命赴淮安经理海运，为督漕侍郎朱大典所沮，乃命易驻登州，领宁远饷务（以上志本《明史》，而参以《省志》及登莱两《府志》）。

胶莱河者，海运捷径也。以灵山之东、浮山、劳山，北至于成山，西至于九皋大洋之险。于是莱人姚演献议，始开胶莱新河。南至麻湾，北至海仓，三百余里以避之。然浮山之西有薛岛、陈岛，相接百数十里，石礁林立，横踞大洋，若桥梁然，尤为险阻。薛岛之西十里许，连海涯处有平冈焉，曰马家濠者，南北几五里。元人尝凿之，遇石而罢。明正统六年，昌邑民王坦上言曰，请浚通故道以便海运。部寝其议。嘉靖十一年，御史方远宜巡历登、莱，访兹遗迹，为图表之，而新河之名以始。十七年，山东巡抚胡缵宗言，元时新河石座旧迹犹在，惟马濠未通，已募夫凿治，请复浚淤道三十余里。从之。十九年，副使王献慨然身任而新河事与议凿马壕，以抵麻湾。新河以出北海仓，乃于旧所凿地迤西七丈（一作尺）许凿之，其初土石相半，下则皆石，又下石顽如铁。焚以烈火，用水沃之，石烂化为烬。海波流汇麻湾以通，长十有四里，广六丈有奇，深半之。由是江淮之舟达于胶莱（《莱府志》云，始于嘉靖十六年丁酉正月之二十二日，毕于四月二十二日，凿石成渠者，一千三百余步。南北之滩碛，三千五百余步）。逾年复浚新河，水泉旁溢，其势深阔，设九闸（按，《胶莱河图》曰陈村闸、吴家闸、窝铺闸、亭口闸、周家庄闸、玉皇闸、杨家圈闸、新河闸，总计之仅有八闸，《明史》作九疑讹）。置浮梁，建官署以守。而中间分水岭难通者，三十余里。时总河王以旗议复海运，请先开平度新河。帝谓妄议生扰，而献亦适迁去。于是工未就而罢。

三十一年，给事中李用敬言，胶莱新河在海运旧道西，王献凿马家壕，导张鲁、白、现诸河水益之。今淮舟直抵麻湾，即新河南口也。从海仓直抵天津，即新河北口也。南北三百余里，潮水深入。中有九穴湖、大沽河，皆可引济。其当疏浚者百余里耳，宜急开通。给事中贺泾、御史何廷钰亦以为请。诏廷钰会山东抚、按官行视。既而以估费浩繁，报罢。

隆庆五年，给事中李贵和复请开浚。诏遣给事中胡槚会山东抚、按官议。槚言，献所凿渠，流沙善崩，所引白河细流不足灌注。他若现河、小胶河、张鲁河、九穴、都泊皆潢污不深广。胶河虽有微源，地势东下，不能北引。诸水皆不足资。上源则水泉枯涸，无可仰给，下流则浮沙易溃，不能持久，扰费无益。巡抚梁梦龙亦言，献占执元人废渠为海运故道，不知渠身太长，春夏泉涸无所引注，秋冬暴涨无可蓄泄。南北海沙易塞，舟行滞而不通。乃复报罢。

万历三年，南京工部尚书刘应节、潍县人侍郎徐栻复议海运，言："我朝定鼎燕京，势极西北，一切军国需重，悉仰给东南。国初犹借海运之利，转输万里以给边饷。自会通河开，而海运始罢。致使国家万年之命脉仅恃一线之咽喉。于是有识之士谓，宜别通海运，与漕河并行，以备意外之防。后留遮洋一总者，存此意也，其虑远矣。矧今黄河不驯，漕渠多故，经理无策。至勤宵旰，万一河流他徙，转运不通，彼时怆惶而后为计，不亦晚乎？近该河道都御史傅希挚有见于此，广求运道，议开泇河，亦思患预防之意。职等愚陋无知，谬有一得，敢为我皇上陈之。窃谓海运之所以可虑者，特有放洋之险、覆溺之危二者而已。欲去此二患而坐收转输之利，惟山东胶州一河。南至淮子口入海，内斋堂岛、莺游口入淮，以抵淮扬，贾客往来，殆无虚日。风顺不过五六日之程，亦人所共知也。中间未通者，不过胶州以北杨家圈以南，计地约有一百五六十里。其间深沟巨浸，尚居其半，应挑浚者不过百里，且平原疏通非高山长坝之隔也。畚锸易施，工费不剧，非有甚劳民伤财之患也。往时诸臣建议，盖屡及朝廷，亦屡遣重臣往勘之矣。然其累年经营，迄无成功，此其故何欤？缘勘事者未睹开河之利，过计未行之害。止据见在，故河而未暇别求便道，殊不知故河纡曲长亘二百六十余里，岁久积沙，阔至三十余丈，且一水中分两海。浚之浅则潮不通，浚之深则力难措。水至则必淤沙，高则必崩，于是有人力莫施之议。潮既不通，河复浅阻，于是有引水灌溉之议。既而潮既不通，河不可浚，求诸远近又无水可引，于是开河之举因而报罢。兹事有因，非当事臣工任事之不力也。臣等之愚以为，欲开胶河必通潮水，必寻故河。

而寻便道，查得胶州南自淮子口大港头出海，由州治而西抵匡家庄，约四十里，俱冈。黄土宜用挑治。自刘家庄北抵抬头河、张奴河，至亭口闸三十里，俱黑泥，下地水深数尺，宜用挑浚。自亭口闸历陶家崖、陈家口、孙店口，至玉皇庙，约六十里。河宽水浅，宜从旧河之旁，另开一渠。玉皇庙至杨家圈，二十余里。水势渐深，约五六尺，宜量行疏浚。杨家圈以北则悉通海潮，无烦工程矣。大抵此河以工力计之，宜开创者十五，挑浚者十三，量浚者十二。以地势论之，宜挑深丈余者十一，挑深数丈者十九。以水圭测之高下，悉有准。以锥探之上下，皆无石。似的然可开无复可疑。矧此工一成，凡有数利也。海潮所至，风帆顺利，不过半月之程，其利一也。海潮所至，划然成渠，以后可免剥浅之费、挨帮之守、挑浚之劳，其利二也。循港而行，遇风则止，外无放洋覆溺之害，内避黄河迁徙之虞，其利三也。漕运之粟，率踊而致一石，海运脚费既省，则兑支加耗，自宜减省，其利四也。吴越荆湖诸省之粟，查照先臣邱浚所载议，一半入海，一半入漕。海既通便，河复迅速，彼或有滞，此尚可来，是两利而俱图之，其利五也。海舟一载千石，足载河舟所载之三，海舟率十五人，可减河舟用卒之半。退军还伍，俾国有水战之备，可制边海之寇，其利六也。仍查国初济边事例，每年改拨数万石，以济辽蓟军饷。亦可省空运之费，免招买之苦，其利七也。要之以万夫之力，兴数月之工，掘地止数十里，所费仅数万金。审时量力，似无甚难，亦何惮而不为也？切惟胶河之设，事理甚明。若往还会勘，则筑室道旁，竟成聚谈。若委用不得其人，则推奸避事，又成画饼，合无免行。覆勘但简，命实心大臣一员，往督其事。一切河海运道，查照前议。并未尽事宜，悉听便宜行事。应会议者，会同漕河诸臣，计议停当。而行则任用，既专肤功可奏。若治河无效，愿请并治臣等之罪。又查得班军四枝，除二枝赴边外，尚有六千在籍操练，一枝屯住胶州，一枝屯住青州。及查即墨一营，亦为附近。合于该营起军数千，连前班军约及一万之数，然后度地以分工，量工而论日。免其操练，专事功作。仍于月粮之外，每日给银二三分，以佐其费而作其气。庶众兢劝不世之功，将不日可成矣。臣等生长海滨，颇谙水利，身膺水土之寄，目击漕渠之变。屡差知水性人员，往复查勘，至再至三。信胶河之役，似不可已。辄敢冒昧上请，倘蒙圣明允纳，敕下该部详议施行，不惟相济漕运。足备他日意外之虞，且兼通海道，无复昔年险远之虑。国家大计，万世永赖之功或在此矣。"

上以为然，命栻往相视。栻言："匡家庄，地高难挑。改从黄埠岭，潮仍不通。

惟都泊为水涯,船路沟有行舟故道。上流为姑、胶诸河,下流为张鲁诸水。庶泉源可浚,而河道可成也。必为多建闸,广置水柜,筑堤岸,开月河。设仓厫,备剥船。计年大挑小挑,估费百万。诏切责栻,谓其以难词沮成事。"

　　会给事中光懋疏论之,且请令应节往勘。应节至,条悉其便以闻。谓:"南北海口相距,中系河道,凡三百里。除潮水所至不须挑浚者,不啻百里。应挑浚者不过百五十里。应深挑者五十里。前者王献已开此河,中间分水岭未开者,仅三十里。今虽稍稍淤塞,势尚可因新河全形,两岸之上,如胶一水,中流若练。下无□□,旁无疏土。"谚谓:"铜帮铁底,殆非虚语。止有沽河一段,积沙约长五里,后议开璧沟河十二里,直接黑龙潭,正所以避沽河之沙也。又有白河一道,当分水之冲,积沙约长三里,后议开船路沟八里,正所以避白河之沙也。夫水之有沙,犹山之有石也。但问其为害不为害,可开不可开而已。今以数百里之间,不知几经千百年之久,客沙之积,不过数里,则亦何妨于运道哉? 夫地之高下有定形,则水之浅深有定准。众谓分水岭,视海面高九丈,何以施工? 乃不得已酌量地势,截水为坝,坝坝水水自为平。水平与海面相照,乃知由麻湾而北,以至璧沟,地高于海面者,得制尺五尺。由璧沟以至吴家口,地高于海面者一丈五尺。由吴家口以至分水岭,地高于海面共得二丈四尺四寸。过此而至崔家口,则渐低五尺四寸。至赵家铺,渐低一丈五尺。至刘家铺,渐低二丈。至海口,渐低二丈四尺四寸。又与南海平矣。或谓河船不入海,海船不入河,河海屡经,则船当数换,不知此指海运由黑水大洋者说。今开河运非海运也。虽胶南行海一日,胶北行海五六日,第循海之涯。水势平浅,挂帆而行,遇港则止。海水犹河水也,转输不迟,所载无多,河船即海船也。虽底有平尖,载有轻重,稍稍更之,则河海并运矣。或谓河开则建闸设坝、张官置吏、事端纷起,不无烦费。不知两潮既通一河中,注水自有余,但于河之南北建大闸二座,潮至则闭而蓄水,潮退则开而放船。子潮甫至,午潮继之,潮潮相接,万古不爽。凡西河所谓建闸坝、设官夫、积水、浅捞、修堤、卷扫等务,皆无所用之。将西河户工郎署裁减二员,移之新河,无余事矣。国家漕运四百万,悉由西河千里一线,梗塞易作,即过淮后仍须数月始达京师。若加以意外旱干水溢之患,则寄囤对支,弊端百出矣。合无将浙直漕粮,俾从东河。自高邮、盐河入海,一日而抵胶州,三日而抵海仓口,再五七日而抵天津,总之不过半月之程。可省盘剥折耗等费,不啻数倍。其江西、湖广、河南、山东等处,漕粮仍由西河,粮数既分,转输自速,一切挨帮闭闸、积水浅捞等项,亦可省往日之半。倘河水壅决,则漕粮暂改东河。若有奸宄谋及饷道,则漕粮尽从东河亦可也。谨分段约略议之。按把浪庙,去官路口约十四五里,水势甚大,而大姑河属之。东入南海漂沙之患,亦所不免。此处须挽流而北向,方成大通。第大姑河秋水泛涨,极是汹涌,恐为河害。北折而三家口,约三十里。水势匀停,功半事就,殊不为难。又折而吴家口,至孙家口,不足二十里。水微小,奏功甚难,当以人力胜之。又十余里,至分水岭。水至此几绝,流然无他。故实由二三百年壅沙所致,且白河之水直来急冲,涛涨波涌,两水分而壅淤甚。议者有欲避大姑河,由陈家村借璧沟河,径上王家邱船路沟,迤西而入大河,未为无见也。西折而亭口等处三十里,水亦微小,须赖人工挑修,又溯至大成等处,约二十余里。水虽微亦不为难。又至双庙,至先家集,水势渐大,疏瀹甚易。北至玉皇庙、杨家圈、张家闸、新河,其间宽窄浅深不同,大势已成河矣。水有一二尺、三四尺深者,不过帮补挖浅之力耳。独海仓之壅沙,从来所苦。但沙逐潮出入,而船行亦借潮往来。海潮朝夕不爽,北潮迤南动以百里计,南潮亦不下五七十里。夏月水发,来之甚早。若迟至五六月间,尤为大便,此宁不可借乎(按麻湾至海仓共三百五十里)?作五大工,分派每夫开一尺半,百日计工共夫三万三千六百名。每日每人工价五分,计银十六万八千两。锹镢筐绳,价银九百四十两三钱九分。建闸银九千六百余两,共计十七万八千五百四十两有奇。其它立坝撤水,须用水车草木之费,又当议处。"

山东巡抚李世达上言谓:"应节有建闸筑堤约水障沙及改挑王家邱之议,臣以为闸闭则潮安从入?闸启则沙又安从障?障两岸之沙则可,若潮自中流冲激,安能障也?吴家口至亭口高峻者,共五十里。大概多磑响石,费当若何?而舍此则又无河可行也。夫潮信有常,大潮稍远,亦止及陈村闸、杨家圈,不能更进。况曰止二潮乎?此潮水之难恃也。河道纡由二百里,张鲁、白、胶三水微细,都泊行潦,业已干涸。设遇亢旱,何泉可引?引泉亦难恃也。元人开浚此河,史臣谓其劳费不赀,终无成功,足为前鉴。"

巡按御史商为正亦言:"挑分水岭下,方广十丈,用夫千名。才下数尺为磑研石,又下皆沙,又下尽黑沙,又下水泉涌出,甫挑即淤,止深丈二尺。必欲通海行舟,更须挑一丈。虽二百余万,未足了此。"

给事中王道成亦论其失,工部尚书郭朝宾覆请停罢。遂召应节还京,罢其役。

三十年,监生崔旦伯言:"东塞沽河,西塞潍河,可以复海运。马家壕石峡五里,王献开凿将成,偶为当道所阻,事不底积或欲两头置闸以蓄潮水通舟避险亦有可讲者。但旷日持久，徒费工役，近来客船多由薛家岛迤东淮子口大洋转尖入麻湾口，自把浪庙入龙家屯，石喇湾虽小石里余，亦易为工。五里至陈村闸，旧时有坝，遏沽河水不得东行，而海潮止此不北矣。大沽河口坝，汉唐以来古迹尚存，卷扫打坝，横遏沽水南下。若大雨时行，沽水泛滥，则开闸以防其横流。春夏之交，河水浅涩，则闭闸以达其清派。由小闸河入桃河，十五里入吴家口，以厚分水岭以南水势，分水岭乃白沙年久积沙，所渗而淘取甚易。置闸障之，以隔淤沙。由河身坚固如铁，非颓岸崩崖之此也。窝铺有都泊，环水百里筑置长堤，作减水闸，以约水北下。引胶河水入张鲁河，河通高密县五龙河，连络诸城诸水，以厚分水岭以北水势。周家庄闸引大坝河与小坝河相通，入九穴泊，凿渠五丈，引水以入昌许渠。潍河水势极大，打坝遏水，东行自媒河，以达胶河。蓄泄淘泉皆如沽河事例以厚玉皇庙迤东水势，玉皇庙浅窄，孙镇口淤土稍费工力。杨家圈、新河、海仓、大海口，潮水时至，乘潮可举潮至吕桥，亦不南矣。河身北之泊身颇高，每遇旱干，则河水稍耗，每遇霖涝，则野水混合。若将河身浚五六尺，众水就下。取河身土以为堤，外取土重覆之以成。水减水开，水有闸以时蓄，泄则水有归，向而淤塞之患免矣。夫三百余里之内，今宜开淤挑浅，不过百五十里耳。以钱计，不过七八百万钱。以人计，不过二百万工。以时计，不过二年。权度其疏凿之，孰急？乘除其利害之，孰甚？毅然必行，实社稷无疆之庆也。"

三十七年，御史颜思忠直陈新河可开工力省便之状，言："麻湾至把浪庙等处，约共百九十里。河窄水浅，及全未挖修者，把浪庙自陈村闸等约共百五十里。分水岭地形颇高，尤宜深浚，约略其费，可不及十五万。大都小沽河可以灌中段，大姑河以灌陈村之南，白河以灌分水岭南，岸山河以灌新店之北。以及中间诸河泊之水以济助之。凡有水来必挟沙至黄、泇二河，岂无冲沙焉？得一一躲避，唯当仿临清济宁事例建闸。设夫时常修浚于大小姑河上源，修盖土坝以障沙来，或建造斗门以防水涨。因势利导，随机曲防，在临时酌量行之耳，此一役也。沿岸而行，万无一失。既非有黑海开洋之险，又非有黄河迁徙之虞。居恒则两路兼行，遇变则此或有滞彼尚可来，国计民生无候于此时？"中书程守训、尚书杨一魁相继议及，皆不果行。

崇祯十四年，山东巡抚曾樱、户部主事邢国玺，复申王献、刘应节之说。给内帑十万金，工未举，樱去官而罢。

十五年正月，淮海总兵黄久恩疏言："分水岭脊，不可凿者，约四十里。意今漕河岁应挑剥者,亦不下数十处。今即留此岭脊为盘剥之地,计将淮扬重船其运至胶河洞水津之空船,令按至中间通浚小河。多造脚船,飞挽如通州抵坝故事。独于接建仓厫,留本省京边操军推驾轻车,尽足盘剥之用,仿古河阳洛口之运,以待回空受载。南自淮河抵胶北,自海仓抵津,计日直达。较河漕水程,固远迩霄壤,而北成山一转,亦缩近数倍。每一年而三运、四运,无不可者。河渠有淤浅寇贼之患,海洋有风波岛屿之险。此正用海以辅漕,而用胶莱,又所以辅海。一举而数事,得事捷而功倍,实为万世之利也。”时,尚书倪元璐亦主是说,皆未及行。

国朝雍正三年八月,尚书朱轼请开胶莱运道,诏内阁学士何国宗、巡抚陈世倌会议云:“明时议开胶莱新河,其说有二。一则欲自分水岭深加开挖,使河底与海口相平,南北河口各建一闸,每日潮方至时,则开闸纳潮,船可乘潮而入。潮将退时,则闭闸蓄水。船可通行而出。一则欲自分水岭开通河渠,修复闸座,广引来源,设立水柜,按启闭蓄泄之法,以资挽运。二说俱似近理,今臣等细加测量,分水岭以南比麻湾口高二丈二尺,以北比新河闸高一丈八尺八寸。又将分水岭试为开挖,虽有碙石縻沙,尚可挑浚。惟是南海口潮水止至陈村闸,北海口潮水止至新河闸,则两潮之隔不相通者,中有二百余里。若欲南北通流,必须渐次开凿,深至二丈二三尺,况朔望大潮深不过四五尺,余日小潮深不过三四尺。潮落之后,仅深一二尺。即于河口建闸而欲引数尺随长随落之水,通二百余里之流,恐不能济。且麻湾以南水底皆系石块,海仓以北,一望雍沙。故麻湾口、海仓口,虽可通潮,而商船渔艇绝无停泊。若欲将海口一并开浚,而潮汐日至,工力难施,此通潮之不足恃也。再查分水岭地,当水脊所恃为分水之源者,仅平度州之白河。来源既微,又无泉流可引,雨多则水涨喷沙,雨少则全河干涩。陈村闸下,虽有姑尤河会流,而其地已近麻湾。顺流南下亦于运道无济。分水岭北有胶河,自胶州铁橛山发源,流至高密县东,与五龙河、张鲁河、陂水会至亭口闸下,入新河北流,水源稍盛。中有百脉湖,地势卑洼,周围百余里,若堤蓄水,以为水柜,犹可开引,使其南北分行。然一河一湖又无泉源输助,欲以济二百八十余里之运道,势必不能,此蓄泄之不足恃也。考胶莱通运之议,创之元人,乃开之数年而即罢。明时,屡试而终不行,良亦□此。若夫由河达海、更造船只以及开挖,劳费不赀,又□余事。自海仓抵直沽四百里,大洋风涛之险,更难逆者。至于来往商船,现惟泊于赣榆县之青口,及胶州之淮子口要滨海水深之处,不肯乘潮深入,恐致浅搁。纵使开通胶河,而海口淤浅如故,难以通行,亦于客商无所裨益,若转漕通商,势所不遂能。”遂罢。

清末王崧翰
《胶东赋》点校

清光绪三十四年（1908）　王崧翰　撰

摘自《续平度县志》

作者简介

　　王崧翰(1833—1916),字子良,号莱山、六十一孺子、石发老人等,平度城柳行头村(今属平度市李园街道)人。清咸丰戊午(1858)科举人,同治辛未(1871)大挑一等,任过直隶的乐亭、定兴、鸡泽、威县等县知县,因不善事上官而落职。晚年居乡,是清代末年平度著名文士。

　　王崧翰精于诗文,为文纵横捭阖、风华典丽,民国《续平度县志》有传。光绪年间所修的《平度志要》和《平度州乡土志》(均未刊行),均由王崧翰主持编纂。所作《胶东赋》洋洋万言,士林争相传抄。其书法学李北海、颜鲁公,书风一如其为文,纵横跌宕,不拘成法,信笔挥洒,每有佳构。晚岁杖笠游山水,随意所至。当其兴酣,挥毫疾书,过时辄弃去,以是所作多散佚。

胶东赋

王崧翰

胶东子我游于**古先生**之门有年矣！其为人也，呐呐于口，如不能文然，而其所谓《礼》云、《乐》云者，不同于后进君子之云云也。有**何生**者，身亦儒其服，头亦儒其巾，望之而不似，俨然自以为大宾，入门高坐，甚嚣且尘，语言嘈杂，漫无等伦，破碎乎大道，穿凿乎“典”“坟”，出口刺耳，厌人听闻，乃复意气扬扬，居之不疑，且色庄为斯文也，睥睨干笑而谓主人曰：“子胶东，居齐东北偏，非古所称富丽地哉！往代之故实，凡足以夸耀斯世者，子亦略闻之矣。子盍赋焉，以扬美盛，以示后之人？”

胶东子我曰：“余病，未能也。”

何生曰：“子之病，谩也！神未惫，筋骨健，又善饭，子之病，谩也！日操不律，斐藻翰，探秘文，穷古典。且小魏、晋如滕、薛，视徐、庾如管、晏。今所望于子者，非强子抑荀卿、排杨雄以为辨，为子难也；亦惟敷之演之，惟明惟显，纂前人所未纂焉已耳！而子乃曰‘未能’，岂果如生于斯，长于斯，询以掌故，心茫茫然，头壬舌卷，耳无闻，目无见？若斯陋病，则俗不可医，其何以为邦之彦乎？今且为子言之，子其静听而深玩之。

“夫以胶东之盛，莫胜于汉。刘季以匹夫起泗上，五年而尽收海内郡县。惩秦之失，大开封建，未得厥中，强支弱干。小子雄渠，与濞同叛。戡平祸乱，实赖绛、灌。皇子彻之立国，维孝景之初元。旋升储副，乃命寄以守藩。自是厥后，若贤，若通平，若音，若授，若殷，以似以续，百三十有余年。帝王子孙，椒聊实蕃。自西注东，天潢之原，硕大无朋，非言可殚。曾崇实丽，华如天垣。

“地则坤艮尽山，乾巽皆海。划然右束，胶明如带。后枕巨嵎，前屏泰岱。一纵一横，四垂之内，原田每每。禹所经界，金城汤池，古于斯在，是乃为东秦。总挈夫十二关隘，据高屋而建瓴，水下灌夫马颊、徒骇。括堪舆，相阴阳，冯奥区，宅于其中，信一大都会也。包莒、杞、鄑、郚如星点，侈宏规而无外。

"山则分乎西北东南,苍苍郁郁。墨为都城之本根。两目、九龙、鹰落、雕化、獒莱,随之如万岛之奔。攀松援葛而北上,至于大泽九青,诸山莫如此之为尊,三峰屹然而中峙,訣荡荡兮开天门,太室、天柱、明堂、御驾、鱼脊、金泉罗列其左右,皆似堂下之儿孙,又如百辟公卿、端圭搢笏,肃然旅进朝天阁。南望重峦叠巘,秀丽明媚。下坐于海,上际乎天,雁飞不能度,或有鲲鹏化焉。唐岛、灵山、铁橛、石耳,粉痕新润,含笑嫣然,眉因细而染黛,结以侧而螺旋。西直接乎诸之马耳、常山、五莲、九仙,迤逦不断。长城绵亘乎其颠,堆磔古苔,坚于秦砖。不雨而润,晴日生烟;赤白凝脂,青黑缀矾;鱼脑结冻,鸡血流斑。斯之为七宝欤,抑亦脉通于大珠欤?

"小珠亭亭而忽见,碧玉柱立于空虚。不出三日,雨满沟渠,山泽通气。神哉扶舆!壶天峪阴,盛夏悬冰,下溜万丈,其音泠泠。界山石镜,映日空明。迢遥远隔,三四百里,人烟聚落,鱼麟接塍,突有三户,起于中间,北头南尾,如蝌蚪然。乃有璪玉,生于深渊。人天气和,于是出焉。天枢地绾,此握中权。或向而共,或前而导,或群而障,或孤而峭,或怒而背,或狎而抱。缊灵含精,是生仙草。黄精如臂,益神通窍,导引辟谷,食之不老。或秘或宜,地不爱宝,生其间者,难穷幽奥。

"水则来自两条。南下者先进而盈科,由土山、海仓而北注,千支万派,泛滟滟之晴波。或径流而直达,或弯环而旋涡。其出山也,骇如霹雳,疾如飞梭;其汇渊也,荡漾荇藻,动摇芰荷,杨柳依依,老树婆娑。姑则自黄蹲狗,来从上游。雉堞临岸,明镜入楼,渔火成市,声喧鸡筹。内产异蟹,是为珍羞。潜藏石鳟,恒不易求。尤则由掖马鞍,东注斗沟。盘陵旋谷,屈曲如钩,千回万折,二川合流。深黝然则莫测。其中为骊龙之湫。平沙落雁,浴鹭戏鸥。蜿蜿蜒蜒,南入麻湾,作疆理之东洲。

"县则辖夫即墨、长广、平度、当利、介根、计斤、黔陬、下密、郁秩、邹卢、卢乡、棠乡、徐乡、兹乡、胶阳、观阳、昌武、壮武、皋虞、祓、邞、柜、挺之饶,肥田沃野,表里山河,广袤千里,夐乎哉。其辽也!

"制则煮海熬波,斥卤所生,其色如雪,其积如京,贩鬻他乡,车载舟行,乃有盐官,富利是征。

"釜鬵以烹,耒耜以耕,融冶农器,采山之精。不取诸邻,自发于硎。乃有铁官,以董厥成。

"缋组缣素,出自机杼,登于天府。云海天吴,如飞如舞。有龙有雄,有凤振羽。

其光熊熊，其采糍糍。出入公卿，行商坐贾，韩魏燕赵，吴越秦楚，名邦大族，是求是取。是故冠带衣履，普被天下，设三服官为出纳主。

"五色华笺，制逾河北；妍妙辉光，不让左伯。缥绫锦轴，编为巨册；同于典籍，重视玉帛。编翠贡碧，水葱席也。鄜罗笑纨，扇燕麦也。古朴雕刻，盂角石也。烈香浓汁，酒玉液也。'齐去化'也，'节墨刀'也，古锈斑驳，绿未销也。吴邓之钱，未足以骄也。

"板桥市舶，南通淮口。风樯云车，商贩之薮。列市开廛，珠宝辐辏，彪炳陆离，无物不有。使钱如泥，量金以斗。五民奔走，争先恐后。其北，则莱夷，所以捍牧圉也。其西，则潍水汤汤，非韩王孙所以囊沙而破西楚者乎？其南，则琅邪、沂、沭，所以障淮夷、徐戎也。其东，非齐景公所欲观之转附朝舞乎？青碧连天，沧溟为渚，三韩、夫余、鸡林、秽貊，岂不欲窥我门户？其所以限绝乎内外，而无事防秋者，皆冯夷、阳侯为我阻。

"清宴安澜，中宅四寓。龙窟鲛室，珍怪奇物。柏翳所不能名者，悉输宫府。犬牙相错，西啮齐鲁。临淄、济上，逊此乐土。

"当日白马立盟，非刘不王，故必皇家贵胄，始授此以世为青社主。其设都立城，席即墨之旧基，犹以为陋也。鬼运斧，神督工，输班之新构也。观夫阙门阁道，珠市铜街，洗尘何雨，风起无埃。盖景障日，车声殷雷。村名金沟，轩号蓬莱。望岳筑楼，凌霄起台。金碧舰棱，与山崔嵬。墙不露形，屋不呈材。绮纱罗縠，傅壁而裁。绘素画采，奇丽瑰玮。丹膅青垩，选于珠崖。繁星的皪，火齐玫瑰。金釭密布，照耀三台。其宫室有如此者！

"橘、柚、笋、柘，豆蔻、仁频，荔支、焦露，若榴葡萄之异味，远者为贵，取充珍养。或来江、淮、扬、粤，至自西域、交、广。珍禽奇兽，异卉嘉木，名不能识，目不给赏。算之则无价，弃之则不值铢两。其饮食玩好有如此者！

"妃御嫔嫱，饰结绸缪，珠翠无光，粉黛生羞。朝厌巴舞，夜憎吴讴。洞房椒风，疾生幽忧。离宫别馆，以遨以游。雕鞍绣鞯，骣气骅骝。敛广袖，传臂韝，掩袆裆，舞戈矛，飞鸣镝。鼓雷枹，越涧谷，穷冥搜，辔左旋，矢右抽。兽，险不及走；鸟，林不及投。婢姜夸获多，积之如山丘。山珍充君庖，姬选狐白裘。争编跰，鄜赵赵。技则神，体则柔，要风袅，汗珠流。朝而出，暮不休，往往耽乐忘反，至深夜而犹迟留。吴宫之美人教战，冯婕好之御前当熊，皆不及此之优也。其宫闱游猎有如此者！

"城内郭外，比庐连屋。杂沓喧阗，往来仆仆，人拥摩肩，车行南毂，丽都冠盖，朝往夕复。繁富狎游。乡里成俗。市廛阛阓，分曹别局。吹竽鼓瑟，弹棋击筑，斗鸡走狗，六博蹴鞠，一掷百万，樗蒲五木，呼卢呼枭，夜不息烛。家无不殷，人无不足，簪毒冒者多于赵，蹑珠履者富于楚。

"邹、枚之徒，才华倾慕；朱、郭然诺，刎颈不顾。若夫鸡鸣狗盗，备食客于门下者，皆琐琐焉而不足数。其人率阔达而多智，犹有齐髡滑稽，驰骋稷下之风。纵家无儋石储，亦不至穷蹙蹙，固未可以栖皇风尘遇也。故其闾阎风尚，与夫宾客游侠有如此者！

"盖当春秋战国之间，以田更姜，易侯而王。虞乐富康，豪华成风。声名驰于域外。形胜抗于关中。嬴秦西张，饿虎眈眈久矣，夫马首之欲东。自祖龙兼天下，侈武功，张卤薄，履海邦，往反淹留，再至劳成。巡历游览，周阅提封。内富多而足于用，外控强敌以自雄。进足战，退足守。临河闭关以为池，藉峻山为崇墉。马不能逾，车不能冲。外寇矫捷，亦难以智力攻。此所以长驾远收，俯瞰六国，昂然居青帝之宫。

"及夫大汉孝武皇帝，继统立极，南讨劲越，北服秽貊。思跨穆满之乘八骏，使天下皆有车辙马道。眷此名都，乃其未跻青宫时所始封之国也。而不瞻望宫阙，亲历帝耤，笃友爱，奏《棠棣》。慰百姓望幸之心，非所以子惠薄海，示万邦以濯濯赫赫也。于是布告中外，置星邮传亭驿行在。百官晨夜共御，视宫庭如一，然后铿华钟，整法驾，乘舆乃出。期门伎飞，前驱五百，与将军羽林负弩而壁立。屈卢之矛，雍狐之戟，咸池之舞，云和之瑟，莫不毕备。既导既引，有严有翼。既朝乃警，未夕先跸。乃封泰山，祖肃然，印金泥，缄玉策。四方来贺者，咸骏奔，奉玉币。于是东方守土诸侯王，各率其职；鞯鞊珌琫，先趋乎东北。天颜怡然。至于封域。

"十八盘之磴道，游龙露脊；九龙池之水光，飞瀑溅日；欢喜岭之坡陀，光滑如席；印纽石之盘结，富贵佳气。楼台参差，倏忽丹碧。于铄乎盛哉！美观哉！盖自出京师，凡所历郡若国，殊未有及此者也，洵足敌雄关百二矣。无怪乎轩辕黄帝常乐游于昔也。

"帝若曰：'朕自建元至于今年，已逾三十有一矣，乃始获与尔小子贤，申家人父子之谊。尔小子其慎守我土地哉！维昔皇考立，厥初锡朕茅土于兹，继传于尔父暨尔，躬以辅我大汉室，其永永奠固，我磐石隆，厥命罔替。我高皇帝登台，歌《大风》，思猛士，与乡里故老欢宴，旬日不忍西。维兹胶东，亦朕丰沛也。山海来朝，维余一人以怿。'以故瞻天者倾城市，嵩祝者连阡陌。献琛而执贽，阗骈乎鳞集。无小无大，络绎而沾恩泽。齐呼万岁，声震都邑。

"且夫关中，生民以来胜区也。岐丰盘于西，镐京峙于东，古帝王都也。华岳、终南之雄秀，而浑润金玉所从出，王气之所聚也。泾、渭、漆、沮、浐、灞之交流，四方舟楫无不通也。又九市十二门之所依以为阻也。菀阳、宜曲、韦杜之依山而近泽，足以设戏车，教驰逐，纵田猎之大观也。蜚廉鸤鹊，非茅茨土阶之陋也。御厨之贡珍，司有大官，不同于外藩君长共给之敦槃也。行在丛玮，奇饰文采，作俳优舞，郑女不如宫监近侍奉御之安也。蒲轮无警，舆轿逾函谷，不能缩道地之辽远，免日炙风雨之暑寒也。何一幸再幸再三四之，惓惓于帝心，而不惮烦畏艰难也？岂不以东方之气，生生绵绵，海涵山孕，有神有权，博厚悠久，福寿齐天。必躬祷致诚虔，然后能化丹砂成黄金，求长生不死药，驯至于千万亿年？夫贵为天子，富有四海，于他事又何求旃？惟访乔松，寻彭篯，问羡门，思偓佺，冀幸一或遇焉，斯可以与天无极成神仙。于是立原庙，祀太一，齐巫纷祈祷，方士言祥瑞。增四时之祭，益八神之位。驾金根之车，乘骒耳之驷，或比岁而重来，或五年而再至。诚感上苍而凤凰集，白麟、奇木、宝鼎、灵芝皆由此致。三户、之莱、莱王祠，祝告于山神、海上仙人、古先人鬼者。至于孝宣之世，纷纷然史不胜纪。凡临江、河间、江都十三王，有此爵秩无此荣贵者，何以故？非以所居之地不足以拟乎此异邪？前凌古而后烁今，不信为斯邦盛事哉？"

胶东子我曰："尔之言尽于此乎？"

何生曰："未也！当尔时，有五利将军者，举国之人讳言之，抑亦所见之未达矣。夫以外藩宫人，旧无宿因，一言契主，置身青云，宠佩四印，爵列彻侯，公主下嫁，赏金万斤。天子亲幸其第，将相出入其门。势位富厚，莫与等伦。非有健翮骏骨，亦安能一举足而出风尘，狎至尊？故幸以富利终，则有如公孙卿、李少君；不幸而同新垣平、文成陨其身，意气亦足凌万人。

"若昔者，安平君用奇阵破燕师。大厦倾，一手支，大木偃，独力扶。而持功德著于天下后世，斯乃千古智勇奇材也。茂哉，茂哉！不其巍巍乎哉！

"乃时代倏谢，景物全非。富豪没矣，尹姞何归？春草已萎，秋叶乱飞。采药难逢夫徐福，更不见食枣之安期。寻秦汉游幸之迹、帝子王孙之宫、与夫后妃嫔妾、田猎弋射之场，具已榛莽苍凉，电掣烟灭而无遗矣。但见牧竖樵夫，夕阳废颓，断垅残瓦，雨晦风霾，眢井沉瑬，败垣砌碑，尤涉亭荒，辇路尽堕，园寝破坏，穴藏狐狸,犁碎鱼鐙,耕毁尊彝,故宫为田,禾黍离离。

悲矣夫!楼阁倾圮,何所为当日之高台深池也?玉残香尽,何所藏当日之脂盝镜匣也?歌吹阒寂,何所闻当日之品竹调丝也?岂自古莫不然,何以今不如昔时邪?抑或迁固所记载具不足信,凡史书多饰词邪?岂果海有枯而石有烂,须臾间白衣苍狗,雌鸡化为雄,雄遂尽化而为雌邪?前兴索莫,已往难追。嗒然于予,怀美人何所思?夫高下无定,有平有陂;升降何常?有迁有移。鲁阳之戈,思返朝曦;精卫填海,其志不衰。此非天下上腴哉?吾不图凌夷之至于斯也!

"闻子髡两髦,师宿师,口已暗而犹吟,手已疲而犹披。人笑子而子不知。髯盈雪,霜满髭,犹忍饥而'吾伊'。亦似洞古今,知兴替,核名实,善言辞者矣。何不言其所以然,而缩缩焉以不能辞?"

胶东子我隐几而卧,如不欲言,徐徐欠伸,端襟正容而谓**何生**曰:"恶!是何言也,是何言也!吾闻君子之所谓美者,殊异乎尔之所谓美也;君子之所谓盛者,殊异乎尔之所谓盛也。尔之所谓富,吾惧其非富;尔之所谓丽,吾惧其非丽也。任尔驰骛焉,而不知所归,其何以为斯世之正鹄乎?何以得闻君子之德音,铿焉而如金,璆焉而如玉也?即如尔言,亦何堇堇哉!且又多附会牵引,未可以尽信也。

"夫胶东,岂惟胶之东?姑、尤以东,东莱之域亦胶东。尔何以尺寸限丸泥封哉?又况自汉而上,惟有历年,自汉而下,惟有历年。尔亦尝属于目而饮于腹乎?

"夫不能审别于是非者,慎毋厌老成而纵嗜欲也;不能上下于古今者,慎毋作聪明而妄著录也。故伏处暗室之中,偶见爝火,自以为无不明矣。吾甚哀尔目未睹日月,未观象于列宿也,不辨黑白良莠而嚣嚣焉。鼓唇弄舌于长者之侧,不畏见笑于樵牧乎?无已!吾且为尔道其详,去尔之骄志而三复焉。

"今夫虚危之星,东北之精,光采熠熠,垂芒天庭,流而属于地,则为州为青。峙为莱山,峥峥嵘嵘。涌而为胶水,仁静而澄渟,滋深养厚,润极千里。自画野分疆,邻北海、东莱诸郡国,未有能俪乎此者也。观其出五弩,经夷安,贯张奴,北过乎高密,旱不涸,涝不溢,此非异迹也。异夫将至观阳,前无山以阻之,无陵阜歧而二之。汇于深渊之中,如一身潜分为两手之脉。而南自南,北自北,随海气而潮汐,不误晷刻。不筑堤,不设防,不溃不移,如熔铜为之岸,如铸铁为之底。其固如漆,其坚如不转之石。有水利,无水害,非自今而伊始,盖其性固然。此乃得吾胶之名实。惜言地舆者,皆莫之知,而父老之传闻,流为齐谚。则自古在昔,纤余委蛇,曼衍平陆。以灌以溉,滋我嘉谷,种无不宜,是为五沃。兼受支流,水之大族,独入于海,以为归宿。此又可以同江淮河济,容百川而五'四渎',固《桑经》所未及详,亦《郦注》未习而熟焉者也。

"昔萧同叔子一笑,外患以召。晋、鲁、曹、卫之师,怒如虎,猛如豹,为妇人之辱报。兖、荥、汶、菏,广长汹汹,不足以防患御其暴也。飞舟以涉济、漯,其师如行平道,已压鞍摩靡笄。狟狟三周乎华不注,齐师闭关而不敢出。必使境内之地尽改而东之,以利彼四国戎马之路。兵车八百乘,长驱如入无人之境。夷山填谷,践踏凌躐,势欲吞东海于六步、七步。乃临胶盘旋,鞭长不能以飞渡。其息武怒,消威焰,而限阻夫东西者,滔滔若长江之天堑。天顾东方,为国设险。屈人之兵,利在于不战,此汉前事也。

"自幽蓟作都,临下以高。天庾神仓,仕禄军糈,惟资乎南漕。航海北运,一叶苦于风涛。沉溺波下,饱乎鱼虾潜蛟。帆樯无恙,安稳往来,固莫如胶。淮扬解维,北发轻刀,舳舻衔尾,小大万艘,行沿海岸,不虑浪飘风摇。速则越旬日,迟不匝月,粳稻云集乎燕郊。使永世行之,而无阻挠,身不涉大海之险,心不愁转运之劳,京师之内,坐享富饶。非侥幸于一试,嘉谋乃询之于刍荛。此则有汉以后事也。

"若乃相我土田,惟菑惟畲,三耕五锄,不水不旱。亦沾亦濡。其长也,翼翼;其熟也,与与;其收获也,如入山而猎,如入海而渔,小则满篝,大则满车。儿童稚子,负戴瓜壶,其色皆忻忻愉愉。九年之耕,不止庆三年之余。干鲜嘉果,冬夏良蔬,侑我希馔,美不胜书。言之生津,沉疴立愈。重冈复岭,实生山稻,其白如玉,其明如珠,蒸之浮浮,其美也如酥。负贩出数百里外,非惟他邑所不产,亦荆扬鱼米之乡之所无。

"畲丝之利,被野漫山。姑麻愡布,错出其间。复有椆蚕椿蛹,椒绲生焉,香烈不蛀,莫计其年。凡如斯者,一丝一钱,其利之普、用之多,甚于冰罗、轻纨。此石纽涂山氏,喜其燠且吉,吉且安者也。是故,贫服之不为奢,富御之不为俭。妇织夫贩,寒暑无闻;聘妇嫁女,乐利衍衍;牵车服贾,维民之便。

"盖闻九州有九薮焉,皆天下美利之所凑也,而养泽其尤厚焉者也。汪洋菁葱,水草所宅。凡动植之物,莫不于此以蕃以息,人因之获其利益。观夫海上群山,其繁也如云之升,其纵也如潮之行。盘纠乎南北,广涧深壑之自小州、大州、曲成、恁、夜下者,漈不知其几万千百。长广之西,平衍漫阔,茫茫乎,寻之无涯,望之无际,浩乎,淼乎。问之而又无极。淄潍以东,此为下隰。山谷泉溪,分之则万派,合之则双流。顺势而下泻,滚滚演演,溶溶、漾漾,汇为巨浸于泽焉。积雨止烟消,水天一碧。菅茅蒲荻,莞苇蒯萩,榆槐桐梓,槲漆椆楸,交枝接叶,高下毗连,青与天浮。直也而乔,曲也而樛。大匠取其异材,细者积之为薪樵。慈姑薯蓣,菱芡莲藕,或生而茹,或干而收,采而复生,皆非人力种植之所谋。

"有鲫有鲋,有鲤有鱖,既肥既鲜,盈洫盈沟。不珍异者,鲇鳝泥鳅。露田赤虾。霜下紫蟹,不烦买于市,取之于瓯窭。方春而蠢,及秋而揪。其兼并也广。其滋生也稠。以养人之欲,以给人之求,任人之所取,如采一毛于万牛。

"白鹭、翠雀、卢兹、青鹳,鹈鹕、巧妇,九扈、五鸠。锦簇簇,云油油。飞集饮啄,各有匹俦。不待并医无闾之玗琪,已足以小具区、吞云梦,极居人过客之观游矣。

"连村比舍,居附泽眉。畜聚豢养,维物之宜。以乳以挚,莫繁于豨。豚生三月,其腹獗獗。牡豮牝獩,一特二师,三肩五豝,墨光异姿。不疾病瘵,既项且肥。足以四而走,翼以两而飞,杂以鹅鹜鸡凫牛耳骡驴,放牧于其中,朝出夕还,不劳驱逐,自识门闾。

"暖氄之貉,千金之狐。駃騠、騊駼,巨虚、汗血驹,极之千里之远,行之速如一日之途。若斯之殊类。亦所常产,不特求之西北穹庐也。故村名'牛栏湾',曰'牧猪',夏商到今,如旧传呼。凡其中之所有,虽一草一芥无弃物。是故采茶薪樵以食,农夫蓑笠袯襫,气象敷腴。极陆海之珍藏,又何夸夫东都、西都?所以掌于职方,纪于《汉书》。

"西南津口,通于河渠。水则有舟,陆则有车。四面八方,利于转输。自然美利,乃天所储。故民恒欢虞如也。苏秦连横,以即墨之饶歆五国,其语岂虚也哉?

"至于海物惟错,世世老渔未有能辨其略者也。若木若张之以赋矜博,适足令人哕耳。今且即目所得而见,口所得而食者,为尔约而说之:

"剔鱼骨以作庙栋梁,上覆铜瓦不能折也。六丈七丈之鱼,细幺焉耳矣!少所见而多所怪,乃以为五行孽邪!其形虽奇,其味则美,鲼鲹与鳎鳒也。鰂沫如墨,其骨如雪,屑以医创,其效最捷。隆冰腹坚,黄瓜(鱼名)乃出穴,眼如猩血,体如水精结,散雪石华,清腴独绝。饮宴攸需,冒寒往采撷。开冻下网,获根(虾名)先发。初见海鲜,桃花(荣成人呼获根为桃花,一物二名)灼灼。大者尤芳,俪双嗣掇。春二三月,清明时节,青鱼不出,黄花补之缺。干而为鲊,可藏行箧,适远是珍,无如柳叶(鱼名)。细琐小物,若瓦梭(蛤名),若蟌螺。若蜛蝫,若巢蚝。杯觞雅集，亦复可悦。蠡勺之浆，红炉火炙，以解宿酲，口爽风猎。紫菜之汤，百钱难得尝一勺。甘如饴者，西施之舌（蛤名）。郭舍人未之得啮也。肥如脂者，鱢鳞赤也。白如玉者，蚨之鳞抑何黑也？典衣而食，不笑饕餮。许汶长心知其美，恨不得张口而大嚼也。盖其珍固更仆难数，斯亦未能举夫豪末。且旨且多，灵司海若。昔汉设鱼税而鱼绝，税除则鱼来鲅鲅，鱼畏政虐也。是故，濒海者应时取鲜新，助菜蔬，富于食，贱以沽。老者含哺而鼓腹，饣食遍及于妻孥，无思无虑，其乐且訏。以视夫粤海之民泅海取明珠，铁网致珊瑚，出万死不顾一生之计，蚩蚩共趋于利之途，羌不知其就为智，孰为愚？

"民无远贾，安农亩。其无田者，率渡辽谋衣食，乃往往致富。工惟木石与陶与铁，凡物皆坚致不苦窳，故其器易售，其利亦足赡数口。自为儿童耻游手，故习勤苦，练筋力，河济之民，五不当一；性俭约，厌华靡，吴楚之民，十不当一；忧饥寒，谋长久，通都大邑之民，百不当一。陈与陈相因，粟红而不可食。非善盖藏也；簸之扬之，除秕糠，毋使蛊生殃，斯乃为农祥。贯朽而不可校，丛钱以积怨之府，斯则虏焉耳。原泉之通也，无细溜；大木之生也，无稽秽。左之左之无不宜，右之右之无不有，斯乃为善守富。

"夫户有七万二千，口有三十二万，孳生日蕃。土物广，气泮涣，防检疏，虑游嫚，蘖芽其间，难除滋蔓。若非孝弟力田，农桑敦劝，革薄从忠，征文考献，德以渐，礼以渍，肫肫焉，恳恳焉，心不忘于一饭，使斯世斯民，去皇初不远，则富于养，犹未富于教，何以极人生之大愿？

"是故，人民众，则虑其贫且寡乏也，于是乎导之生财贿；衣食足，则又恐其心生淫欲也，于是乎为之树模楷。此宜绸缪为未雨之迨也。此有国有家者，所宜夙夜载采采也。允若兹，富庶而安，无荒无怠，涣汗大号，雷雨有解。己事不可委，后贤不能待。虚诈之心敛，夸奢之习改。持盈保泰，极千百载。熙熙攘攘，尽登春台，烝黎乐恺。"

何生曰："嘻！子之言过矣！子之言过矣！夫自康迄共，历世历年，不可谓不久且长，未闻有如河间、东平者也，亦未尝有侧身修行者也。岂易云皇唐唐皇哉？而子乃云培养以礼乐，润色以文章，不太夸张矣乎？"

胶东子我俯而哂之曰："尔何知！古圣王之命山川邑里之名，皆有精义焉，而不可移。欲使顾其名者反而用其思，则天下事无不治。是故，胶，交也。交固而不解，设校以教之，以造士，以养老，则曰'校'曰'教'，亦曰'胶'。东，动也，言发动也。日升于东，升则明万物；生于东，生则成其人，坚重多俊英。后世王道不明，争夺繁兴。于是有肆然自大，欲为东帝者矣；有率乌合之众，西向而击者矣。况生于深宫之中，长于妇人阿保之手，未尝近正人、闻正言、见正事，惟日娱于角抵簙簺，粉香脂泽，此其积习也。所以哆其口而不能辨菽麦，虽寂寂无颂声，而未尝有悖德与七国同反侧。斯亦为翩翩不易得者矣。

"盖汉家制度，诸侯王不得有为。于其封内，天子为择贤以辅之、翼之，以驯扰其民，以治其国。其田野之治、土地之辟、民安家室、农务稼穑、狱讼衰息、野无盗贼，非诸侯是问，惟相与内史责也。至于兴文教，化鄙野，崇经术，立学舍，选秀异，归风雅，性情涵泳，气质陶冶，泳歌《虞韵》《万舞》《大夏》，追三代之风，除五伯之假，此醒醒自守者所不及知，而亦非刀笔吏之所能为也。

"且夫部娄之上，松柏不长；硗确之地，良苗不生。必有长江大河始孕明珠，崇山秀岩乃蕴瑶琼。其栽培深者，其本支也荣；其磨砻久者，其光耀也明。其验，如景之不离形，且捷于响之应乎声。人莫不有良知良能，秉于性生，兼之以尧舜禹汤，见知闻知之道统，实自我莱朱立其经。明如日，灿如星，惟先民是程，惟大道是行。是故士无不下帷，农亦思横经乡塾，与城阙子衿同青青。其教，易为力；算学，易以成。炳炳焉，蔚蔚焉，声闻显乎州里，功业焕于弓旌。故胶鬲以鱼盐举，甯戚以饭牛兴。盖自古而已然，矧又宏之以汉京？夫经天纬地之谓文，八音相成之谓章，其足以嗣前徽，昭来许者，岂惟是拟屈追马，方宋模班，错彩镂金，俪青妃白，矜词赋小技云尔已哉？其必发天奥，宣经旨，植德基入圣轨，而后毓秀钟灵，世世启牖我多士，以左右夫天子。独不思'六艺'莫深于《易》。玄又玄，精又精。秦火兴，儒道坑；伏侧陋，扬明明。下而闻知于伏羲氏者，矫矫焉有城阳相、即墨成乎？阐河洛之数，探乾坤之理。驰声于丁、孟、田何间，文已娓娓焉矣！费氏长翁继之，寻其端，引其绪，不泥于章句，不涉于谶纬，负笈而来学者，高下如林，循循弟子，奉杖奉几。当时虽未设学官，惟讲习于乡里。而后曰陈玄、马融、二郑、荀爽，极之于九家，莫不因此。孜孜以求古文，演卦爻，广大同天地，精微析秋毫十翼之神光。至于今，惟昭嗣是。而传《尚书》，传《论语》，庸生为大儒宗也。传《诗》，传《春秋》，公沙都尉明圣功也。窥璇玑，考玉衡，正时月日，徐万且且与地天通也。若不其王阳、琅琊梁丘贺、鲁伯诸贤哲，蒹葭秋水，其相去幸止尺有咫。其质疑辨难，又望望焉接迹而起也。于以绍既坠之圣绪，开文明于己否。天眷斯文，钟萃厥美于此。东道之盛，邻洙泗，慕阙里，立权舆，陈纲纪，发明听，肃瞻视，维桑与梓,必恭敬止。允宜俎豆明禋于百千万祀。"

何生曰:"子之言,信有征矣,抑亦可渭美也。已闻之:'不学礼,无以立。'惜乎其独少此耳!"

胶东子我曰:"吁,咈哉!尔焉知礼?礼也者,体也。《易》《书》《诗》《春秋》,括之以《论语》,身与家国天下之大体也。体立,则用,行万世不易。斯礼也,后儒墨守残编,寻其枝叶,忘其根柢,以为《礼经》亡,乃尼山所谓'不愤不启'者也。五帝三王不袭礼。每代之兴,必有圣主因时制宜,以为之礼。守文贤君,善继善述。儒生跄跄济济,争自澡洗,斯为不变家法,斯为善守礼。不明乎此,抄袭旧说以为訾议,尔之两目眯矣。

"'相鼠有体,人而无礼;人而无礼,胡不遄死?'诗人所以兴刺也。自古国家之兴,非独士君子立于礼,盖亦有内德焉。故《易》首乾坤咸恒,所以立阴阳之极也。《诗》始《关雎》《鹊巢》,所以明内外之职也。妫汭涂山,有辛之化,远哉杳矣,其详不可得闻矣!太任育周,天姝俪文,壸教海被,如月之新。维国有相,如屋有柱,如人有旅,君乃有辅,是之不图,雨风其漂摇。女贡兹箴言,维孤逐女,夫为妇天,妇无二天。南雁北征,晨夜霜寒,哀哀征妇,小姑心怜。间关万里,幸见所天,夫也不谅,心有违言。不妻其妻,妹亦弃捐,清且涟猗,清且沚猗。谓予不信,视此姑水。姑水赤兮,明贞色兮,终古不灭,与天地无极兮。贤哉韦母,苦守《周官》,终鲜兄弟,孰知其艰?天又不吊,枯竹栖鸾。提携孤儿,日不能给两餐。昼则薪樵,夜讲《音义》,示子以困苦流离绩学之艰难。箭如蝗飞,烽火烛天,羽焦尾翛,不失祖父之家传,故尊之如敬姜者。

"有里人程安(胶东人),重如曹大家者,有秦苻坚,隆以师位,饬诸生请业于其门。幸得于宿儒凋零时,闻所未闻,宜乎同尊为宣文君。相苟之村,公婆之庙,新妇如子,每饭必祷。乡人过客,同敬纯孝。永昭徽音,无忝姆教。是故男子敦经术,则女子重礼义。强以迫之,则逾驱而逾远;顺以道之,则莫之致而自至。怡怿悦欣,比户和平。其家室底于富实,充为善气。闻有妇姑勃谿者,则甚以为大耻。时当初七、下九,针停刺绣,诸姑伯姊,缟綦何以为娱?几净窗明,薇露研朱,《二南》《孝经》,心绘神摹;学顾陆画,临卫夫人书,篇篇幅幅,写之以为图。有齐媵季,绣之以粉缘,盥漱焚香,如对师氏,如敬威姑。视参菩提像、观仕女图何如?此青蚰夫人与其女公子之令德遗模,流传于乡闾者也。岂仅邻女分光,勤缫盆纺车之业,理私财于楱幕箱箧哉?

"乃信乎为泱泱大风，至今犹思我太公。且夫兰惠蘅芷之中，不杂莠蒿；栖凤翔鸾之区，岂鸣鸥鹍？方以类聚，物以群分。故地有峻山大海，天有景星卿云，人则有彧彧之宏文。假令官斯土者，鄙塞嗲野，何以作之师而作之君？惟棠王湫、正舆子，国灭身歼，力屈志严。懦夫闻之立，贪夫闻之廉。

"春秋以降，战国秦楚之际，昭昭在人耳目者，乃有即墨大夫三。其一受威王之封，上不负于君，下不负于民。心非借以求名，且耻媚左右博声称。其一殉乐毅之难，头虽断，心侃侃，骨不寒。故其身已殁，其气犹壮我师干。惟痛哭流涕进言于王建而不听者，为尤可悲也夫！韩赵魏燕楚，版籍宗器已席卷入滈池矣，秦方大声疾呼，不日驱虎狼而东驰。我贤大夫为民，为社稷，请十万之师与韩赵魏之大夫，再请十万之师以与楚大夫，使之并力以攻秦。三晋之民皆我民也，鄢郢之民亦我之民也。何也？其民皆穷来归我。不甘下秦也。万其身者一其心，一其心者万其力。一战而临晋克矣，再战而武关入矣，三战而咸阳破，潴秦之宫室矣，截吕政之头悬之于太白矣！建如听我大夫言也，则为天下复仇，诛独夫，兴灭继绝，汤武之师之行仁义也，无与敌也，岂徒保有齐国、保我即墨而已哉！亦何至饿死松柏邪？天道何知？故至今为我大夫惜也。当是时，诸田非无英豪，而自相鱼肉，为刘驱除，尤足惜也！

"幸汉开国以来，除凋敝，谋营生，循阡陌，课躬耕，勤蓄积，富编氓。时则有若王成，百姓足，风化敦，文治兴，儒道尊，子庶民，为神君；时则有若假仓、阙门，固已轩轩、存存、温温、浑浑如也。渊乎，懿哉！张子高之来相也，崇礼让，戢放旷，砥柱立，狂澜障。太后愧谏书，敬直谅，肃宫仪，撤武帐。正己以率物，诚格于下上，去伪存真，化行若神，举贤才而用之，一时为县令者，翘翘车乘至数十人，皆无负于所举，无愧于君民。且复祖颉师籀，辨文字于皇初，扫去伪体，洗涤陋芜。精解训诂，以教群儒。为国储才，弼唐辅虞。藻跃高翔，天禄石渠。继其绩者，厥惟季英，在位九年，政治而平。昔在太学，得贤友于赁春，今官其地，欢洽班荆。委蛇退食，游憩园庭，每闻讽诵好音自丞舍来，泠然以清。忘年之交，复得戴宏，迩颂远讴，讼庭惟有琴鸣。故邻邦趋而归者，只以慕弦歌之声。敬如神，爱如亲，戴如天，和如春。故衡府君、胶水王君，犹有碑，树德于庙门。前有龙螭，后有鸾皇，于昭孔扬，惠我以循良。龚遂治渤海，文翁化蜀郡，庶几与此颉颃也。遗爱在于民，阅百世而不忘。无以异朱邑之祀于桐乡，召信臣之祭于南阳也。若非上下同心同德，亦恶能并坐而鼓笙簧？惜书太常，纪功勋，自汉而后无闻焉。岂书缺有间，抑如传舍，如浮云。不能如家人父子之相亲邪？

"是故弃本趋末，其欲逐逐，不如积我棠邑之粟；矜尚丽服，喜新厌故，不如我四境之赀布；硗瘠沙砾，有田如石，殚民之力，终岁勤动，犹不足衣食，不如我有蓄养之泽；秦楚之奢侈，不如我之富有东海；蛙蝇乱鸣，昼夜薨薨，以聒古先正声，不如我胶、即之传经；巧宦纷纭，奔竞多门，怀金暮夜，隔膜乎斯民，不如我两汉之多贤君。

"所恨刘殷，为汉家枭獍，陈凤是莽贼鹰犬。张步之祸，如火飞焰。不有耿弇复我疆土，光武何暇西上陇坂？贾复焉得来食侯甸？

"居乐忘忧，日久生玩，上帝曰：'咨！人天告变。'怀山襄陵，海水弥漫，昏不知警，愈积祸乱。黄巾之蚁聚蝎蠚，管修之豕突狼奔。曹瞒因之窃我郡县，王修又加之以聚敛，昭烈如以我下密兴，芸芸众生胡罹此谴？晋自五马南渡，否塞迍遭。王弥起草间，杀人如草，流血成川。渊、聪之酷，不烈于是焉。鲜卑、羯、氐，纷争郊垒，昼不遑食，夜不得安眠。苟延旦夕，困于南燕。裕克广固，亦不能为东道主。蜩螗鼎沸，拓跋是取，未有善政，绥我土宇。越及隋唐，黩武夫余，飞刍挽粟，民无安居。边镇跋扈，沧胥淄青，不见长安，不闻王灵。宋室开国，少为苏息。徽、钦衔璧，日月无色。故李全乱于前，毛贵酷于后。忽而蜂屯，忽而鹿走；或窃而有，有亦不久；始虽瓦全，旋复瓜剖。继以唐赛儿妖氛熛忽，刘六、刘七、齐彦明之群丑。陈增加以税，及鸡狗葱韭。创夷未复，寻遇吴桥兵变，伏莽红山，而乾纲解组矣。封疆依然，一夫为狙。嗟我元元，数穷阳九。千余年间，屡遭涂炭，谁任其咎？

"盖为政不得其人，则阳伏而生阴。世道虽甚败坏，而士民自有恒心，羽翼圣贤，存乎其人。松柏不凋，蠖屈终伸。故五百人之殉田横，徐乡侯之讨新莽。臣子之心正，忠义之禀厚。天虽云蹶，气贯星斗。曰唐曰宋，曰有明至于今，贤俊挺生，均与汉伍，且揖让乎前古。蒋吏部父子济美，蔡文忠叔侄接武，吕左丞书谕安南，侯侍郎辞官赎父，戴讲官正色立朝，毛侍御秉钺持斧，崔提学甄拔英俊，官户部不畏强御，贾左都哭上谏书，何忠烈血溅征鼓，梁茂才辞婚帝室，崔道母痛心国祚。或雍容庙朝，风云际会；或邦国多艰，出入时劢；或身列布衣，抗怀三代。总之，移孝作忠，君亲爱戴，星归箕尾，剑倚天外，颂德铭功，夷清惠介，启后承先，方兴未艾，圭璋钟镛，列于帝宫。前后辉映，五龙六龙。麟以仁来游，凤览德而翔。冠带衣裳，经籍之光，茹古而化，齿牙流芳。

"是故，生子者必置之齐鲁礼义之乡。优而游之，使自求之；厌而饫之，心自服之。是故，士亲畎亩，农说《诗》《书》，虽在妇孺，宝谷敬儒。此皆其天性然也。苟或放辟，群鄙之如犬猪。矫矫哉！

"周蚳蛙、汉刘宠、郑康成、太史慈、唐苏颋、宋苏轼诸君子，穷则卜隐岩穴，望重衡泌；达则驰驱王事，未遑栖息。凡前贤所游历，一水一石，一歌一咏，山川具为之生色。

"朱毛遗墟，蓬蓬如也，葱葱如也；太子读书之堂，悠悠同水碧，与山苍也；青山说经之台，肃肃庙门，荫古槐也；释迦院正光造像碑，郁律盘虬螭也；兴国观摩崖，笔势走风雷也；东堪石室《天柱铭》，银钩铁画，古典型也；王若水《小蝜龙女颂》藻绘宇宙，迈唐宋也；李泥丸百二长虹，普通桥日夜往来，利征轺也。斯虽细事，然而风土之故实，古今之胜迹，不可佚也。

"若夫公沙宿之狎白鹤，去留馨之托迹老聃，无益于世道，无损于田蚕，奚足以起例而发凡？聊付诸闾巷小儿之谈，传为小说。非士君子之所咀含也。

"长广之山，其色云润，温其如玉，海国作镇。治乱兴衰，虽曰时运，不忘古训，乃有令闻。富矣，丽矣。信可志矣！美矣，盛矣。有道味矣！人天正气，绵万世矣！

"予乃不是之求，而心驰于藩王之富贵，与秦皇汉武游幸之事乎？彼二君者，未尝问庶民之疾苦，讲王者之抚字，察官吏之得失，考邦国之政治，搜访隐沦，登进贤良，纳皇途于仁义。其拔来而报往，以倾动乎耳目者，陋如幻人之眩百戏，只取悦于贱隶耳！若有穷羿阻河，胜广揭竿，吾不知其税驾于何地矣！固圣王所宜著为炯戒而惕惕，有以防民志者也。尔反謷謷焉，侈陈之以为快，且欲以示后之人，不亦悖哉？"

何生气噎色变而不敢喘。耳内惟闻："鄙乎哉！栾大贱同巫祝，以女谒进，穴仓如鼠。若不速毙，安知其不为江息与主父。产此蒿莠，污如粪土，岂惟五尺童子所不道，久已贻笑于仆竖。

"若田单者，功虽不可没也，而实为罪之魁。夫岌岌孤城，风雨重围。危苦至于五年之久，而一版不颓，丁男丁女义不北面于燕，虽死于锋镝，而众志成城而弗摧，又已间其君臣，易其将帅，彼内外军士，师已老，力已竭，惴惴焉，互相猜疑。当斯时，乘斯隙，鼓斯气，人心未尝离乖也，士未尝不用命也，又未尝无智与材也。堂堂阵，正正旗，挥兵刃，击金鼓，牛纵火，上衔枚，长驱逐北，直抵易涞，虏惠擒隗，凿其金台，使我轻卒锐兵，辎车载其后宫大吕、故鼎、宝器、珠玉、货财、蓟丘之植、千里之马，尽返于齐，奏凯而回，则肉白骨、爇死灰，复仇雪恨，功无与二，乃信同山岳巍巍矣！何忍令燕剿我卒，置前行，掘冢墓，烧枯骸，使我城中父兄号哭，妻子悲声哀哀哉？而尔犹功德云乎哉，功德云乎哉！尔以我言为过，我且以尔言为大不可也！"

言未既，而**何生**遁矣。

古先生闻之，喟然叹曰："吾与我也！"

261

跋　语

我的老家是莱州市虎头崖镇后趴埠村,她是莱州湾畔的一个普通渔村。从孩提时代起,海一直是我的玩伴。听着爷爷念叨着"初一、十五两头干(退潮之意)""十二三正晌干"等计算潮汐的民谚,挎起篮子,带好蛤蜊铲,约上三五好友,向海边撒欢跑去。大海像一个老婆婆,既慈祥可爱,又慷慨大方。她永远敞开她那宽广的胸怀,任你索取,从不吝啬烦恼。蛤蜊、海螺、螃蟹、竹蛏,不到半天工夫,篮子就已经装满。直一下腰,拭去额头的汗,吹着欢快的口哨,在丰盛的海鲜盛宴的期待中返程,欢声笑语洒满归途。

海庙,后来才知道其正规的名称为"东海神庙",位于老家东北方向约五千米的海边。小时候对于海庙的印象就是:每逢庙会,海庙附近的村庄就会邀请自己的亲戚,祭海神,赶庙会,听戏曲,吃大餐,那个时候就会对与海庙有亲戚的小伙伴羡慕至极。

慢慢长大了,因求学就业等原因离开了莱州,乡愁越来越浓,便开始收集与老家莱州相关的文史资料。2012年前后,在中国人民大学攻读历史学博士的"乡党"程皓赠给我一批书,其中就有明代大学士毛纪所撰写的《海庙集》,于是我就开始了针对东海神庙的研究。

海庙,不是单纯的一座庙,而是自唐宋以来历代帝王祭祀大海的重要场所。历代皇帝对于东海之神的祭祀非常重视。《海庙集》载,自明代洪武三年(1370)至明代嘉靖十七年(1538)168年间,皇帝"谨遣重臣,赍香币,奉牺牲,祭告于东海之神",凡35次。且这些祭告之中,原因种种。有嗣位祭告,有祈雨祭告,有祈佑祭告,有太平报效祭告,有征伐安南祈佑祭告,还有得储君祭告。由此可见,在历代帝王的心目中东海之神地位极高。

近几年,回莱州的机会越来越多。而一谈起莱州文化,一定会谈到东海神庙。我每每给朋友们讲起《海庙集》中所载的内容,朋友们总会认真地说,认真整理一下东海神庙的资料吧,让子孙后代了解它、传播它。2018年10月,在"儒商"

莱州久久烟酒总经理迟松林的陪同下,怀着虔诚之心,再次拜谒了东海神庙。

东海神庙,已不再是"崇祠枕大溟",映入眼帘的仅是庙基的条石、驮碑的石赑屃、大殿檐下的柱础、粗细不一的树木和随风摇曳的野草。看着看着,鼻子一酸,不禁潸然泪下。海庙,在每一个莱州人的心中,都有一种特殊的情结。他像一位饱经沧桑的老人,在西风斜阳中诉说着过去的辉煌;他又像一位倔强的壮汉,努力地在瓦砾废墟中,昂起不屈的头颅;或许他也是一个即将呱呱坠地的娃娃,进行着涅槃重生前的孕育。当我回头与东海神庙告别时,七彩的"日晕"绚烂夺目,这更坚定了我整理《海庙集》的信心与决心。

《海庙集》的点校在忙碌的工作空隙中进行着,本来是枯燥乏味的点校整理工作,却是因为老家的"海庙"而充满了乐趣。不到两个月,《海庙集》(点校本)初稿告竣。

《崂山纪略》,撰写于清代乾隆年间,系时即墨名士纪润所作。纪润,字梅林,今城阳区大北曲社区纪氏十世祖,道号石隐、庠生,工诗善画,尤精制石,著有《东园诗草》。《崂山纪略》一书,约 8000 字,该书在清代初期游记中,记载全面,且所记系创见者。如憨山与赵切作对,憨山来劳原因、东海岛中多耐冬、各处门联等,皆赖以传。

《山东海疆图记》是我非常喜欢的另外一本古籍。书中有水口、山岛,道里、鱼盐;有潮汐、风信,日色、海市;有祷祀,有兵戎、官制和城寨墩台;有战船、火器、操防;更有商贩、讥禁和漕运。洋洋洒洒十万余字,还有诗赋、记文点缀其中,增色非常。

2017 年,受时平度市文化广电新闻出版局委托,撰写《胶东王都那人那事儿》一书。在该书的撰写过程中,偶遇民国出版的石印本《胶东赋》一册,系清末平度著名文彦之士王崧翰所写。王崧翰,咸丰八年(1858)戊午科举人。晚年居乡,是清代末年平度著名文士。王崧翰精于诗文,《胶东赋》洋洋万言,纵横捭阖、风华典丽。士林争相传抄。但是因为此文与《胶东王都那人那事儿》一书体例不合,而未收入其中,憾然作罢。因《山东海洋文化古籍选编》所集古籍多与海洋相关,而汉代胶东国所辖平度县(治今莱州土山一带)、当利县(治今莱州沙河一带)、下密县(治今昌邑围子一带)、计斤县(治今胶州)均临海,因此《胶东赋》中与海洋、制盐、海产相关的内容很多,故欣然附载于此。

这本书本应于 2020 年上半年付梓出版,但是无奈因庚子疫情肆虐,精力囿于繁杂的工作和琐事中,出版事宜一推再推。每每想起此事,心间隐隐作痛,立时喟然兴叹。

2020年仲夏,机缘巧合,结识了山东易华录信息科技有限公司的王海博和朱梅两位总经理,其或许是冥冥之中的缘分。山东易华录在"海洋大数据产业化"方面进展得风生水起、如火如荼的同时,也开始在"数字海洋文化"方向进行布局和业务开展。两位老总对我从事的海洋文化古籍的整理颇有兴趣,当听到出版因故屡次延迟的事情,他们一边建议我未来可以将古籍数字化、可视化,延伸做成数字文化产品和文创产品;一边力邀我利用微信、抖音、微视频等多种自媒体形式一起进行海洋历史文化知识的传播和普及。

学习的过程是生动有趣的。我们首先解析了"海"之所以称作"海"的原因,然后便徜徉于齐鲁多彩的海:"斥卤千里"潍坊白色的海、"仙芝隐见"烟台紫色的海、"时尚活力"青岛蓝色的海、"旸谷浴日"日照金色的海和"将身许国"威海红色的海;感动于"生当担大义,死亦作魂雄"的田横、"五日牧登州,千年树高风"的苏轼、"封侯非我意,但愿海波平"的戚继光以及"此日漫挥天下泪,有公足壮海军威"的邓世昌。讲解中,壮志满胸时有之,潸然泪下时也有之。我又一次感受到海洋文化古籍整理的责任感和使命感!同时也更加感受到了与山东易华录的朋友们一起为海洋强国、民族复兴贡献力量的情怀和担当!

本书的出版,需要感谢的人有很多,莱州市政协韩国功主席,莱州市总工会尹文涛主席,莱州新华书店孙江辉总经理,青岛市城阳区文化和旅游局原局长任毅,青岛市城阳区党史(地方史)研究中心原主任辛克寿,青岛市城阳区文学艺术界联合会原主席罗国平、副主席杜刊功,青岛市城阳区科协张小品主席等,他们都在本书的整理过程中给予了支持与鼓励。

我生于海滨,寓居于海滨,工作于海滨;大海哺育了我,养育了我,培育了我,我怎能不为大海做一点力所能及的事情?既然经常"自诩"为经神郑玄的私淑弟子,怎能不以整理濒危古籍为己任,以彰往而昭来?

李伟刚

2021年2月于岛城